BA KOMPAKT

Reihe herausgegeben von

Martin Kornmeier, Duale Hochschule Baden-Württemberg, Mannheim, Deutschland

Die Bücher der Reihe *BA KOMPAKT* sind zugeschnitten auf das Bachelor-Studium im Studienbereich Wirtschaft an den Dualen Hochschulen und Berufsakademien. Sie erfüllen vollständig die im Curriculum zur Erlangung des Bachelor festgelegten Anforderungen (Lerninhalt, Lernmethoden, Konzeption und Ablauf der Veranstaltungen).

Die Reihe BA KOMPAKT zeichnet sich aus durch:

- Fokussierung auf die elementaren Lernziele
- Starker Praxisbezug durch konkrete Beispiele
- Einbindung von Fallstudien für Einzel- und Gruppenarbeit
- Unmittelbare Anwendbarkeit des vermittelten Wissens durch Tipps und Hintergrund-informationen
- Übersichtliche, anschauliche Darstellung durch zahlreiche Kästen, Abbildungen und Tabellen
- Kontrollfragen zur Prüfung des Lernerfolgs

Weitere Bände in dieser Reihe: http://www.springer.com/series/7570

Thomas Holey · Armin Wiedemann

Analysis und Lineare Algebra

Eine Einführung für Wirtschaftswissenschaftler

5., korrigierte und ergänzte Auflage

 Springer Gabler

Thomas Holey
Duale Hochschule Baden-Württemberg
Mannheim
Mannheim, Deutschland

Armin Wiedemann
Duale Hochschule Baden-Württemberg
Mannheim
Mannheim, Deutschland

ISSN 1864-0354   ISSN 2626-7799
BA KOMPAKT
ISBN 978-3-662-63680-0   ISBN 978-3-662-63681-7 (eBook)
https://doi.org/10.1007/978-3-662-63681-7

Die Deutsche Nationalbibliothek verzeichnet diese Publikation in der Deutschen Nationalbibliografie; detaillierte bibliografische Daten sind im Internet über http://dnb.d-nb.de abrufbar.

Planung/Lektorat: Claudia Rosenbaum
Springer Gabler ist ein Imprint der eingetragenen Gesellschaft Springer-Verlag GmbH, DE und ist ein Teil von Springer Nature.
Die Anschrift der Gesellschaft ist: Heidelberger Platz 3, 14197 Berlin, Germany

Vorwort zur fünften Auflage

In der fünften Auflage haben wir an einigen Stellen die Behandlung von Folgen und Reihen mit in Betracht gezogen. Damit tragen wir dem inhaltlichen Aufbau vieler Vorlesungen Rechnung und wollen dies auch mit dem neuen Titel *Analysis und Lineare Algebra* zum Ausdruck bringen. Der Untertitel *Eine Einführung für Wirtschaftwissenschaftler* bezieht sich auf die Anwendungen und Beispiele, die den Wirtschaftswissenschaften oder der Wirtschaftsinformatik zuzuordnen sind.

Das Kapitel Anwendungen der Differentialrechnung wurde durch einen Abschnitt über Taylor-Reihen erweitert, in Beispielen wird gezeigt, wie diese Werkzeuge eingesetzt werden können. In dem Kapitel Finanzmathematik haben wir den Trend der Zeit berücksichtigt und die Zinssätze den aktuellen Werten angenähert. Einige weitere Übungsaufgaben wurden hinzugefügt und Literaturangaben ergänzt.

Der Foliensatz als Vorlesungsgrundlage und die ausführlichen Lösungen zu den Übungen für die 5. Auflage stehen auf Springerlink zur Verfügung.

Mannheim, Deutschland Thomas Holey
Mai 2021 Armin Wiedemann

Vorwort zur vierten Auflage

In der vierten Auflage wurden Fehler, die Abbildungen in Kap. 6 betrafen, korrigiert.

Das Interesse an Übungsaufgaben ist nach wie vor groß. Dementsprechend haben wir weitere Übungsaufgaben hinzugenommen. Der Hinweis zur URL der Verlagsseite, auf der ausführliche Lösungen zu den Aufgaben zugänglich sind, findet sich nun direkt im Übungsteil der einzelnen Kapitel. Die Literaturangaben wurden weiterhin aktualisiert.

Mannheim, Deutschland   Thomas Holey
Juli 2015   Armin Wiedemann

Vorwort zur dritten Auflage

Mit der dritten Auflage sind wir dem Wunsch einiger Leser nachgekommen, ein Kapitel mit Lösungen zu den Übungsaufgaben aufzunehmen. In diesem Kapitel sind die Lösungen zu allen Übungsaufgaben angegeben, teilweise wird der Lösungsweg kurz skizziert. Ausführliche Lösungswege zu den Übungsaufgaben können weiterhin über die Webseite des Verlages zum Buch abgerufen werden. Die Literaturangaben wurden überarbeitet.

Mannheim, Deutschland
Oktober 2012

Thomas Holey
Armin Wiedemann

Vorwort zur zweiten Auflage

In der zweiten, korrigierten und überarbeiteten Auflage haben wir zahlreiche Anregungen von Dozenten und Studierenden aufgenommen, die das Buch für Vorlesungen und Übungen einsetzen. Wir sind dem Wunsch nachgekommen, weitere Übungsaufgaben zur Verfügung zu stellen. So sind nach jedem Kapitel einige grundlegende Übungsaufgaben hinzugekommen sowie weitere Aufgaben aus dem Bereich betriebswirtschaftlicher Anwendungen. Die Lösungen der Aufgaben sind wieder über den entsprechenden Link des Springer-Verlags abrufbar.

Unser Dank gilt allen, die uns Hinweise gegeben und Vorschläge für die zweite Auflage gemacht haben. Insbesondere bedanken wir uns bei Frau Dipl. Math. Eva Schmitt-Leiß und Herrn Prof. Dr. Klaus Gläser für hilfreiche Diskussionen.

Mannheim, Deutschland   Thomas Holey
August 2009   Armin Wiedemann

Vorwort zur ersten Auflage

Quantitative Methoden stellen eine wichtige Grundlage in nahe zu allen wirtschaftswissenschaftlichen Disziplinen dar. Dementsprechend finden sich mathematische Einführungsvorlesungen in den Rahmenstudienplänen dieser Studiengänge wieder.

Das vorliegende Buch *Mathematik für Wirtschaftswissenschaftler* in der Reihe BA-Kompakt orientiert sich sehr stark am Rahmenstudienplan für den Studienbereich Wirtschaft an Berufsakademien in Baden-Württemberg. In der Stoffauswahl haben wir uns bemüht, die wichtigsten Themen für Studierende der Betriebswirtschaftslehre und der Wirtschaftsinformatik aufzunehmen. Einen breiten Raum nimmt die Darstellung mathematischer Grundlagen ein, die häufig auch Gegenstand der gymnasialen Oberstufe sind: Funktionen einer Veränderlichen, Differential- und Integralrechnung. Dem Dozenten ist mit dem Buch die Möglichkeit gegeben, je nach Kenntnisstand der Studierenden diese Grundlagen sehr zügig zu wiederholen und sich mehr auf die Anwendungen zu konzentrieren. Falls es sinnvoller und notwendiger erscheint, mehr Zeit für die Grundlagen zu verwenden, kann man sich bei der Behandlung von Funktionen mit mehreren Veränderlichen auf den Sonderfall zweier Variabler beschränken. Dann werden auch in der Linearen Algebra die Konzepte Determinate und Eigenwert einer Matrix nicht benötigt.

Auf diese Weise entsteht eine gewisse Flexibilität, ohne dass Themenbereiche des Rahmenstudienplans vollständig ausgelassen werden. Im ersten Kapitel werden einige Grundlagen aufgeführt, die zum ‚Handwerkszeug‘ gehören sollten. Dem Studierenden ist mit einem kurzen Selbsttest die Möglichkeit gegeben, zu prüfen, inwieweit er diese Techniken beherrscht.

Wir bedanken uns bei Frau Prof. Dr. Irene Rößler und Herrn Prof. Dr. Frank Hubert für viele hilfreiche Diskussionen und Anregungen. Den Herausgebern, Herrn Prof. Dr. Martin Kornmeier und Herrn Prof. Dr. Willy Schneider danken wir für die Aufnahme des Buches in die Reihe BA-Kompakt. Unser Dank gilt beim Springer-Verlag Frau Katharina Wetzel-Vandai sowie Frau Gabriele Keidel, die uns bei redaktionellen Fragen stets hilfreich unterstützt haben.

Schließlich wollen wir noch darauf hinweisen, dass ein Foliensatz als Vorlesungsgrundlage und die Lösungen zu den Übungen zum Download beim Verlag unter der URL

`http://www.springer.com/978-3-7908-1973-1` zur Verfügung stehen. Die Lösungen zum Test sind im Anhang zu finden.

Mannheim, Deutschland   Thomas Holey
Juni 2007   Armin Wiedemann

Inhaltsverzeichnis

Elementare Grundlagen

1

Lernziele (Dieses Kapitel vermittelt)

- Grundlagen aus verschiedenen Gebieten der Mathematik
- eine Zusammenfassung der Themengebiete, die für das Verständnis des Buches vorausgesetzt werden
- eine Selbsteinschätzung durch einen Test

1.1 Elementares aus der Aussagenlogik

Die **Aussage** ist ein grundlegender Begriff der Mathematik.[1] Wesentliche Aspekte der Aussagenlogik wurden von Aristoteles (384–322 v. Chr.) erarbeitet.

▶ **Definition (Beschreibung einer Aussage)** Eine Aussage ist ein sprachliches Gebilde, für das sinnvoll gefragt werden kann, ob es wahr (w) oder falsch (f) ist.

Aussagen sind beispielsweise:

3 ist eine ungerade Zahl.
5 ist kleiner als 3.

Elektronisches Zusatzmaterial Die elektronische Version dieses Kapitels enthält Zusatzmaterial, das berechtigten Benutzern zur Verfügung steht. https://doi.org/10.1007/978-3-662-63681-7_1

[1]Einführungen in die Aussagenlogik findet man in den Monographien Kelly (2003), Kreuzer und Kühling (2006), Staab (2012) oder Winter (2001).

© Springer-Verlag GmbH Deutschland, ein Teil von Springer Nature 2021
T. Holey, A. Wiedemann, *Analysis und Lineare Algebra*, BA KOMPAKT,
https://doi.org/10.1007/978-3-662-63681-7_1

Fragen und Aufforderungen sind demnach keine Aussagen. Eine **Aussageform**[2] enthält eine Variable; je nach Wert dieser Variablen geht die Aussageform in eine wahre oder falsche Aussage über. Die Werte der Variablen, für die eine Aussageform in eine wahre Aussage übergeht, nennt man die Lösungen einer Aussageform.

Aussageformen können **unlösbar** sein, wenn es keine Lösung gibt und **allgemeingültig**, wenn jeder Wert aus dem möglichen Wertevorrat die Aussageform erfüllt.[3]

Verknüpfungen von Aussagen (Junktoren)
Die Aussagenlogik befasst sich mit der Verknüpfung von Aussagen.

Die **Negation** ist eine einstellige Verknüpfung, sie kehrt den Wahrheitswert einer Aussage um. Für die Negation einer Aussage A schreiben wir $\neg A$. Die Wahrheitswertetafel der Negation sieht folgendermaßen aus:

A	$\neg A$
w	f
f	w

Von den zweistelligen Verknüpfungen betrachten wir die **Konjunktion** (auch UND-Verknüpfung) $\wedge$ und die **Disjunktion** (auch ODER-Verknüpfung) $\vee$. Die Wahrheitswertetafel dieser Verknüpfungen ergibt sich zu:

A	B	$A \wedge B$	$A \vee B$
w	w	w	w
w	f	f	w
f	w	f	w
f	f	f	f

Die Konjunktion zweier Aussagen ist also nur dann wahr, wenn beide Aussagen wahr sind, während die Disjunktion wahr ist, wenn mindestens eine der Aussagen wahr ist. Man spricht hier auch vom *einschließenden* ODER im Gegensatz zum *ausschließenden* ODER, bei dem genau eine der beiden Aussagen wahr ist.

Beispiel

A: 3 ist eine ungerade Zahl.
B: $3 \geq 6$.

---

[2]Im Kontext der Mathematik.
[3]Allgemeingültige Aussageformen nennt man auch **Tautologien**.

Dann ist:

$A \wedge B = f$ (da B falsch ist)
$A \vee B = w$ (da A wahr ist).

▶ **Definition (Logische Folgerung (Implikation))** Eine Aussage B heißt logische Folgerung einer Aussage A, wenn gilt: Wenn A wahr ist, dann ist auch B wahr: $A \Rightarrow B$ (Lies: Wenn A, dann B oder A impliziert B.).

Die Implikation wird häufig auch folgendermaßen ausgedrückt:

A ist hinreichende Bedingung für B

oder:

B ist notwendige Bedingung für A.

Die Implikation lässt zu, dass B wahr sein kann, auch wenn A falsch ist. Für Aussageformen $A(x)$ und $B(x)$ heißt das: $A(x) \Rightarrow B(x)$, wenn alle Lösungen von $A(x)$ auch Lösungen von $B(x)$ sind. $B(x)$ kann aber Lösungen haben, die für die Aussageform $A(x)$ keine Lösungen sind.

Beispiel Betrachte die beiden Aussagen:

$$A(x) : \quad x = 3 \qquad \text{Lösung} \quad : x = 3$$
$$B(x) : \quad x^2 = 9 \qquad \text{Lösungen} : x = 3 \text{ und } x = -3$$
$$x = 3 \implies x^2 = 9.$$

▶ **Definition (Äquivalenz)** Die beiden Aussagen A und B heißen äquivalent, wenn gilt: Wenn A wahr ist, dann ist auch B wahr, und wenn B wahr ist, dann ist auch A wahr. $A \Longleftrightarrow B$ (Lies: B genau dann, wenn A oder A äquivalent B).

Zwei Aussageformen $A(x)$ und $B(x)$ heißen äquivalent: $A(x) \Longleftrightarrow B(x)$, wenn alle Lösungen von $A(x)$ auch Lösungen von $B(x)$ sind und umgekehrt, alle Lösungen von $B(x)$ auch Lösungen von $A(x)$ sind.

Beispiel

$$2x = 5 \qquad \Longleftrightarrow \qquad x = \frac{5}{2}.$$

1.2   Mengenlehre

Das Konzept der Menge ist für die Beschreibung mathematischer Zusammenhänge elementar.[4] Die Grundlage des Mengenbegriffs ist die folgende auf Georg Cantor (1845–1918) zurückgehende Definition:

▶ **Definition (Menge)** Eine **Menge** ist eine Zusammenfassung bestimmter, wohlunterschiedener Objekte der Anschauung oder des Denkens – welche die **Elemente** der Menge genannt werden – zu einem Ganzen.

Für die Zugehörigkeit eines Objektes zu einer Menge M wird meist das Symbol $\in$ verwendet: $x \in M$, x ist Element der Menge M. Analog heißt $x \notin M$, dass x nicht Element der Menge M ist. Enthält eine Menge keine Elemente, dann nennt man dies die **leere Menge** und schreibt dafür $\emptyset = \{\ \}$.
Für die Darstellung von Mengen gibt es verschiedene Möglichkeiten:

- Die aufzählende Form: $M = \{2, 3, 5, 7\}$.
- Die beschreibende Form: $M = \{x \mid x \text{ ist Primzahl } \leq 7\}$.
- Die Darstellung in Form eines Venn-Diagramms[5] wie in der Abb. 1.1.

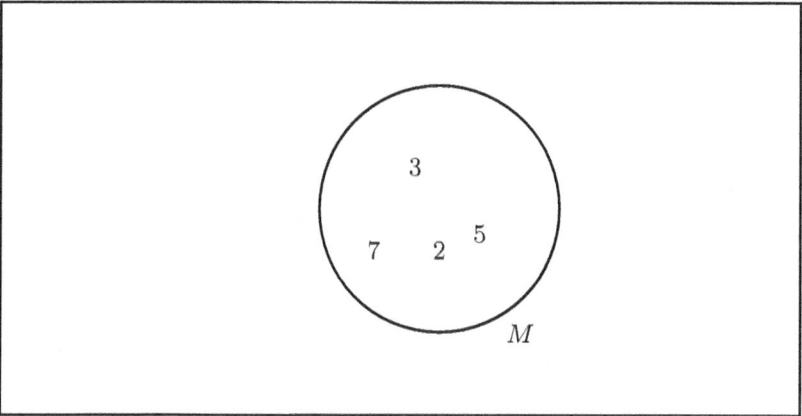

Abb. 1.1   Eine einfache Mengendarstellung als Venn-Diagramm

[4]Einführungen in die Mengenlehre findet man in Dean (2003), Deiser (2010), Garnier und Taylor (2002), Gregg (1998), Koshy (2004), Toenniessen (2019) oder Winter (2001).
[5]Diese Diagramme wurden von dem englischen Logiker und Philosophen John Venn (1834–1923) zur anschaulichen Beschreibung von Mengen eingeführt.

In diesem Buch spielen Mengen von Zahlen eine wichtige Rolle.[6] Insbesondere betrachten wir:

- Die Menge der natürlichen Zahlen

$$\mathbb{N} = \{1, 2, 3, \ldots\}.$$

Gelegentlich betrachten wir die Menge der natürlichen Zahlen zusammen mit der Zahl 0, wir schreiben dafür

$$\mathbb{N}_0 = \{0, 1, 2, 3, \ldots\}.$$

- Die Menge der ganze Zahlen

$$\mathbb{Z} = \{\ldots, -3, -2, -1, 0, 1, 2, 3, \ldots\}.$$

- Die Menge der rationalen Zahlen

$$\mathbb{Q} = \left\{ \frac{p}{q} \,\middle|\, p, q \in \mathbb{Z}, q \neq 0 \right\}.$$

- Die Menge der reellen Zahlen bezeichnen wir mit $\mathbb{R}$. Die Menge der rationalen Zahlen $\mathbb{Q}$ wird erweitert, weil sich bestimmte Größen wie beispielsweise der Wert von π oder $\sqrt{2}$ nicht durch Quotienten zweier ganzer Zahlen ausdrücken lassen. Die Menge der positiven reellen Zahlen wird mit $\mathbb{R}^+$ bezeichnet.

Teilmengen

Unter einer **Teilmenge** $T \subseteq M$ (lies: T ist Teilmenge von M) versteht man die Menge, die die Bedingung erfüllt: $x \in T \Rightarrow x \in M$, also jedes Element von T ist auch Element der Menge M.

Beispiel Die Menge $T = \{2, 3\}$ ist Teilmenge von $M = \{2, 3, 5, 7\}$.

Teilmengen der reellen Zahlen werden als offene oder geschlossene Intervalle bezeichnet: Für $M = \mathbb{R}$ ist $T_g = [a, b]$ geschlossenes Intervall und ist folgendermaßen definiert:

$$T_g = \{x \mid x \in \mathbb{R} \wedge a \leq x \leq b\}.$$

---

[6]Wir können an dieser Stelle nicht auf den streng axiomatischen Aufbau des Zahlensystems eingehen. Siehe dazu die lesenswerte Darstellung in Hilgert und Hilgert (2021), Anhang A, das Buch von Kramer und von Pippich (2013), oder die empfehlenswerte Darstellung von Körner (2020).

Das offene Intervall $T_o =]a, b[$ ist gegeben durch:

$$T_o = \{x \mid x \in \mathbb{R} \wedge a < x < b\}.$$

Kartesisches Produkt von Mengen

Das **kartesische Produkt** aus den Mengen $M_1, M_2, \ldots, M_n$ ist die Menge aller geordneten n-Tupel, die sich aus den Mengen bilden lassen:

$$M_1 \times M_2 \times \ldots \times M_n = \{(x_1, x_2, \ldots, x_n) \mid x_i \in M_i, i = 1, 2, \ldots, n\}.$$

Beispiel Sei $M_1 = \{2, 3, 4\}$ und $M_2 = \{a, b\}$, dann ist

$$M_1 \times M_2 = \{(2, a), (2, b), (3, a), (3, b), (4, a), (4, b)\}.$$

Von besonderem Interesse sind die kartesischen Produkte aus Zahlenmengen. Wir betrachten die beiden Intervalle:

$$M_1 = \{x \mid x \in \mathbb{R} \text{ und } 0 \leq x \leq 2\}$$

und

$$M_2 = \{y \mid y \in \mathbb{R} \text{ und } 0 \leq y \leq 1\}.$$

Dann ist das kartesische Produkt:

$$M_1 \times M_2 = \{(x, y) \mid x, y \in \mathbb{R} \wedge 0 \leq x \leq 2 \wedge 0 \leq y \leq 1\}.$$

Dieses kartesische Produkt lässt sich graphisch als Rechteck in der Ebene darstellen (siehe Abb. 1.2).

Das kartesische Produkt

$$\underbrace{\mathbb{R} \times \mathbb{R} \times \ldots \times \mathbb{R}}_{n \text{ mal}} = \mathbb{R}^n \quad (lies : Rn)$$

beschreibt den n-dimensionalen Raum, insbesondere liefert $\mathbb{R}^3$ die Punkte im dreidimensionalen Raum (vgl. Abb. 1.3).

Verknüpfungen von Mengen

Die Durchschnittsmenge

$$A \cap B \quad (A \text{ geschnitten } B)$$

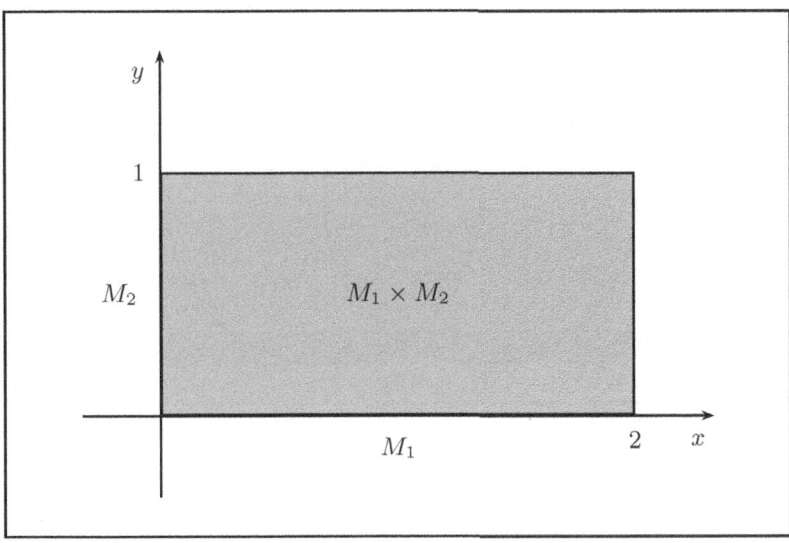

Abb. 1.2 Darstellung des kartesischen Produktes zweier Intervalle

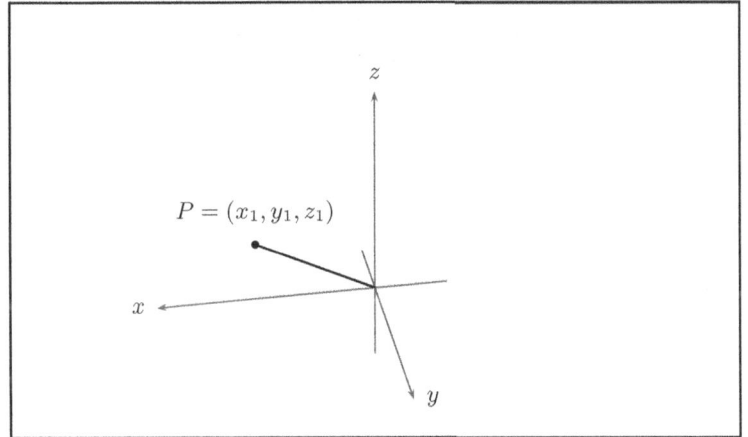

Abb. 1.3 Die Punkte des dreidimensionalen Raumes sind geordnete Tripel $P = (x_1, y_1, z_1)$

besteht aus denjenigen Elementen, die in A und in B enthalten sind (Abb. 1.4):

$$A \cap B = \{x \mid x \in A \wedge x \in B\}.$$

Ist die Durchschnittsmenge $A \cap B$ leer, dann nennt man die beiden Mengen A und B **disjunkt**.

Die **Vereinigung** $A \cup B$ zweier Mengen ist die Menge aller Elemente, die zu A **oder** zu B gehören, d. h. (Abb. 1.5):

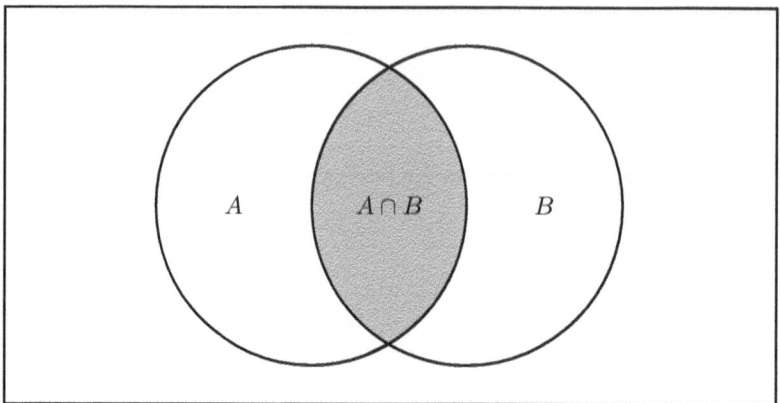

Abb. 1.4 Die Schnittmenge zweier Mengen $A \cap B$ als Venn-Diagramm

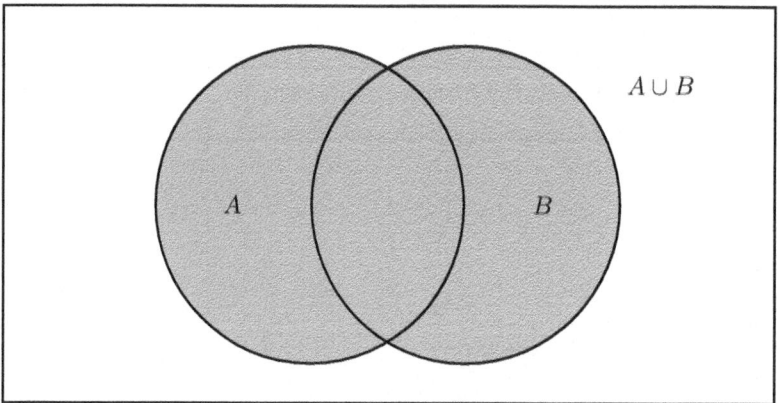

Abb. 1.5 Venn-Diagramm der Vereinigung zweier Mengen A und B

$$A \cup B = \{x \mid x \in A \ \lor \ x \in B\}.$$

Die **Differenz** $A \setminus B$ zweier Mengen ist die Menge aller Elemente von A die nicht zu B gehören, d. h. (Abb. 1.6):

$$A \setminus B = \{x \mid x \in A \text{ und } x \notin B\}.$$

Gilt $A \subseteq B$, so lässt sich eine **Komplementmenge** von A folgendermaßen definieren (Abb. 1.7):

$$\overline{A} = \{x \mid x \in B \land x \notin A\}.$$

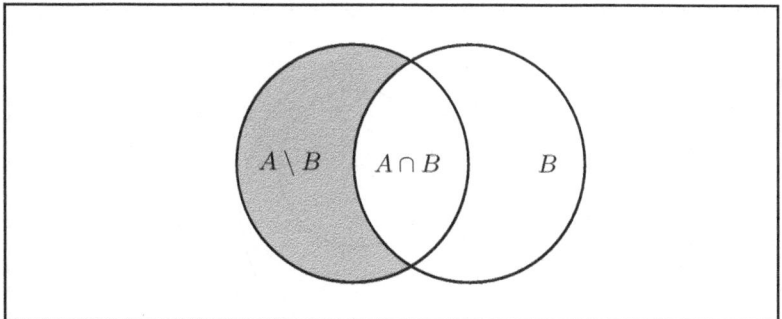

Abb. 1.6 Die Differenzmenge

1.3 Arithmetische Grundoperationen

Die Menge der rationalen und die Menge der reellen Zahlen bilden mit den Verknüpfungen Addition ‚+' und Multiplikation ‚·' eine **algebraische Struktur**, die **Körper** genannt wird.[7] Für Körper gelten, wie man sich exemplarisch leicht überzeugen kann, folgende Axiome.[8] Wir formulieren die Axiome der reellen Zahlen:

1. Die Summe zweier Zahlen $a, b \in \mathbb{R}$ existiert für alle a, b und ist eindeutig:

$$s = a + b \qquad (s \in \mathbb{R}).$$

2. Das Produkt zweier Zahlen $a, b \in \mathbb{R}$ existiert für alle a, b und ist eindeutig:

$$p = a \cdot b \qquad (p \in \mathbb{R}).$$

Man sagt, $\mathbb{R}$ ist **abgeschlossen** unter den beiden Operationen Addition und Multiplikation.

3. Es gelten die **Kommutativgesetze**:

$$a + b = b + a \qquad \text{für alle } a, b \in \mathbb{R}$$

und

---

[7]Eine sehr lesbare Einführung in die Thematik der algebraischen Strukturen findet man in Basieux (2000).

[8]Axiome sind nicht beweisbare Grundannahmen, die in sich widerspruchsfrei sein müssen.

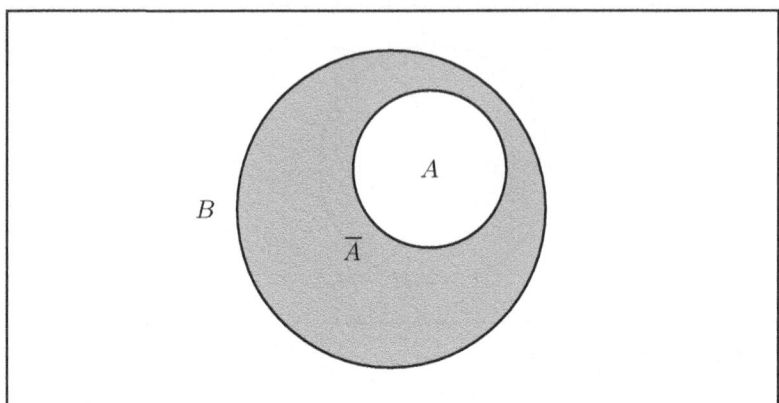

Abb. 1.7 Venn-Diagramm für die Komplementmenge

$$a \cdot b = b \cdot a \qquad \text{für alle } a, b \in \mathbb{R}.$$

4. Es gelten die **Assoziativgesetze**:

$$a + (b + c) = (a + b) + c \qquad \text{für alle } a, b, c \in \mathbb{R}$$

und

$$a \cdot (b \cdot c) = (a \cdot b) \cdot c \qquad \text{für alle } a, b, c \in \mathbb{R}.$$

5. Für jede Verknüpfung gibt es ein **neutrales Element** in $\mathbb{R}$. Das neutrale Element der Addition ist die $0 \in \mathbb{R}$ mit

$$a + 0 = 0 + a = a \qquad \text{für alle } a \in \mathbb{R}.$$

Das neutrale Element der Multiplikation ist die $1 \in \mathbb{R}$ mit

$$a \cdot 1 = 1 \cdot a = a \qquad \text{für alle } a \in \mathbb{R}.$$

6. Es gibt für jede Verknüpfung ein **inverses Element** in $\mathbb{R}$, der Art, dass sich das jeweilige neutrale Element ergibt:

$$a + (-a) = 0 \qquad \text{für alle } a \in \mathbb{R}.$$

$(-a) \in \mathbb{R}$ heißt additives Inverses. Das multiplikative Inverse hat die Eigenschaft:

$$a \cdot \frac{1}{a} = 1 \qquad \text{für } a \in \mathbb{R} \setminus \{0\}.$$

7. Es gibt ein **Distributivgesetz** der Form:

$$a \cdot (b + c) = a \cdot b + a \cdot c \qquad \text{für } a, b, c \in \mathbb{R}.$$

Über die inversen Elemente sind die Subtraktion und die Division zurückgeführt auf die Addition bzw. Multiplikation:

$$a - b = a + (-b)$$

$$\text{und} \qquad a : b = \frac{a}{b} = a \cdot \frac{1}{b}.$$

Aus diesen Axiomen lassen sich elementare Rechenregeln ableiten.

Bruchrechnen

Multiplikation von Brüchen:

$$\frac{a}{b} \cdot \frac{c}{d} = \frac{a \cdot c}{b \cdot d} \qquad (b, d \neq 0).$$

Addition von Brüchen:

$$\frac{a}{b} + \frac{c}{d} = \frac{ad + cb}{b \cdot d} \qquad (b, d \neq 0).$$

Potenzrechnen

Eine **Potenz** einer reellen Zahl $a \in \mathbb{R}$ ist definiert als

$$a^n = \underbrace{a \cdot a \cdot \ldots \cdot a}_{n \text{ Faktoren}} \qquad a \in \mathbb{R}, n \in \mathbb{N}.$$

Für Potenzen gelten die folgenden Rechenregeln:

$$a^m \cdot a^n = a^{m+n} \tag{1.1}$$

$$(a^m)^n = (a^n)^m = a^{m \cdot n} \tag{1.2}$$

$$(a \cdot b)^n = a^n \cdot b^n. \tag{1.3}$$

Mit den Definitionen

$$a^{-n} = \frac{1}{a^n} \qquad (a \neq 0; n \in \mathbb{Z})$$

und

$$a^0 = 1 \qquad \text{für alle } a \in \mathbb{R}, a \neq 0$$

ergibt sich aus Gl. (1.1):

$$\frac{a^m}{a^n} = a^{m-n}. \tag{1.4}$$

Die Gültigkeit der Potenzrechengesetze ist damit auf ganze Zahlen erweitert.
Indem man die Lösung der Gleichung $x^n = a$ definiert als

$$x = a^{\frac{1}{n}} = \sqrt[n]{a},$$

lässt sich der Potenzbegriff auch auf rationale Exponenten erweitern. Die Potenzrechengesetze behalten ihre Gültigkeit im Allgemeinen für $a > 0$. In besonderen Fällen ist eine Definition für $a < 0$ sinnvoll, beispielsweise bei: $\sqrt[3]{-8} = -2$.

Logarithmus
Die Definition des Logarithmus ergibt sich aus der Auflösung der Gleichung

$$b^x = y$$

nach x.

Definition

$$b^x = y \iff x = \log_b y$$

mit

$$b \in \mathbb{R}^+ \setminus \{1\}, y \in \mathbb{R}^+, x \in \mathbb{R}.$$

Die Zahl b heißt **Basis** des Logarithmus.
Rechenregeln für Logarithmen (es gelte $x, y > 0$):

$$\log_b(x \cdot y) = \log_b x + \log_b y \tag{1.5}$$

und

$$\log_b(x^k) = k \cdot \log_b x, \quad k \in \mathbb{R}. \tag{1.6}$$

Aus diesen beiden Rechenregeln des Logarithmus ergibt sich (aus Gl. (1.6)):

$$\log_b(x^{-1}) = -\log_b x$$

und somit aus Gl. (1.5)

$$\log_b x - \log_b y = \log_b x + \log_b y^{-1} = \log_b(x \cdot y^{-1}) = \log_b\left(\frac{x}{y}\right).$$

Umrechnen von Logarithmen auf verschiedene Basen:
Praktisch ist es häufig von Interesse, Logarithmen zu verschiedenen Basen zu berechnen.
Die Umrechnung von der Basis a auf die Basis b erfolgt in der Form:

$$\log_b y = \frac{\log_a y}{\log_a b}. \tag{1.7}$$

Dies ergibt sich aus der Definition des Logarithmus und den Rechenregeln:

$$b^x = y \iff x = \log_b y$$

$$b^x = y \iff \log_a b^x = \log_a y \iff x \cdot \log_a b = \log_a y \iff x = \frac{\log_a y}{\log_a b}$$

und somit:

$$\boxed{\log_b y = \frac{\log_a y}{\log_a b}.} \tag{1.8}$$

Besondere Bedeutung spielen die Logarithmen zur Basis 10 (dekadischer Logarithmus):

$$\log_{10} x = \lg x$$

und zur Basis e (natürlicher Logarithmus):

$$\log_e x = \ln x,$$

wobei e die Eulersche Zahl ist[9]

$$e \approx 2.718\dots. \tag{1.9}$$

---

[9]Das Buch von Eli Maor (2015) ist eine umfassende und sehr lesenswerte Darstellung der Eigenschaften der Eulerschen Zahl.

Folgen und Reihen

Eine Zahlenfolge

$$a_1, a_2, a_3, \ldots, a_n, a_{n+1}, \ldots \tag{1.10}$$

ist eine Aufreihung von reellen Zahlen. Die einzelnen Glieder der Folge können evtl. nach einem Bildungsgesetz aus natürlichen Zahlen berechnet werden. In der Folge (1.10) bezeichnet a_n das allgemeine Glied. Das Bildungsgesetz der Zahlenfolge resultiert entweder aus dem Rechenausdruck für a_n (explizite Definition)[10] oder aus dem Zusammenhang zwischen den Folgegliedern. Diese zweite Art, Folgen zu definieren, nennt man **rekursive Definition**. Wenn es eine natürliche Zahl k und reelle Zahlen $c_j, j = 1, \ldots, k$ gibt mit der Eigenschaft, dass ab einem bestimmten n für alle Folgenglieder

$$a_{n+k} = c_1 a_{n+k-1} + c_2 a_{n+k-2} + \cdots + c_k a_k, \quad (n \geq k \geq 1) \tag{1.11}$$

gilt, dann nennt man die Folge (1.10) eine *rekursive Folge k-ter Ordnung* und Gl. (1.11) heißt **Rekursionsgleichung**. Wir bezeichnen eine Folge mit $(a_n)_{n \geq 1}$.[11]

Beispiele

1. Eine Zahlenfolge heißt **arithmetische Folge**, wenn die Differenz zweier aufeinander folgenden Glieder immer den gleichen Wert hat. Die arithmetische Folge kann beschrieben werden durch die Vorschrift:

$$a_{n+1} = a_n + d, \qquad d \text{ konstant} \tag{1.12a}$$

oder die explizite Definition

$$a_n = a_1 + (n - 1) \cdot d, \qquad d \text{ konstant.} \tag{1.12b}$$

Anmerkung: Gl. (1.12a) ist nicht in rekursiver Form, denn auf der rechten Seite dürfen nur Folgenglieder mit konstanten Koeffizienten auftreten, wie Gl. (1.11) zeigt. Betrachten wir jedoch zwei benachbarte Werte

$$a_{n+2} = a_{n+1} + d \qquad \text{und} \qquad a_{n+1} = a_n + d,$$

---

[10]Wir folgen hier der Begriffsbildung von Arens et al. (2018), Kapitel 6.1.

[11]Wir haben als Startwert die 1 gewählt. Man beachte, dass man eine Folge mit einer beliebigen anderen ganzen Zahl beginnen kann.

dann ergibt sich durch Subtraktion

$$a_{n+2} - a_{n+1} = a_{n+1} - a_n,$$

oder

$$a_{n+2} = 2a_{n+1} - a_n. \tag{1.13}$$

Gl. (1.13) ist die Rekursionsgleichung der arithmetischen Folge, sie ist demnach eine rekursive Folge zweiter Ordnung.

2. Eine Zahlenfolge nennt man **geometrische Folge**, wenn der Quotient zweier aufeinander folgenden Glieder immer den gleichen Wert hat.

$$a_{n+1} = q \cdot a_n \tag{1.14a}$$

oder mit der expliziten Definition

$$a_n = q^{n-1} \cdot a_1. \tag{1.14b}$$

Gl. (1.14a) ist die Rekursionsgleichung der geometrischen Folge. Dies impliziert, dass die geometrische Folge eine rekursive Folge erster Ordnung ist.

3. Die **harmonische Folge** ist die Zahlenfolge, die sich aus den Kehrwerten der positiven ganzen Zahlen ergibt:

$$a_n = \frac{1}{n}, \quad n = 1, 2, \ldots.$$

Dies führt auf die Zahlenfolge

$$1, \frac{1}{2}, \frac{1}{3}, \frac{1}{4}, \ldots.$$

Die harmonische Folge ist nicht rekursiv.

4. Die **Fibonacci Folge** ist rekursiv definiert durch[12]

$$F_{n+2} = F_{n+1} + F_n,$$

mit den beiden Anfangswerten $F_0 = F_1 = 1$. Die ersten Folgenglieder sind:

$$1, 1, 2, 3, 5, 8, 13, 21, \ldots$$

---

[12] Die Fibonacci Zahlenfolge hat sehr interessante und weitreichende Eigenschaften. Wir verweisen hierzu auf die Literatur, siehe Koshy (2001) oder Posamentier und Lehmann (2007).

Die Folge der Fibonacci Zahlen ist eine rekursive Folge zweiter Ordnung. Die explizite Definition der Folgenglieder F_n als Funktion der Zahl n ist die Binetsche Formel:

$$F_n = \frac{1}{\sqrt{5}} \left\{ \left(\frac{1 + \sqrt{5}}{2} \right)^n - \left(\frac{1 - \sqrt{5}}{2} \right)^n \right\}.$$

5. Eine wichtige Folge, die im Zusammenhang mit der Eulerschen Zahl (1.9) steht, ist

$$a_n = \left(1 + \frac{1}{n} \right)^n, \qquad n = 1, 2, 3, \ldots. \tag{1.15}$$

Die ersten Glieder dieser Folge sind

$$a_1 = 2, \ a_2 = 2,25, \ a_3 = 2,37, \ a_4 = 2,44, \ldots$$

Werden die Glieder $a_1, a_2, \ldots, a_n$ einer endlichen Folge addiert, so entsteht eine **endliche Reihe**.

$$a_1 + a_2 + \cdots + a_n = \sum_{i=1}^{n} a_i = s_n. \tag{1.16}$$

Man nennt die Summen über endlich viele Folgeglieder s_n Partialsummen.

Beispiele

1. Die Partialsummen der arithmetischen Folge sind:

$$s_n = \sum_{i=1}^{n} a_i = \frac{n}{2} (a_1 + a_n). \tag{1.17}$$

2. Die endliche geometrische Reihe ist:

$$\begin{aligned}
s_n &= a_1 + a_2 + \cdots + a_n \\
&= a_1 + a_1 q + a_1 q^2 + \cdots + a_1 q^{n-1} \\
&= a_1 \left(1 + q + q^2 + \cdots + q^{n-1} \right) \\
&= a_1 \cdot \sum_{i=1}^{n} q^{i-1} \\
&= a_1 \cdot \frac{q^n - 1}{q - 1}.
\end{aligned} \tag{1.18}$$

Gl. (1.18) gilt für alle $q \in \mathbb{R}$, die von 0 und 1 verschieden sind.[13]

3. Die Folge der ersten n natürlichen Zahlen ist

$$1, 2, 3, \ldots n;$$

dies führt auf die Partialsummen

$$s_n = 1 + 2 + 3 + \cdots + n = \sum_{i=1}^{n} i = \frac{n(n+1)}{2}.$$

Diese Form der Aufsummierung der natürlichen Zahlen geht auf Gauß zurück.[14]

Binomische Formeln

Die Verallgemeinerung der binomischen Formeln:

$$(a + b)^2 = a^2 + 2ab + b^2$$

$$(a - b)^2 = a^2 - 2ab + b^2$$

$$(a + b)(a - b) = a^2 - b^2$$

ist der binomische Ausdruck (Binomialtheorem)

$$(a + b)^n = \sum_{k=0}^{n} \binom{n}{k} a^{n-k} b^k \tag{1.19}$$

mit der Summation

$$\sum_{i=0}^{n} x_i = x_0 + x_1 + \ldots + x_n$$

und den **Binomialkoeffizienten**

$$\binom{n}{k} = \frac{n!}{(n-k)!k!} \qquad \text{(lies: } n \text{ über } k), \tag{1.20}$$

wobei

---

[13] Siehe dazu auch die Herleitung der Gl. (2.12) in Abschn. 2.6.1.

[14] Man zeigt solche Beziehungen, die für alle natürlichen Zahlen gelten, durch eine wichtige Beweistechnik, die man vollständige Induktion nennt. Siehe dazu beispielsweise Lang (1986), S. 87, oder Spivak (2008), Kapitel 2.

$$n! = 1 \cdot 2 \cdot 3 \cdot \ldots \cdot (n-1) \cdot n \qquad (\text{lies}: n \text{ Fakultät})$$

und man definiert $0! = 1$.

Die Binomialkoeffizienten erfüllen die Beziehung:

$$\binom{n}{k} = \binom{n-1}{k-1} + \binom{n-1}{k}.$$

Diese Beziehung ist als **Pascalsches Dreieck** bekannt.[15]

1.4 Gleichungen

Wir betrachten in diesem Abschnitt ein Reihe von Gleichungen, die sich mit äquivalenten Umformungen durch die grundlegenden arithmetischen Operationen aus Abschn. 1.3 lösen lassen.

Unter der **Lösungsmenge** einer Gleichung $A(x) = B(x)$ versteht man die Menge

$$L = \{x \mid A(x) = B(x) \text{ ist eine wahre Aussage}\}.$$

Die Lösungsmenge ist eine Teilmenge der Definitionsmenge, die angibt, für welche $x \in \mathbb{R}$ $A(x)$ und $B(x)$ definiert sind.

Unter einer **äquivalenten Umformung** einer Gleichung versteht man in Anlehnung an äquivalente Aussageformen (vgl. Abschn. 1.1) solche Umformungen, die die Lösungsmenge nicht verändern.

$$A(x) = B(x) \iff \widetilde{A(x)} = \widetilde{B(x)}$$

wenn

$$L = \{x \mid A(x) = B(x) \text{ ist eine wahre Aussage}\}$$

$$= \{x \mid \widetilde{A(x)} = \widetilde{B(x)} \text{ ist eine wahre Aussage}\}.$$

---

[15]Weitergehende Diskussionen der Binomialkoeffizienten findet man in Graham et al. (1994).

Äquivalente Umformungen sind:

1. Addition eines Terms $T(x)$

$$A(x) = B(x) \qquad \Big| + T(x)$$
$$\Longleftrightarrow A(x) + T(x) = B(x) + T(x).$$

Beispiel

$$3x + 5 = 2x - 1 \qquad \Big| - 2x - 5$$
$$\Longleftrightarrow \quad x = -6.$$

2. Multiplikation mit einem Term $T(x)$

$$A(x) = B(x) \qquad \Big| \cdot T(x), T(x) \neq 0$$
$$\Longleftrightarrow T(x) \cdot A(x) = T(x) \cdot B(x).$$

Anmerkung: Für $T(x) = 0$ liegt keine Äquivalenzumformung vor.

Beispiel

$$\frac{1}{x-1} = \frac{2}{x-7} \qquad \Big| \cdot (x-1)(x-7), x \neq 1 \wedge x \neq 7$$
$$\Longleftrightarrow \quad x - 7 = 2(x - 1)$$
$$\Longleftrightarrow \quad x = -5.$$

3. Logarithmieren zu einer Basis b

$$A(x) = B(x) \qquad \Big| \log_b \text{ für } A(x), B(x) > 0$$
$$\Longleftrightarrow \log_b A(x) = \log_b B(x).$$

Beispiel

$$10^x = 25 \qquad \Big| \lg$$
$$\Longleftrightarrow \quad x = \lg 25 \approx 1,398.$$

4. Potenzieren zu einer Basis b

$$A(x) = B(x) \qquad \Big| \; b^{(\;)} \text{ für } b \neq 1$$
$$\Longleftrightarrow b^{A(x)} = b^{B(x)}.$$

Beispiel

$$\log_5(3x) = 2 \qquad \Big| \; 5^{(\;)}, x > 0$$
$$\Longleftrightarrow 5^{\log_5(3x)} = 5^2$$
$$\Longleftrightarrow \qquad 3x = 25$$
$$\Longleftrightarrow \qquad x = \tfrac{25}{3}.$$

5. Beim Potenzieren einer Gleichung muss unterschieden werden, ob n gerade oder ungerade ist:

$$A(x) = B(x) \qquad \Big| \; (\;\;)^n \text{ für } n \text{ ungerade}$$
$$\Longleftrightarrow (A(x))^n = (B(x))^n,$$

und

$$A(x) = B(x) \qquad \Big| \; (\;\;)^{\frac{1}{n}} \text{ für } n \text{ ungerade}$$
$$\Longleftrightarrow (A(x))^{\frac{1}{n}} = (B(x))^{\frac{1}{n}}.$$

Das Potenzieren für gerade n ist keine äquivalente Umformung.

Mit diesen äquivalenten Umformungen lösen wir nun die **lineare** und die **quadratische Gleichung** in voller Allgemeinheit.

Die lineare Gleichung
Bei der Lösung der linearen Gleichung

$$ax + b = 0$$

werden drei Fälle unterschieden:

Fall 1: $a \in \mathbb{R}, a \neq 0$ und $b \in \mathbb{R}$, dann ist die eindeutige Lösung

$$x = -\frac{b}{a}.$$

Fall 2: $a = 0 \wedge b \neq 0$, dann existiert keine Lösung.

Fall 3: $a = 0 \wedge b = 0$, dann ist jede Zahl $x \in \mathbb{R}$ eine Lösung der linearen Gleichung (beliebig viele Lösungen).

Die quadratische Gleichung

$$ax^2 + bx + c = 0 \qquad\qquad a \neq 0$$

$$\Longleftrightarrow \quad x^2 + \frac{b}{a}x + \frac{c}{a} = 0$$

$$\Longleftrightarrow \left(x + \frac{b}{2a}\right)^2 - \frac{b^2}{4a^2} + \frac{c}{a} = 0$$

$$\Longleftrightarrow \qquad \left(x + \frac{b}{2a}\right)^2 = \frac{b^2}{4a^2} + \frac{c}{a}$$

$$\Longleftrightarrow \qquad x_{1/2} = \frac{-b \pm \sqrt{b^2 - 4ac}}{2a}.$$

Bemerkung Für $b/a = p$ und $c/a = q$ ergibt sich:

$$x_{1/2} = -\frac{p}{2} \pm \sqrt{\left(\frac{p}{2}\right)^2 - q}.$$

Die quadratische Gleichung hat:

- zwei reelle Lösungen für $b^2 - 4ac > 0$,
- eine reelle Lösung für $b^2 - 4ac = 0$,
- keine reelle Lösung für $b^2 - 4ac < 0$.

Äquivalente Umformungen von Ungleichungen

Bei äquivalenten Umformungen von **Ungleichungen** sind die folgenden Gesetzmäßigkeiten zu beachten:

1. Addition mit einer Konstanten c:

$$A(x) < B(x)$$

$$\Longleftrightarrow \quad A(x) + c < B(x) + c.$$

$$A(x) > B(x)$$

$$\Longleftrightarrow \quad A(x) + c > B(x) + c.$$

2. Multiplikation mit einer Konstanten $c \neq 0$:

$$A(x) < B(x)$$

$$\Longleftrightarrow \quad cA(x) < cB(x) \qquad \text{falls } c > 0$$

$$\Longleftrightarrow \quad cA(x) > cB(x) \qquad \text{falls } c < 0.$$

$$A(x) > B(x)$$

$$\Longleftrightarrow \quad cA(x) > cB(x) \qquad \text{falls } c > 0$$

$$\Longleftrightarrow \quad cA(x) < cB(x) \qquad \text{falls } c < 0.$$

3. Potenzieren:

$$A(x) < B(x)$$

$$\Longleftrightarrow \quad (A(x))^n < (B(x))^n.$$

$$A(x) > B(x)$$

$$\Longleftrightarrow \quad (A(x))^n > (B(x))^n.$$

4. Wurzel ziehen:

$$A(x) < B(x)$$

$$\Longleftrightarrow \quad (A(x))^{\frac{1}{n}} < (B(x))^{\frac{1}{n}}.$$

$$A(x) > B(x)$$

$$\Longleftrightarrow \quad (A(x))^{\frac{1}{n}} > (B(x))^{\frac{1}{n}}.$$

5. Logarithmieren:

$$A(x) < B(x)$$

$$\Longleftrightarrow \quad \log_b(A(x)) < \log_b(B(x)), \text{ für } b > 1.$$

$$A(x) > B(x)$$

$$\Longleftrightarrow \quad \log_b(A(x)) > \log_b(B(x)), \text{ für } b > 1.$$

6. Potenzieren zu einer Basis a:

$$A(x) < B(x)$$

$$\Longleftrightarrow \quad a^{A(x)} < a^{B(x)}, \text{ für } a > 1.$$

$$A(x) > B(x)$$

$$\Longleftrightarrow \quad a^{A(x)} > a^{B(x)}, \text{ für } a > 1.$$

und

$$A(x) < B(x)$$

$$\Longleftrightarrow \quad a^{-A(x)} > a^{-B(x)}, \text{ für } a > 1.$$

$$A(x) > B(x)$$

$$\Longleftrightarrow \quad a^{-A(x)} < a^{-B(x)}, \text{ für } a > 1.$$

Gleichungen mit Beträgen

Der **Betrag** einer Zahl $a \in \mathbb{R}$ ist definiert durch:

$$|a| = \begin{cases} a & \text{für } a \geq 0 \\ -a & \text{für } a < 0. \end{cases}$$

Das Rechnen mit Beträgen bringt daher Fallunterscheidungen mit sich.
Die Lösung der Gleichung

$$|ax + b| = c \quad \text{mit } c \geq 0$$

führt auf:

$$ax + b = c \quad \vee \quad -(ax + b) = c$$

mit den Lösungen

$$x = \frac{c - b}{a} \quad \vee \quad x = -\frac{c + b}{a}.$$

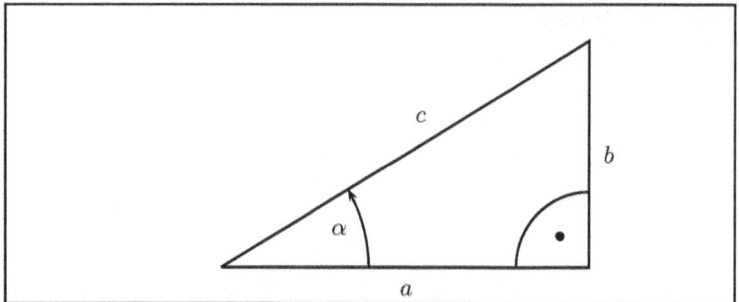

Abb. 1.8 Zur Definition der trigonometrischen Funktionen über die Betrachtung der Seitenverhältnisse in einem rechtwinkligen Dreieck

1.5   Trigonometrie

Die trigonometrischen Funktionen basieren auf der elementaren Geometrie rechtwinkliger Dreiecke (Abb. 1.8).

$$\sin \alpha = \frac{b}{c} = \frac{\text{Gegenkathede}}{\text{Hypothenuse}}$$

$$\cos \alpha = \frac{a}{c} = \frac{\text{Ankathede}}{\text{Hypothenuse}}$$

$$\tan \alpha = \frac{b}{a} = \frac{\text{Gegenkathede}}{\text{Ankathede}}$$

$$\cot \alpha = \frac{a}{b} = \frac{\text{Ankathede}}{\text{Gegenkathede}}.$$

In der Analysis spielt der Tangens eine wichtige Rolle, da über diese Funktion die Steigung von Tangenten berechnet wird.

In diesem Buch sind keine Übungen zu den elementaren Grundlagen integriert. Wir verweisen dazu auf eine Vielzahl von Büchern zu diesem Themenkreis, unter anderem: Bosch (2010), S. Lang (1988), Purkert (2014) oder Schäfer et al. (2006).

1.6   Test

1.1 Bilden Sie die Mengen $A \cup B$, $A \cap B$ und $A \setminus B$:

$$A = \{x \mid x \in \mathbb{N} \wedge x \leq 10\}$$

$$B = \left\{x \mid x \leq 20 \wedge \frac{x}{2} \in \mathbb{N}\right\}.$$

1.2 Sind die folgenden Aussageformen $A(x)$ und $B(x)$ äquivalent?

(a) $A(x): x = \pm 4; \quad B(x): x^2 = 16.$
(b) $A(x): x^2 - y^2 = 0; \quad B(x): x = y \lor x = -y.$
(c) $A(x): x^2 \geq a; \quad B(x): x \geq \sqrt{a}.$

1.3

(a) Nennen Sie je eine hinreichende und eine notwendige Bedingung für einen Gewinn im Lotto.
(b) Ist $A(x)$ hinreichende Bedingung für $B(x)$?

$$A(x): x > 0; \quad B(x): \log_2 x > 0.$$

1.4 Vereinfachen Sie folgende Terme, für welche x sind die Terme nicht definiert?

(a) $\dfrac{x+2}{x^2-4} + \dfrac{1}{x+2}$
(b) $\dfrac{3x^n + 2x^{n+2}}{x^{n+1} + 3x^n}$
(c) $\sqrt[3]{x^{6n-9}}; n \in \mathbb{N}$

1.5 Lösen Sie die folgenden Gleichungen nach x auf:

(a) $2x - 7 = \frac{3}{2}x + \sqrt{3}$
(b) $\dfrac{x-3}{2x+6} = 4$
(c) $3x^2 + 2x - 1 = 0$
(d) $x - 3 = \dfrac{1}{2+x}$
(e) $\sqrt{x} = 1 - x.$
(f) $x^5 - 12 = 3$
(g) $x^4 + 4x^2 - 8 = 0$
(h) $3^x + 12 = 24$
(i) $3^x + 3^{x+2} = 110$
(j) $-2^x + 4 \cdot 2^{2x} = 128$
(k) $\log_2 4x = 15$
(l) $\lg(x+10) - \lg(2x+5) = 3$
(m) $\log_2 3x + \log_4 5x = 3.$

1.6 Bestimmen Sie die positive reelle Zahl x mit der Eigenschaft, dass die Zahl $1/x$ um 1 kleiner ist als x. Welche Eigenschaft hat die Zahl x^2?

1.7 Berechnen Sie $(a + b)^4$.

1.8 Veranschaulichen Sie die Beziehung

$$\binom{n}{k} = \binom{n-1}{k-1} + \binom{n-1}{k},$$

und zeigen Sie formal deren Gültigkeit.

1.9 Bestimmen Sie die Lösungsmenge der folgenden Ungleichungen:

(a) $3x + 5 \geq -2x - 3$
(b) $x^5 > 125$
(c) $-2x^2 + 3x - 1 < 0$.

1.10 Zeigen Sie, dass die Lösung der quadratischen Gleichung

$$x^2 - px + q = 0$$

äquivalent dazu ist, zwei Zahlen x_1, x_2 zu finden mit

$$x_1 + x_2 = p$$

$$x_1 \cdot x_2 = q.$$

Die Lösungen zu diesem Test finden sich nach dem Kap. 7.

Funktionen

2

Lernziele (Dieses Kapitel vermittelt)

- wie die Abhängigkeit quantitativer Größen mit Funktionen beschrieben wird
- die erforderlichen Grundkenntnisse elementarer Funktionen
- grundlegende Eigenschaften von Funktionen
- die Anwendung von Funktionen im Rahmen ökonomischer Fragestellungen
- die Einführung des Grenzwertbegriffes

2.1 Definition und Darstellung von Funktionen

Sowohl in der Mathematik als auch in vielen Bereichen des täglichen Lebens werden oftmals Zahlen oder quantitativ erfassbare Größen zueinander in Beziehung gesetzt, so dass eine Abhängigkeit zwischen solchen Größen entsteht. Solche Zusammenhänge werden auf unterschiedlicher Weise hergestellt:

- durch experimentelle oder heuristische Methoden
- durch theoretische Modelle
- oder einfach durch willkürliche Festlegung.

Elektronisches Zusatzmaterial Die elektronische Version dieses Kapitels enthält Zusatzmaterial, das berechtigten Benutzern zur Verfügung steht. https://doi.org/10.1007/978-3-662-63681-7_2

Die folgenden Beispiele dienen einerseits der Illustration dieser Überlegungen, andererseits motivieren sie die Einführung des Konzeptes der Funktion.

Beispiele

1. Die Abbildung einer Menge von Studenten auf ihre Mathematiknoten.Betrachten wir in einem bestimmten Kurs mit n Studenten die Liste der Noten der Mathematikklausur. Die Studenten bezeichnen wir mit $S_1, S_2, \ldots, S_n$. Jeder Student kann eine Note zwischen 1,0 und 5,0 erzielen, wobei Zehntelnoten üblich sind. Es ergibt sich beispielsweise folgendes Klausurergebnis:

Student	S_1	S_2	S_3	$\ldots$	S_{n-1}	S_n
Note	2,2	2,7	3,5	$\ldots$	2,2	1,6

Die Zuordnung Student $\to$ Note kann als Menge geordneter Paare dargestellt werden:

$$(S_1; 2, 2), (S_2; 2, 7), (S_3; 3, 5), \ldots (S_{n-1}; 2, 2), (S_n; 1, 6).$$

An dieser Zuordnung erkennt man folgende Sachverhalte, die für den Begriff Funktion charakteristisch sind:

- *Jeder* Student erhält *genau* eine Note zugeordnet.
- Im Allgemeinen kann der Fall auftreten, dass es mehrere Studenten gibt, die die gleiche Note haben (z. B. 2,2).
- Es müssen nicht sämtliche Noten des möglichen Notenspektrums erzielt werden. Das heißt, bei einem Klausurergebnis kann es vorkommen, dass die Noten 4,5 und 5,0 nicht vergeben werden.

2. Das Volumen einer Kugel als Funktion des Radius.

    Wie aus der Geometrie bekannt ist, berechnet sich das Volumen einer Kugel V_k in Abhängigkeit des Radius r zu

$$V_k = \frac{4}{3}\pi r^3.$$

Hier wird jedem Wert $r \geq 0$ genau ein Wert V_k zugeordnet.

Mit diesen Vorüberlegungen betrachten wir die Definition einer Funktion.

▶ **Definition (Funktion)** Seien M_1 und M_2 zwei Mengen. Ordnet man *jedem* Element der Menge M_1 eindeutig *genau* ein Element der Menge M_2 zu, so nennt man die dadurch gegebene Zuordnung eine **Funktion**.

Es darf nach dieser Definition bei einer Funktion kein Element in M_1 ‚übrig bleiben' und die Abbildung muss *eindeutig* sein. Dies bedeutet *nicht*, dass jedem Element aus M_1 ein anderes Element aus M_2 zugeordnet ist, sondern dass einem Element aus M_1 nicht zwei oder mehrere Elemente aus M_2 zugeordnet sind. Die Abb. 2.1 zeigt die Zuordnung Student $\rightarrow$ Note in Form eines Diagramms. Die Menge M_1 wird von den Studenten gebildet, d. h.:

$$M_1 = \{S_1, S_2, \ldots, S_{n-1}, S_n\}$$

und die Menge M_2 sind die erzielbaren Noten:

$$M_2 = \{1, 0; 1, 1; 1, 2; \ldots; 4, 9; 5, 0\}.$$

Folgende Bezeichnungen sind im Zusammenhang mit der Definition einer Funktion von Bedeutung:

* Die ‚linke' Menge M_1 aus der Abb. 2.1, von der aus die Zuordnungspfeile ausgehen, nennt man **Urbildmenge** oder **Definitionsbereich** D_f der Funktion f.
* Die ‚rechte' Menge M_2, in der die Zuordnungspfeile enden, wird als **Zielmenge** oder **Bildmenge** bezeichnet.
* Die Teilmenge von M_2, deren Elemente tatsächlich einem Urbild zugeordnet werden, nennt man **Wertebereich** W_f der Funktion f.

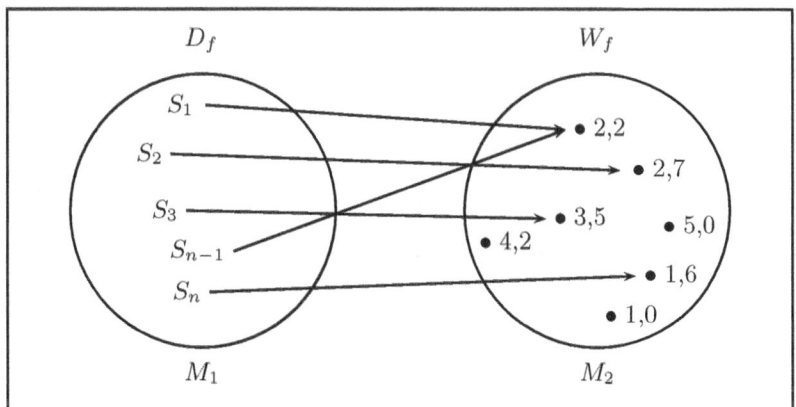

Abb. 2.1 Darstellung der Funktion Student $\rightarrow$ Note in Form eines Diagramms. Hierbei ist die Menge der Studenten eines Kurses $M_1 = D_f$ und die Menge der Noten ist $W_f \subset M_2$

Funktionen können in verschiedenen Formen dargestellt werden:

1. In Form eines Diagramms, wie in der Abb. 2.1.
2. Als Menge von geordneten Paaren:

$$f = \{(S_1; 2, 2), (S_2; 2, 7), (S_3; 3, 5), \ldots (S_{n-1}; 2, 2), (S_n; 1, 6)\}$$

   wie im Beispiel 1.
3. Funktionen über den reellen Zahlen $\mathbb{R}$ werden häufig in Form einer Abbildungsvorschrift dargestellt:

$$f : D_f \longrightarrow W_f,$$

$$x \longmapsto y = f(x).$$

   Der *maximal zulässige Definitionsbereich* umfasst alle möglichen Werte x, für die $f(x)$ definiert ist.
4. Als Darstellung im Koordinatensystem:
   Die unabhängige Variable wird auf der x-Achse (Abszisse) dargestellt, die abhängige Variable auf der y-Achse (Ordinate) (Abb. 2.2).

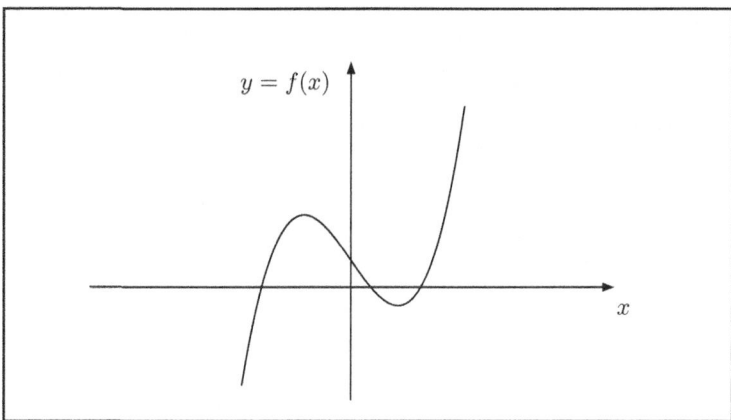

Abb. 2.2 Darstellung einer Funktion im Koordinatensystem

2.2 Einige elementare Funktionen

In diesem Abschnitt sehen wir uns eine Reihe elementarer Funktionen etwas näher an und rekapitulieren die wesentlichen Eigenschaften.

2.2.1 Lineare Funktion

Die lineare Funktion ist eine Abbildung der Form

$$f : \mathbb{R} \longrightarrow \mathbb{R},$$

$$f : x \longmapsto f(x) = ax + b$$

mit den beiden Parametern $a, b \in \mathbb{R}$, die die Form der Geraden bestimmen. a legt die Steigung der Geraden fest, der Parameter b den Abstand zur x-Achse bei $x = 0$. Der Graph dieser Funktion ist also eine Gerade durch den Punkt $x = 0$, $y = b$, die im Fall $a \neq 0$ auch noch durch den Punkt $x = -\frac{b}{a}$, $y = 0$ geht. Im Fall $a = 0$ verläuft die Gerade parallel zur x-Achse. Für $a \neq 0$ erhält man das Steigungsdreieck der Geraden, indem man von einem beliebigen Punkt der Geraden um eine Einheit nach rechts geht und um a Einheiten in y-Richtung.

Im Fall $b = 0$ erhält man eine Gerade, die durch den Nullpunkt des Koordinatensystems verläuft. In diesem Fall sagt man, dass y *proportional* zu x ist (Abb. 2.3).

Im Fall $a = 0$, $b = b'$ erhält man die Funktion:

$$f(x) = b'.$$

Sie wird auch als die *konstante Funktion* bezeichnet.

Anmerkungen

1. Geraden der Form $x = c = const.$ sind nicht durch die Geradengleichung

$$y = ax + b$$

darstellbar. Sie charakterisieren Parallelen zur y-Achse und stellen keine Funktionen dar, da die Eindeutigkeit der Zuordnung nicht gegeben ist.
2. Ist eine Gerade durch die Angabe der Steigung m und einem Punkt $P = (x_1, y_1)$ festgelegt, so ist es zweckmäßig die **Punkt-Steigungsform der Geradengleichung** zu verwenden:

$$y = m \cdot (x - x_1) + y_1. \tag{2.1}$$

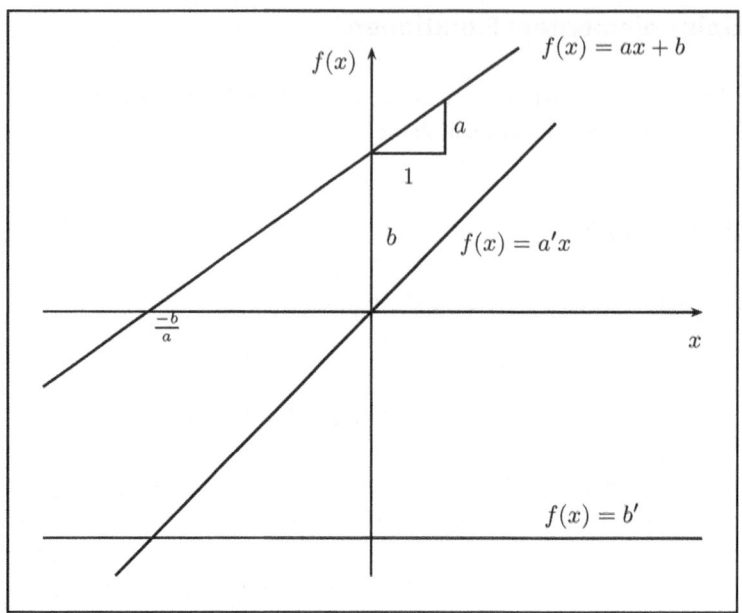

Abb. 2.3 Darstellung linearer Funktionen im Koordinatensystem

3. Ist eine Gerade durch zwei Punkte $P_1 = (x_1, y_1)$ und $P_2 = (x_2, y_2)$ festgelegt, dann verwendet man die **Zwei-Punkte-Form der Geradengleichung**

$$\frac{y - y_1}{x - x_1} = \frac{y_2 - y_1}{x_2 - x_1}. \tag{2.2}$$

2.2.2 Quadratische Funktion

Die quadratische Funktion wird auch *Parabel* genannt. Die allgemeinste Form dieser Funktion lautet:

$$f : \mathbb{R} \longrightarrow \mathbb{R},$$

$$f : x \longmapsto f(x) = ax^2 + bx + c$$

mit drei reellen Parametern $a, b, c \in \mathbb{R}$, die die Form der Parabel festlegen. Der Graph dieser Funktion ist in der Abb. 2.4 dargestellt.

Die Nullstellen dieser Funktion – das sind die Punkte, an denen der Graph die x-Achse schneidet – sind durch

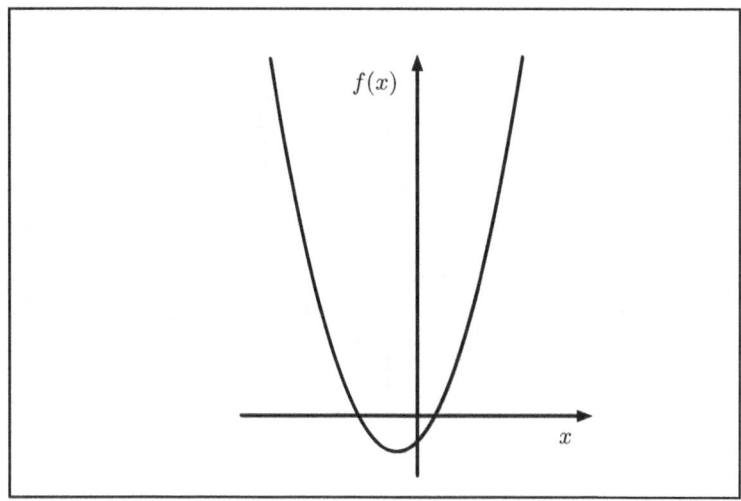

Abb. 2.4 Graph der quadratischen Funktion $f(x) = ax^2 + bx + c$

$$x_{1/2} = \frac{-b \pm \sqrt{b^2 - 4ac}}{2a}$$

gegeben. Hieraus erkennt man folgenden Sachverhalt:

- Wenn $b^2 > 4ac$, dann existieren zwei reelle Lösungen, das bedeutet, der Graph hat zwei Schnittstellen mit der x-Achse.
- Wenn $b^2 = 4ac$, dann hat die Parabel genau eine Nullstelle, der Graph der Funktion schneidet in diesem Fall die x-Achse genau einmal.
- Wenn $b^2 < 4ac$, dann hat die Funktion keine reellen Nullstellen, der Graph schneidet die x-Achse nicht.

2.2.3 Ganze rationale Funktionen oder Polynome

Die oben bereits vorgestellten linearen und quadratischen Funktionen sind Spezialfälle einer weitaus größeren Klasse von Funktionen, den sogenannten *ganzen rationalen Funktionen*. Diese haben allgemein die Form:

$$f : \mathbb{R} \longrightarrow \mathbb{R}$$

mit:

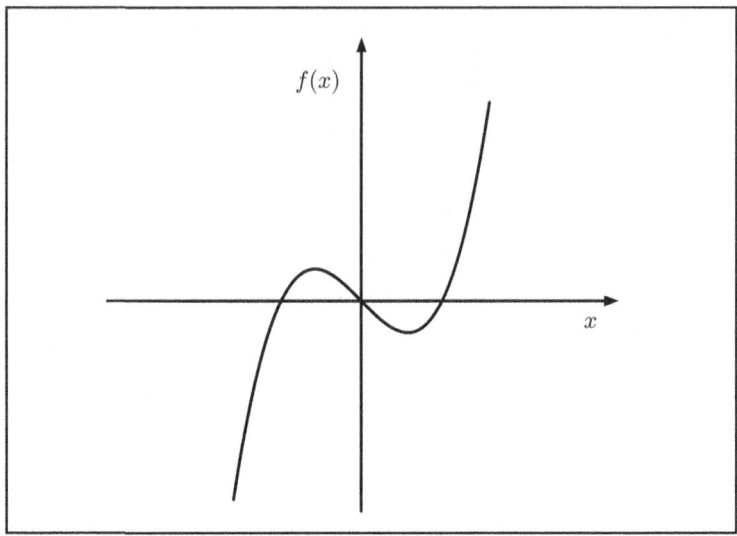

Abb. 2.5 Der Graph der ganzen rationalen Funktion 3. Grades $f(x) = x^3 - x$

$$f(x) = a_n x^n + a_{n-1} x^{n-1} + \ldots + a_2 x^2 + a_1 x^1 + a_0$$

$$= \sum_{i=0}^{n} a_i x^i.$$

Die festen Parameter $a_0, a_1, \ldots a_n$ heißen Koeffizienten und sind reelle Zahlen. In Abb. 2.5 ist der Graph einer ganzen rationalen Funktion für $a_3 = 1$, $a_1 = -1$, $a_2 = a_0 = 0$ dargestellt.

Eine ganze rationale Funktion, deren Koeffizienten a_n der höchsten Potenz x^n ungleich Null ist, nennt man auch **Polynom vom Grad** n.

2.2.4 Potenzfunktion

Potenzfunktionen sind ganze rationale Funktionen mit

$$f(x) = x^n; \ n \in \mathbb{N}_0.$$

Sie werden auch als **Parabeln n-ter Ordnung** bezeichnet.

2.2.5 Gebrochen rationale Funktionen

Bildet man den Quotienten zweier Polynom-Funktionen, erhält man die allgemeine Form der *gebrochen rationalen Funktionen*:

$$f(x) = \frac{a_n x^n + a_{n-1} x^{n-1} + \ldots + a_2 x^2 + a_1 x^1 + a_0}{b_m x^m + b_{m-1} x^{m-1} + \ldots + b_2 x^2 + b_1 x^1 + b_0} \tag{2.3}$$

mit $m, n \in \mathbb{N}$. Diese Funktionen sind überall dort definiert, wo der Nenner ungleich Null ist.

Für manche Untersuchungen ist eine Darstellung einer gebrochen rationalen Funktion als Summe hilfreich.[1] Dies wird durch die sogenannte Polynomdivision erreicht. Dazu wird die gebrochen rationale Funktion

$$f(x) = \frac{P(x)}{Q(x)},$$

wobei $P(x)$ eine ganze rationale Funktion vom Grad n und $Q(x)$ eine ganze rationale Funktion vom Grad n ist, für den Fall $n > m$ dargestellt in der Form

$$f(x) = P_1(x) + \frac{P_2(x)}{Q(x)}.$$

Hierbei sind $P_1(x)$ und P_2 ganze rationale Funktionen, wobei P_2 einen kleineren Grad hat als $Q(x)$. Die Durchführung der Polynomdivision entspricht der schriftlichen Division und wird exemplarisch leicht deutlich.

Beispiel Betrachte

$$f(x) = \frac{6x^3 + 5x^2 - 3x + 1}{3x - 2} = \frac{P(x)}{Q(x)},$$

wobei der Grad von $P(x)$ den Wert $n = 3$ hat und der von $Q(x)$ den Wert $m = 1$. Die Polynomdivision ist dann:

$$
\begin{array}{l}
(6x^3 + 5x^2 - 3x + 1) : (3x - 2) = 2x^2 + 3x + 1 + \dfrac{3}{3x - 2} \\
\underline{6x^3 - 4x^2} \\
\qquad 9x^2 - 3x + 1 \\
\qquad \underline{9x^2 - 6x} \\
\qquad\qquad 3x + 1 \\
\qquad\qquad \underline{3x - 2} \\
\qquad\qquad\qquad 3
\end{array}
$$

---

[1] Siehe dazu zum Beispiel Abschn. 2.6.6.

Daher folgt:

$$f(x) = \frac{6x^3 + 5x^2 - 3x + 1}{3x - 2} = 2x^2 + 3x + 1 + \frac{3}{3x - 2}$$

mit den ganzen rationalen Funktionen

$$P_1(x) = 2x^2 + 3x + 1, \quad P_2(x) = 3, \quad Q(x) = 3x - 2.$$

Die Polynomdivision kommt weiterhin zur Anwendung bei der Bestimmung von Nullstellen von Polynomen mit Grad > 2, wenn wenigstens eine Nullstelle bereits bekannt ist.[2]

2.2.6 Hyperbelfunktion

Die einfachste gebrochen rationale Funktion ist die Hyperbelfunktion, sie ist eine Abbildung der Form:

$$f : \mathbb{R} \setminus \{0\} \longrightarrow \mathbb{R},$$

$$f : x \longmapsto f(x) = \frac{a}{x}; \quad a \in \mathbb{R}.$$

Über die Erstellung einer Wertetabelle für diese Funktion kann man den folgenden Sachverhalt feststellen: Wenn die x Werte für positive reelle Zahlen gegen 0 gehen, wachsen die Funktionswerte a/x über alle (positiven) Grenzen. Gehen die x Werte für negative reelle Zahlen gegen Null, dann wachsen die Funktionswerte über alle (negativen) Grenzen.

Das Bild dieser Funktion (siehe Abb. 2.6) ist eine zu den Winkelhalbierenden der Achsen symmetrisch liegende Kurve, eine Hyperbel. Diese Funktion ist für den Punkt $x = 0$ nicht definiert, da die Division durch Null nicht definiert ist.

Der Zusammenhang zwischen $f(x)$ und x wird auch als umgekehrt proportional bezeichnet.

2.2.7 Wurzelfunktion

Die **Wurzelfunktion** ist die Umkehrfunktion (vgl. Abschn. 2.3) der Potenzfunktion. Sie ist definiert durch:

$$f : \mathbb{R}_0^+ \longrightarrow \mathbb{R}_0^+,$$

$$f : x \longmapsto f(x) = x^{\frac{1}{n}} = \sqrt[n]{x}; \quad x \in \mathbb{R}_0^+, \quad n \in \mathbb{N}.$$

---

[2]Siehe dazu Abschn. 3.6.2.

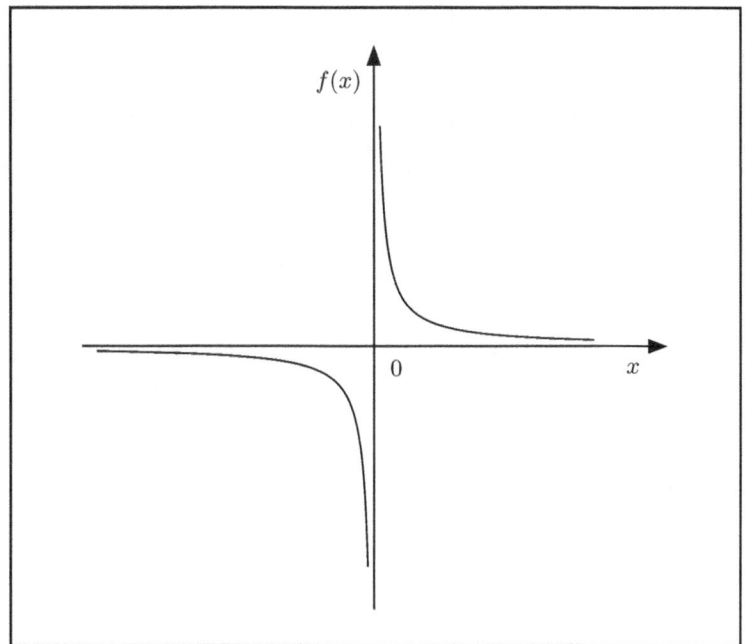

Abb. 2.6 Die Funktion $f(x) = 1/x$

Anmerkung:
Für ungerades $n \in \mathbb{N}$ lässt sich der Definitionsbereich auf $\mathbb{R}$ erweitern.
Für $n = 2$ ergibt sich:

$$f(x) = \sqrt{x} = x^{\frac{1}{2}}.$$

Der Graph der Wurzelfunktion $f(x) = \sqrt{x}$ ist in der Abb. 2.7 dargestellt.

2.2.8 Exponentialfunktion

Die **Exponentialfunktion** ist definiert durch die Abbildungsvorschrift:

$$f : \mathbb{R} \longrightarrow \mathbb{R}^+,$$

$$f : x \longmapsto f(x) = a^x, \ x \in \mathbb{R}; a > 0; \ a \neq 1.$$

Der Parameter a heißt die **Basis** der Exponentialfunktion. Insbesondere spielt die Exponentialfunktion mit der Basis $a = e \approx 2{,}71828$ eine große Rolle.[3] Sie wird kurz auch als e-Funktion bezeichnet. Wir verwenden gelegentlich auch die Notation $e^x = \exp(x)$.

---

[3] Siehe das empfehlenswerte Buch von Maor (2015) über die Entwicklungsgeschichte der Zahl e.

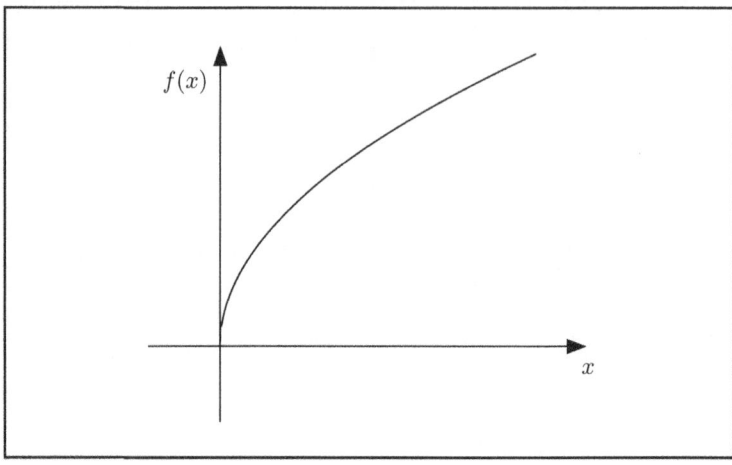

Abb. 2.7 Die Wurzelfunktion $f(x) = \sqrt{x}$

Anmerkungen

1. Die Exponentialfunktion hat die Eigenschaft

$$f(0) = a^0 = 1 \text{ für alle } a > 0.$$

2. Jede Exponentialfunktion lässt sich auf die Basis e transformieren. Da

$$a = e^{\ln a},$$

erhält man:

$$a^x = (e^{\ln a})^x = e^{x \cdot \ln a}.$$

3. Die Exponentialfunktionen spielen in den Anwendungen – sowohl bei der Beschreibung technischer als auch wirtschaftlicher Vorgänge – eine große Rolle, da mit diesen Funktionen Zerfalls – bzw. Wachstumsprozesse modelliert werden können.

Bei der Diskussion der Eigenschaften der Exponentialfunktion $f(x) = a^x$ unterscheidet man zwei Fälle:

- **Fall 1:** $a > 1$
  Wie aus der Abb. 2.8 zu erkennen ist, wachsen die Funktionswerte für wachsende x-Werte über alle Grenzen. Der Funktionswert $f(x)$ geht gegen 0, wenn x immer größere negative Werte annimmt.
- **Fall 2:** $0 < a < 1$
  Dieser Fall beschreibt Funktionen der Form

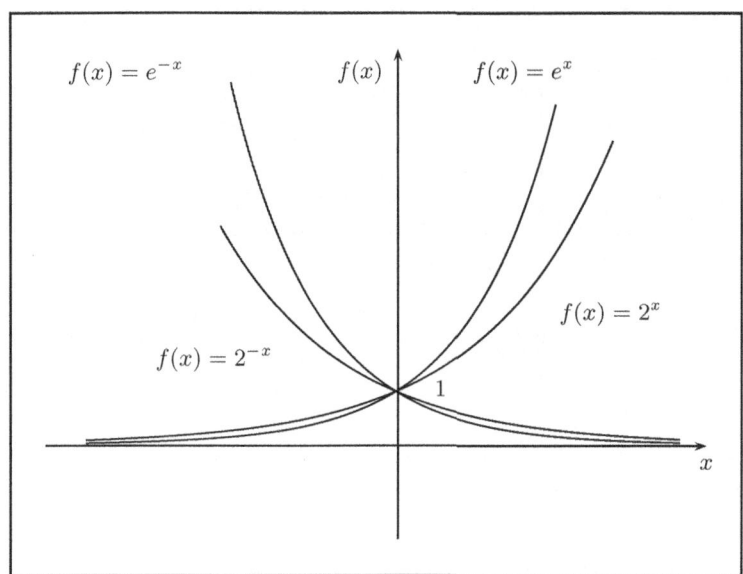

Abb. 2.8 Die Exponentialfunktionen $f(x) = e^x$, $f(x) = 2^x$, $f(x) = e^{-x}$ und $f(x) = 2^{-x}$

$$f(x) = \frac{1}{e^x} = e^{-x}$$

(vgl. Abb. 2.8). Die Funktionswerte gehen für wachsende positive x-Werte gegen 0, sie wachsen über alle Grenzen, wenn x große negative Werte annimmt.

2.2.9 Logarithmusfunktion

Die Logarithmusfunktion ist die Umkehrfunktion (vgl. Abschn. 2.3) der Exponentialfunktion.

$$f : \mathbb{R}^+ \longrightarrow \mathbb{R},$$
$$f : x \longmapsto f(x) = \log_a x, \quad a > 0, \ a \neq 1.$$

Der Parameter a bezeichnet die Basis der Logarithmusfunktion.
Häufig verwendete Basen sind:

• Die natürliche Logarithmusfunktion mit Basis e

$$f(x) = \ln x.$$

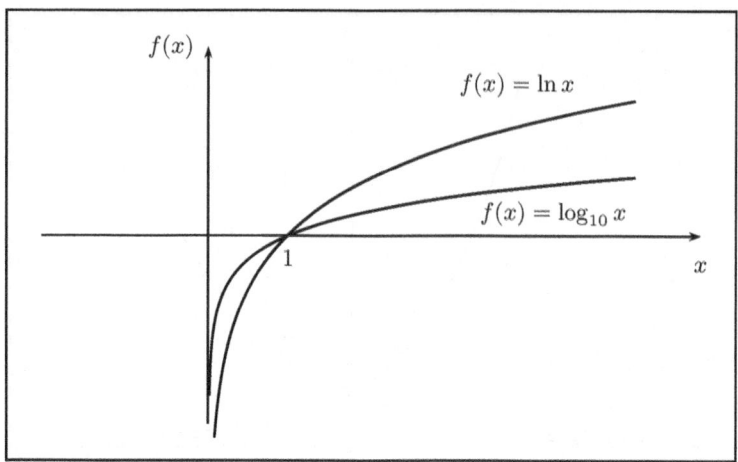

Abb. 2.9 Graph der beiden Logarithmusfunktionen $f(x) = \ln x$ und $f(x) = \log_{10} x$

- Die dekadische Logarithmusfunktion mit Basis 10

$$f(x) = \log_{10} x = \lg x.$$

Eigenschaften:

- Wie die Abb. 2.9 zeigt, wächst der Funktionswert der Logarithmusfunktion mit größer werdenden x-Werten an.
- Die Logarithmusfunktion ist nur für positive reelle Werte definiert.
- Der Graph der Logarithmusfunktion schneidet die x-Achse genau bei einem Punkt, bei $x = 1$. Das bedeutet, die Logarithmusfunktion hat – für jede Basis a – die Nullstelle:

$$\log_a(1) = 0.$$

- Gehen die x-Werte gegen 0 $(x > 0)$, dann nehmen die Werte der Logarithmusfunktion beliebig große negative Werte an.

2.2.10 Trigonometrische Funktionen

Die beiden trigonometrischen Funktionen

$$f(x) = \sin x \quad \text{und} \quad g(x) = \cos x$$

sind Abbildungen mit dem Definitionsbereich

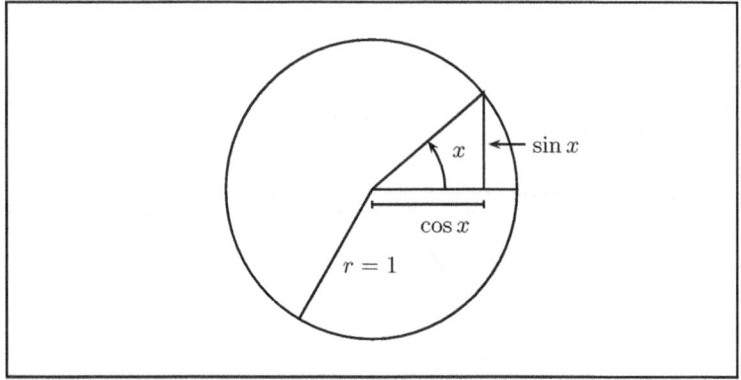

Abb. 2.10 Darstellung der Sinus und Cosinusfunktion im Einheitskreis

$$D_{\sin} = D_{\cos} = \mathbb{R}.$$

Sinus und Cosinus sind für alle $x \in \mathbb{R}$ definiert und haben den Wertebereich:

$$W_{\sin} = W_{\cos} = [-1, +1] = \{x \in \mathbb{R} \mid -1 \leq x \leq +1\}.$$

Diese trigonometrischen Funktionen ergeben sich aus einer Erweiterung der in Kapitel 1 gegebenen Definition von Sinus und Cosinus, die im Einheitskreis wie in der Abb. 2.10 dargestellt werden können.

Die beiden Funktionen erfüllen die Periodizität:

$$\sin(x + n2\pi) = \sin x, \quad n \in \mathbb{Z},$$

$$\cos(x + n2\pi) = \cos x, \quad n \in \mathbb{Z}.$$

Die beiden Funktionen haben im Intervall

$$I = \{0 \leq x < 2\pi\}$$

zwei Nullstellen, denn:

$$\sin 0 = \sin \pi = 0$$

$$\cos \frac{\pi}{2} = \cos \frac{3\pi}{2} = 0.$$

Aufgrund der Periodizität haben Sinus- und Cosinusfunktion auf dem gesamten Definitionsbereich $\mathbb{R}$ unendlich viele Nullstellen $x_n, n \in \mathbb{Z}$, die durch

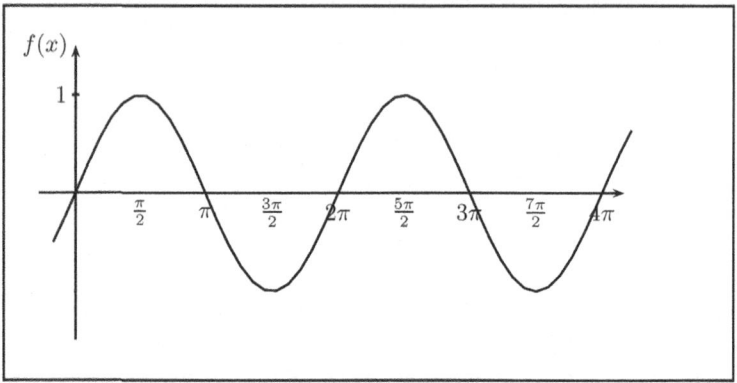

Abb. 2.11 Der Graph der Funktion $f(x) = \sin x$

$$\sin x_n = 0 \quad \Longleftrightarrow \quad x_n = n \cdot \pi, \quad n \in \mathbb{Z}$$

$$\cos x_n = 0 \quad \Longleftrightarrow \quad x_n = (2n + 1) \cdot \frac{\pi}{2}, \quad n \in \mathbb{Z}$$

gegeben sind.

Die allgemeine Form der Sinusfunktion lautet:

$$f(x) = A \sin \left[b \cdot (x + c) \right]$$

mit drei reellen Parametern A, b, c. Üblicherweise nennt man

A die Amplitude
b die Kreisfrequenz
c die Phasenverschiebung.

Die Amplitude beschreibt die maximale Auslenkung der Sinusschwingung. In der Abb. 2.12 sind die drei Sinusfunktionen $\sin x$, $2 \sin x$ und $\frac{1}{2} \sin x$ gegenübergestellt. Die Änderung der Amplituden von 1 auf 2 bzw. 1/2 hat zur Folge, dass sich die maximale Auslenkung verdoppelt bzw. halbiert.

Der Parameter b – die Kreisfrequenz der Schwingung – ist ein Maß für die Anzahl der Schwingungen pro Intervall. Wie die Abb. 2.11 zeigt, führt die Funktion $\sin x$ im Intervall $[0, 2\pi]$ genau eine vollständige Schwingung aus. Die Funktion $\sin 2x$ führt in diesem Intervall zwei Schwingungen aus (Abb. 2.13). Verallgemeinert man dies für beliebige b, dann führt die Funktion $\sin bx$ im Intervall $[0, 2\pi]$ b Schwingungen aus. Die Periodenlänge p einer Sinusschwingung ergibt sich aus der Kreisfrequenz mit $p = 2\pi / b$. In der Abb. 2.13 sind die drei Funktionen $\sin x$, $\sin 2x$ und $\sin x/2$ dargestellt.

Der dritte Parameter c beschreibt eine Verschiebung der Kurve in Richtung wachsender x für $c < 0$ und in Richtung abnehmender x für $c > 0$. Diese Phasenverschiebung ist in der

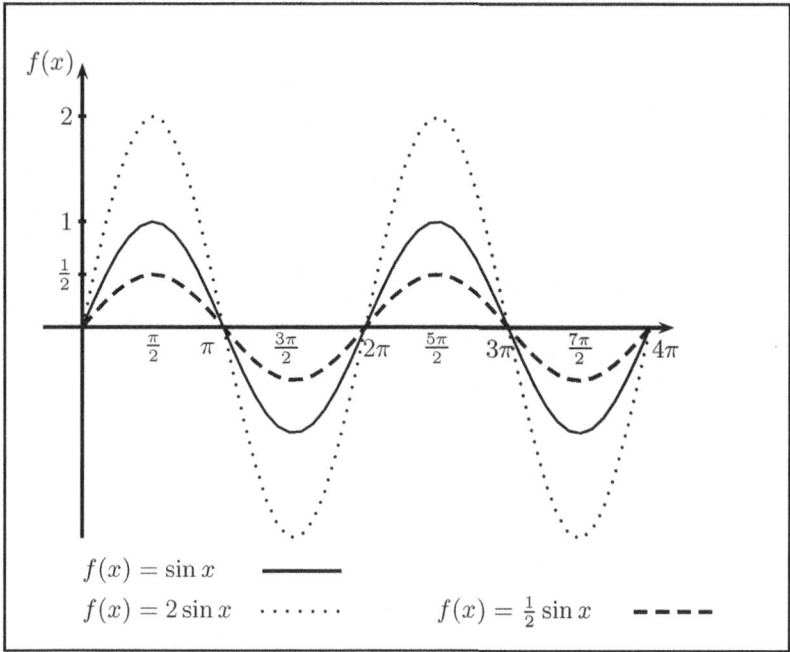

Abb. 2.12 Die Sinus-Funktion mit verschiedenen Amplituden

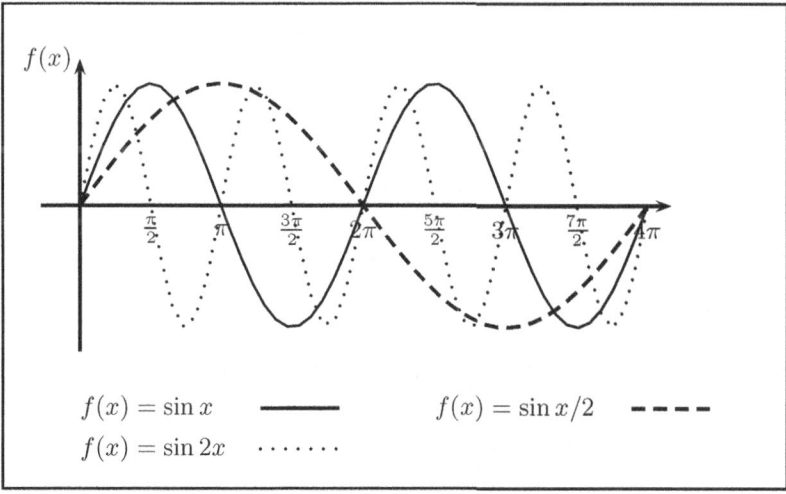

Abb. 2.13 Die Sinus-Funktion mit verschiedenen Frequenzen

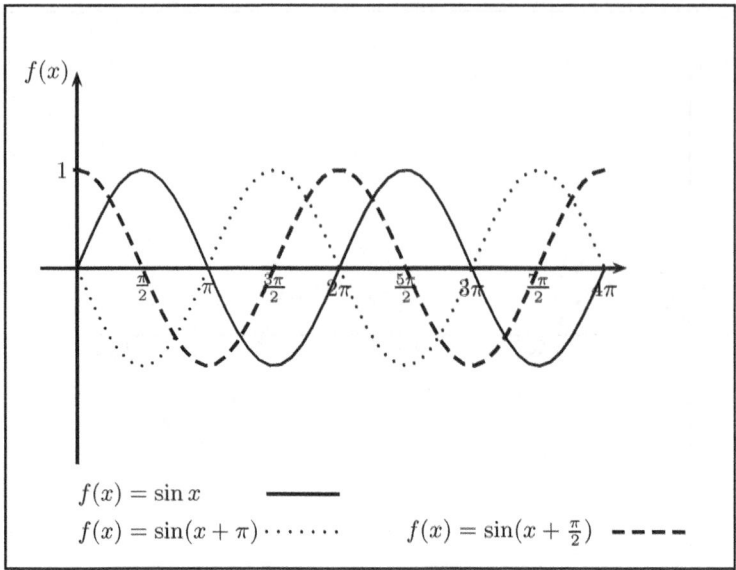

Abb. 2.14 Die Sinus-Funktion mit drei verschiedenen Phasen

Abb. 2.14 für Verschiebungen $\pi/2$ und π – dies entspricht einer Verschiebung um 90 bzw. 180 Grad – dargestellt.

2.2.11 Abschnittsweise definierte Funktionen

Wenn nicht über den gesamten Definitionsbereich eine einzige Abbildungsvorschrift anwendbar ist, so wird der Definitionsbereich in einzelne Abschnitte aufgeteilt und jedem Bereich separat eine Abbildungsvorschrift zugeordnet.

Beispiele Die Kosten in der Produktion K hängen von der produzierten Menge x ab. Dabei ergibt sich der in der Abb. 2.15 dargestellte Verlauf.

Mit der Anschaffung einer Maschine steigen die Kosten sprunghaft an. Hinzu kommen noch Verbrauchskosten für Einsatzstoffe.

$$K(x) = \begin{cases} ax + b & \text{für } 0 \le x \le x_1 \\ ax + 2b & \text{für } x_1 < x \le x_2 \\ ax + 3b & \text{für } x_2 < x \le x_3 \end{cases}$$

In Computern und bei der digitalen Datenübertragung wird in der ASCII-Codierung das Zeichen ‚a' durch die Bitfolge 01 100 001 dargestellt. Sendet man also das Zeichen

Abb. 2.15 Darstellung der abschnittsweise definierten Produktionskosten

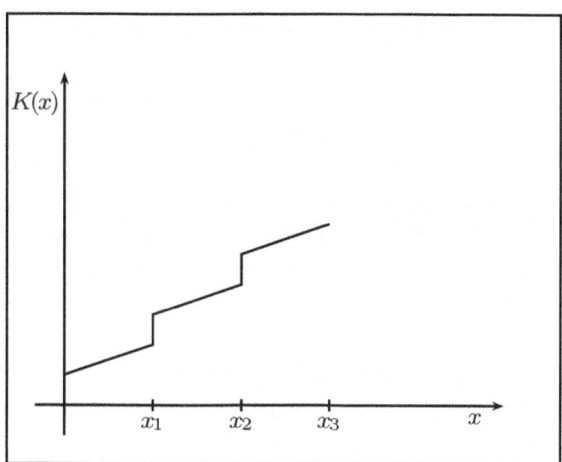

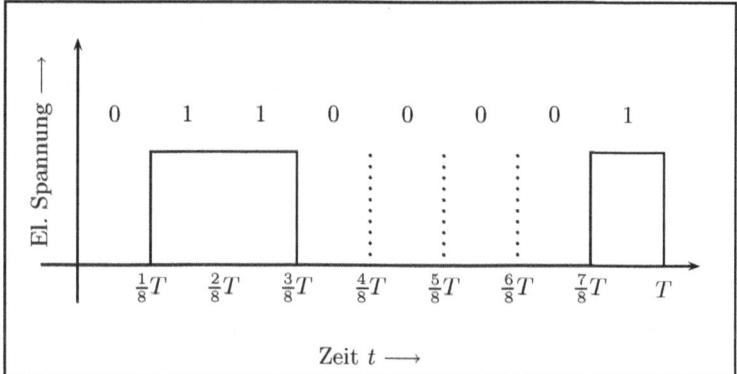

Abb. 2.16 Das 01 100 001 – Bitmuster des Zeichens ‚a' in der ASCII-Codierung

‚a' über ein Datennetz, wird auf dem Übertragungsmedium das Bitmuster 01 100 001 übertragen. Es werden dabei jedoch keine 1-en oder 0-en übertragen, sondern an den Übertragungskanal wird eine bestimmte Spannung (z. B. 5 Volt) gelegt oder nicht. Dieses Bitmuster wird in einem bestimmten Zeitintervall T übertragen.

Ein solches Bitmuster lässt sich mathematisch folgendermaßen formulieren:

$$h(t) = \begin{cases} 0 & \text{für} & t \in [0, \frac{1}{8}T[\\ 1 & \text{für} & t \in [\frac{1}{8}T, \frac{3}{8}T[\\ 0 & \text{für} & t \in [\frac{3}{8}T, \frac{7}{8}T[\\ 1 & \text{für} & t \in [\frac{7}{8}T, T] \end{cases}.$$

Diese abschnittsweise definierte Funktion ist in der Abb. 2.16 dargestellt.

2.2.12 Einige ökonomische Funktionen

In diesem Abschnitt werden exemplarisch einige in der Ökonomie verwendeten Funktionen vorgestellt. Führt man eine unabhängige Variable ein, die auch **Entscheidungsvariable** genannt wird, so lässt sich die Abhängigkeit einer Größe y von der Entscheidungsvariablen x häufig als funktionaler Zusammenhang darstellen.

Der Formulierung eines solchen Zusammenhanges liegt immer ein Modell zu Grunde, in dem eine Abbildung der Realität vorgenommen wird. Ein Modell vereinfacht die Realität durch:

- die Vernachlässigung von Einflüssen
- Annahmen über die Abhängigkeit der Größen
- Extrapolation des Gültigkeitsbereiches.

Wie gut ein Modell die Realität beschreibt, muss daher immer im Nachhinein durch Plausibilitätsbetrachtungen validiert werden. Im Folgenden beschränken wir uns auf Funktionen mit einer Variablen. Funktionen mit mehreren Veränderlichen werden in Kap. 6 untersucht.

- **Nachfragefunktion**
  Die **Nachfragefunktion** $x_N = x_N(p)$ beschreibt die nachgefragte Menge eines Gutes in Abhängigkeit vom Preis des angebotenen Gutes oder die zugehörige Umkehrfunktion, in der der Preis in Abhängigkeit von der nachgefragten Menge $p = p(x_N)$ ausgedrückt wird. Die Nachfragefunktion wird auch als **Preis-Absatzfunktion** bezeichnet. In einem monopolistischen Markt (nur ein Anbieter) geht man davon aus, dass die Nachfragefunktion eine monoton fallende Funktion ist. Das heißt, je höher der Preis eines Gutes desto geringer die nachgefragte Menge. In Abb. 2.17 sind zwei monoton fallende Kurvenverläufe dargestellt.[4]

  1. Ein möglicher Verlauf ist durch die lineare Funktion

  $$x_N(p) = x_0 - c \cdot p \qquad (2.4)$$

  gegeben. x_0 und c sind reelle Konstanten. Der Parameter x_0 bezeichnet die maximale Nachfrage bei $p = 0$, wenn das Gut also nichts kostet. Der Punkt auf der p-Achse, durch den die fallende Gerade läuft, stellt den Preis des Gutes dar, bei der keine Nachfrage mehr vorhanden ist.

---

[4]In der volkswirtschaftlichen Betrachtungsweise werden solche Zusammenhänge auch dargestellt, indem der Preis auf der Ordinate (y-Achse) und die abgesetzte Menge auf der Abszisse (x-Achse) aufgetragen werden.

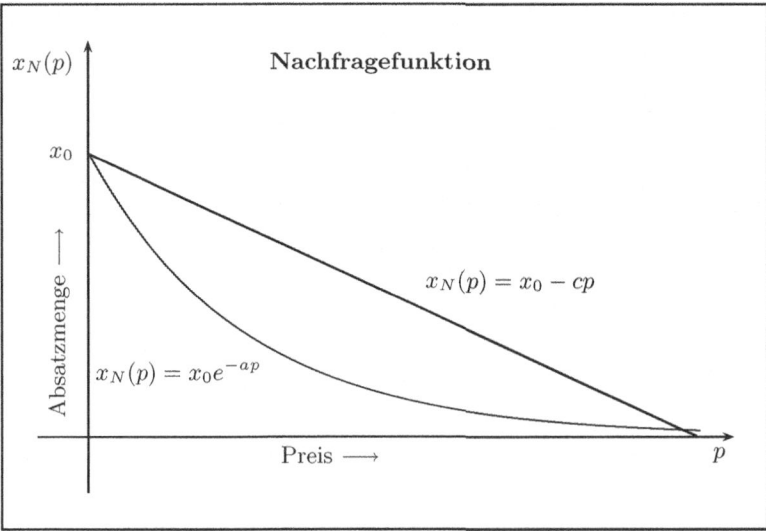

Abb. 2.17 Verschiedene Formen der Nachfragefunktion

2. Ein anderer Verlauf ist durch die Funktion

$$x_N(p) = x_0 e^{-ap}, \quad a > 0$$

mit den reellen Parametern x_0 und a gegeben. Hier wird ein exponentielles Abfallen der Nachfrage mit steigendem Preis angenommen. An dieser Stelle sei darauf hingewiesen, dass ein solches Modell nur für ein nach oben begrenztes Preisintervall sinnvoll ist. Eine Extrapolation für beliebig große Preise ist nicht möglich.

3. Es gibt auch Modelle, bei denen die Nachfragefunktion nicht monoton fallend ist. Man spricht vom *Snob-Effekt*, wenn eine Preiserhöhung zu einer größeren Nachfrage führt. Für Markenartikel gehobener Ansprüche trifft dies unter Umständen zu.

In einem homogenen Polypol (vollkommener Markt) ist der Preis unabhängig von der Menge, und damit eine Konstante.

- **Angebotsfunktion**
  Die **Angebotsfunktion** gibt den funktionalen Zusammenhang zwischen dem Markt-preis p eines Produktes und der am Markt angebotenen Menge x_A an: $x = x_A(p)$ oder $p = p(x_A)$. Da ein steigender Marktpreis die angebotene Menge des Produzenten erhöht, wird hier in der Regel eine monoton steigende Funktion angenommen. Das Marktgleichgewicht ergibt sich, indem man die Angebotsfunktion gleich der Nachfra-gefunktion $x_N(p)$ setzt (siehe Abschn. 2.2.12) und so den Marktpreis ermittelt.
- **Erlösfunktion**
  Die Erlösfunktion beschreibt den funktionalen Zusammenhang zwischen dem Umsatz-erlös und dem Preis. Da zwischen dem Preis p, der abgesetzten Menge x und dem

zugehörigen Erlös E die Beziehung $E = x \cdot p$ besteht, kann je nach Wahl der zu Grunde liegenden Preis-Absatz-Funktion der Umsatz E in Abhängigkeit vom Preis p dargestellt werden:

$$E(p) = x(p) \cdot p.$$

Wird ein linearer Zusammenhang in der Preis-Absatz-Funktion angenommen wie in Gl. (2.4), so folgt:

$$\begin{aligned} E(p) &= x(p)p \\ &= (x_0 - cp)p \\ &= -cp^2 + x_0 p. \end{aligned} \tag{2.5}$$

Da es sich um eine quadratische Funktion handelt, die im Scheitelpunkt ein Maximum hat, gibt es einen optimalen Preis p_{opt}, bei dem der Erlös maximal ist (vgl. Abb. 2.18).

• **Produktionsfunktionen**

Produktionsfunktionen beschreiben den Zusammenhang zwischen dem:

– Input r einer Produktion (Maschinenzeit, Arbeitskräfte oder einer anderen Ressource)

– und dem zugehörigen Output (Ertrag) x des erzeugten Produktes.

Dann ist

$$x = x(r); \quad r > 0$$

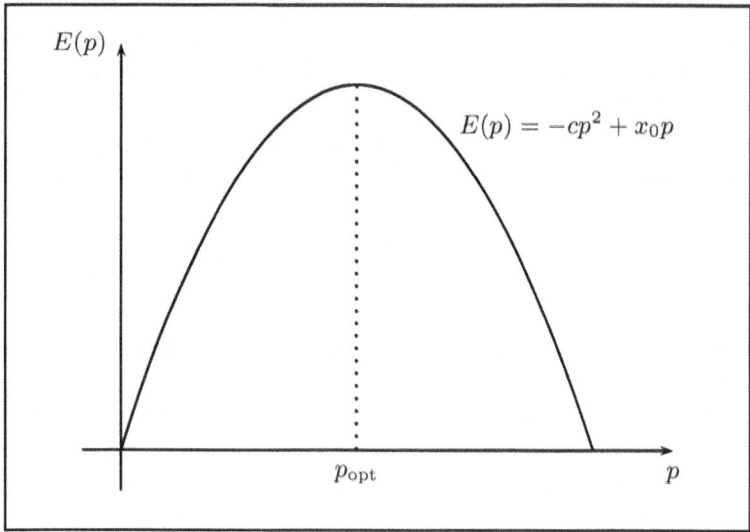

Abb. 2.18 Die Erlösfunktion $E(p)$ in Abhängigkeit vom Preis p

die Produktionsfunktion. Produktionsfunktionen werden auch als **Ertragsfunktionen** bezeichnet.

Wir wollen hier eine Reihe von Modellen betrachten, die durch unterschiedliche Produktionsfunktionen realisiert sind:

1. Der **ertragsgesetzlichen Produktionsfunktion** liegt ein Modell zugrunde, bei dem durch den Einsatz einer Ressource der Ertrag zunächst – bei Null beginnend – überproportinal ansteigt, dann ein Maximum erreicht und danach abnimmt. Durch ein Polynom 3. Grades kann ein solches Verhalten abgebildet werden. Wir betrachten zum Beispiel:

$$x(r) = -r^3 + 7r^2 + 12r; \quad r > 0.$$

Anmerkung:
Die Ausbringung von Saatgut auf einer festgelegten Anbaufläche ist ein klassisches Beispiel für eine ertragsgesetzliche Produktionsfunktion (Abb. 2.19).

2. Die **neoklassische Produktionsfunktion** mit den positiven Parametern α und c ist durch

$$x(r) = c \cdot r^\alpha; \quad r > 0, 0 < \alpha < 1$$

gegeben. Der Graph dieser Funktion mit $\alpha = 1/2$ ist in der Abb. 2.20 dargestellt.

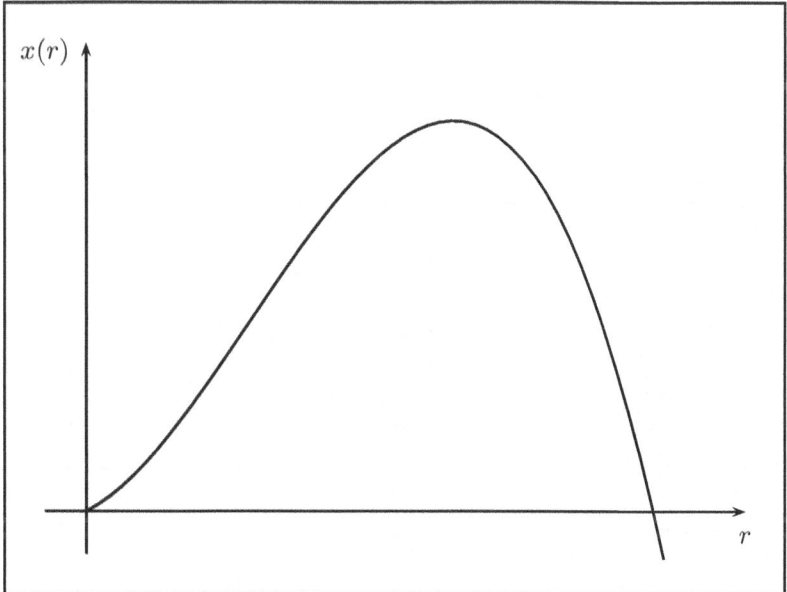

Abb. 2.19 Die ertragsgesetzliche Produktionsfunktion

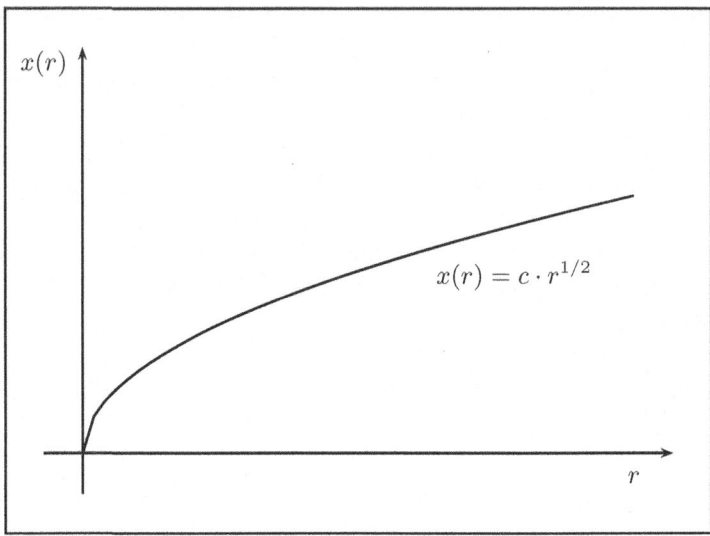

Abb. 2.20 Die neoklassische Produktionsfunktion

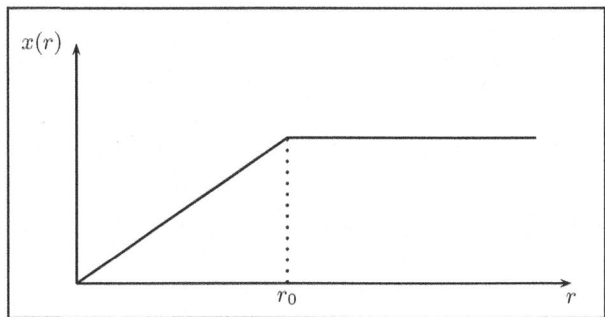

Abb. 2.21 Die limitationale Produktionsfunktion

3. Die **limitationale Produktionsfunktion** ist durch

$$x(r) = \begin{cases} c \cdot r & \text{für } r \leq r_0, \\ x_0 & \text{für } r > r_0 \end{cases}$$

definiert, mit den beiden Parametern c und x_0 (siehe Abb. 2.21). Hier liegt zunächst ein linearer Anstieg des Outputs mit der Ressource vor. Ab einem bestimmten Punkt r_0 lässt sich der Output durch den Einsatz der Ressource nicht mehr steigern.

- **Kostenfunktion**
  Die Kosten, die bei der Produktion eines erzeugten Outputs x entstehen, werden durch die **Kostenfunktion** $K(x)$ erfasst. Häufig gibt es einen Kostenanteil, der nicht von der

Menge des Outputs x abhängt K_F (Fixkosten) und einen von x abhängigen Teil (variable Kosten), $K_V(x)$. Damit hat die Kostenfunktion die Form

$$K(x) = K_F + K_V(x).$$

Die durchschnittlichen Kosten pro Outputeinheit x nennt man **Stückkosten**:

$$k(x) = \frac{K(x)}{x}.$$

2.3 Die Umkehrfunktion

Bei einer Funktion:

$$f : D_f \longrightarrow W_f,$$
$$x \longmapsto y = f(x) \in W_f$$

gehört zu jedem x-Wert der Definitionsmenge D_f *genau* ein y-Wert der Wertemenge W_f. Die *Eindeutigkeit* ist eine charakteristische Eigenschaft einer Funktion. Dies schließt aber nicht aus, dass verschiedenen x-Werten der gleiche y-Wert zugeordnet wird, wie in dem Diagramm aus der Abb. 2.1 zu sehen ist.

Beispielsweise wird durch die quadratische Funktion

$$f : \mathbb{R} \longrightarrow \mathbb{R},$$
$$x \longmapsto f(x) = x^2$$

den beiden Elementen $x, -x \in \mathbb{R}$ der gleiche Wert $y \in \mathbb{R}$ zugeordnet.

Ordnet aber die Funktion

$$f : D_f \longrightarrow W_f,$$
$$x \longmapsto y = f(x) \in W_f$$

unterschiedlichen x-Werten aus dem Definitionsbereich auch verschiedene y-Werte zu, dann ist auch die umgekehrte Zuordnung $x = g(y)$ eindeutig. Sie entsteht durch Auflösung der Beziehung

$$y - f(x) = 0$$

nach x (Abb. 2.22).

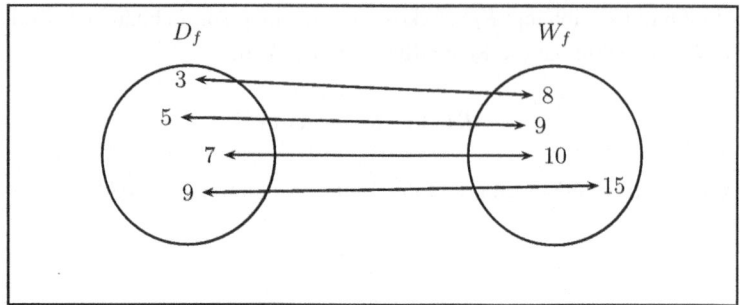

Abb. 2.22 Diagramm einer umkehrbaren Funktion. Die Funktion $y = f(x)$ ordnet unterschiedlichen x-Werten aus D_f auch stets verschiedenene y-Werte aus W_f zu

▶ **Definition (Umkehrfunktion)** Eine Funktion $y = f(x)$ mit $x \in D_f$ und $y \in W_f$ heißt eindeutig umkehrbar, wenn es zu jedem $y \in W_f$ genau ein $x \in D_f$ gibt.

Die Zuordnung $g : y \to g(y)$ mit $y \in W_f = D_g$ heißt **Umkehrfunktion** oder **inverse Funktion** zu f. Diese Funktion wird häufig mit f^{-1} bezeichnet.

Bemerkungen

1. Für *jede* Funktion gilt:

$$x_1 = x_2 \implies f(x_1) = f(x_2); \text{ für alle } x_1, x_2 \in D_f.$$

Für *umkehrbare* Funktionen gilt:

$$x_1 = x_2 \iff f(x_1) = f(x_2); \text{ für alle } x_1, x_2 \in D_f.$$

2. Ist der Graph einer Funktion f gegeben, dann ist die Frage der Umkehrbarkeit leicht entscheidbar. Die Funktion f ist genau dann umkehrbar, wenn jede Waagrechte den Funktionsgraphen höchstens einmal schneidet.

Beispiele

1. Sei

$$f : y = f(x) = 2x + 1, \qquad x \in \mathbb{R}.$$

Um zu dieser Funktion die Umkehrfunktion zu erhalten, löst man die Gleichung

$$y = 2x + 1$$

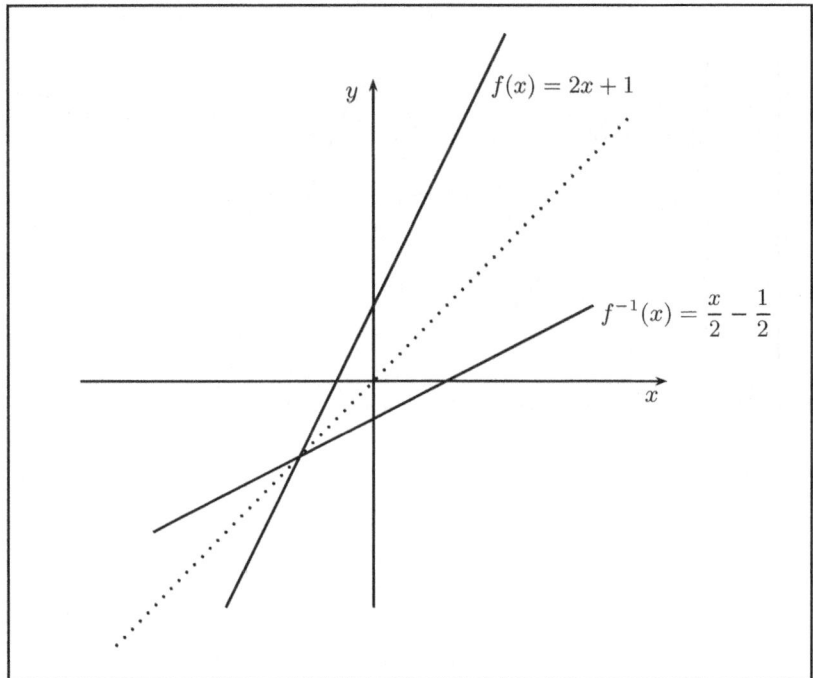

Abb. 2.23 Die Funktion $f(x) = 2x + 1$ und ihre Umkehrfunktion

nach x auf

$$x = \frac{y}{2} - \frac{1}{2}.$$

Eine Umbenennung der Variablen führt daher auf (Abb. 2.23)

$$f^{(-1)}(x) = \frac{x}{2} - \frac{1}{2}$$

2. Die Funktion

$$f : \mathbb{R}^+ \longrightarrow \{y \mid 1 \le y < \infty\},$$

$$x \longmapsto f(x) = x^2 + 1$$

ist umkehrbar mit

$$f^{-1}(x) = +\sqrt{x - 1}.$$

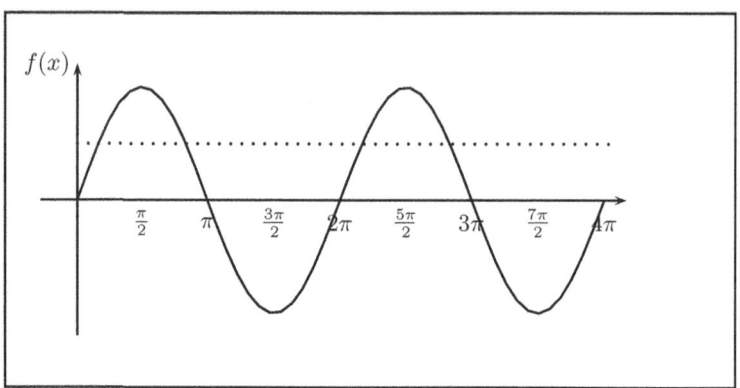

Abb. 2.24 Die Sinus-Funktion mit Definitionsbereich $D_f = [0, 4\pi]$

3. Die Funktion

$$f : \{-\infty < x \leq 0\} \longrightarrow \{y \mid 1 \leq y < \infty\},$$

$$x \longmapsto f(x) = x^2 + 1$$

ist umkehrbar mit

$$f^{-1}(x) = -\sqrt{x - 1}.$$

4. Die Funktion

$$f(x) = \sin x; \quad x \in [0, 4\pi]$$

ist nicht umkehrbar. Wie aus der Abb. 2.24 leicht zu erkennen ist, schneiden waagrechte Geraden den Graphen dieser Funktion mehrfach. Wesentlich dabei ist der Definitionsbereich. Betrachtet man die Sinus-Funktion auf dem Intervall $[-\frac{\pi}{2}, +\frac{\pi}{2}]$, dann lässt sich eine Umkehrfunktion – das ist die arcsin-Funktion – definieren. Der Graph dieser Funktion ist in Abb. 2.25 dargestellt, sie ist folgendermaßen definiert:

$$f : \{-1 \leq x \leq +1\} \longrightarrow [-\frac{\pi}{2}, +\frac{\pi}{2}],$$

$$x \longmapsto f(x) = \arcsin x.$$

Werden Funktion und Umkehrfunktion in einem gemeinsamen Koordinatensystem dargestellt wie in der Abb. 2.23, so wird die unabhängige Variable stets auf der Abszisse

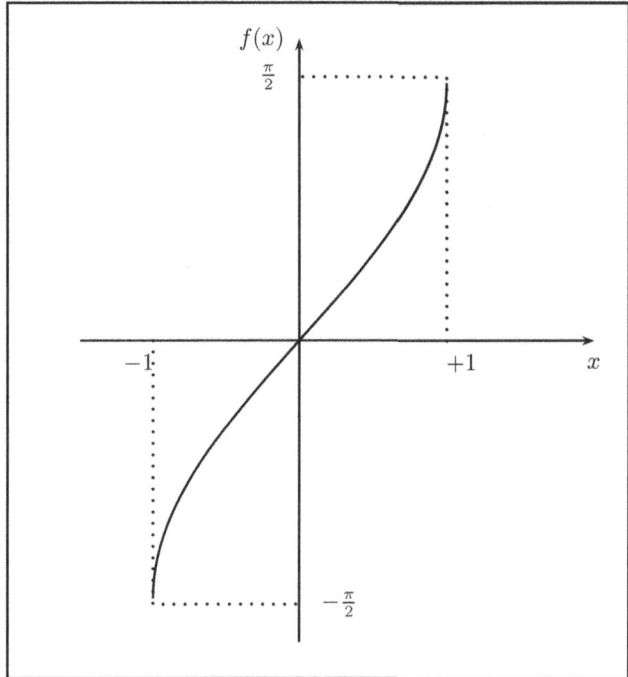

Abb. 2.25 Der Graph der Arcussinus-Funktion $f(x) = \arcsin x$

abgetragen. Man vertauscht damit die x- und die y-Koordinate. Dies wiederum entspricht graphisch der Spiegelung an der 1. Winkelhalbierenden.

2.4 Verkettung von Funktionen

Funktionen der Form

$$g(x) = \sqrt{x^2 + 3x - 12}$$

oder

$$k(x) = \exp\{-x^2\}$$

kann man sich entstanden denken durch die *Hintereinanderausführung* zweier elementarer Funktionen. Die resultierenden Funktionsterme entstehen durch das Einsetzen des einen Funktionsterms in den anderen.

Die obigen Funktionen entstehen durch die Hintereinanderausführung von:

$$f(x) = x^2 + 3x - 12$$

$$h(f) = \sqrt{f}$$

$$h(f(x)) = \sqrt{f(x)} = \sqrt{x^2 + 3x - 12} = g(x)$$

bzw.

$$f(x) = -x^2$$

$$h(f) = \exp\{f\}$$

$$h(f(x)) = \exp\{f(x)\} = \exp\{-x^2\} = k(x).$$

Die Hintereinanderausführung von Funktionen nennt man **Verkettung**.

Beispiel Sei

$$f(x) = 2x + 2 \qquad \text{und} \qquad g(y) = y^2$$

dann ist die Verkettung dieser beiden Funktionen:

$$g(f(x)) = (f(x))^2 = (2x + 2)^2 = 4x^2 + 4x + 4.$$

Bemerkungen

1. Im Allgemeinen ist die Verkettung von Funktionen nicht kommutativ, das bedeutet:

$$g(f(x)) \neq f(g(x)).$$

2. Damit eine Verkettung $g(f(x))$ zweier Funktionen

$$f : D_f \longrightarrow W_f$$

und

$$g : D_g \longrightarrow W_g$$

möglich ist, darf der Wertebereich der Funktion f nicht disjunkt zum Definitionsbereich der Funktion g sein:

$$W_f \cap D_g \neq \emptyset.$$

3. Es können auch mehr als zwei Funktionen verkettet werden.
4. Ist f^{-1} die Umkehrfunktion von f, dann gilt:

$$f(f^{-1}(x)) = x \quad \text{und} \quad f^{-1}(f(x)) = x.$$

Das bedeutet, die Verkettung eine Funktion mit ihrer Umkehrfunktion ist kommutativ und die Verkettung stellt die identische Abbildung dar:

$$x \longmapsto x.$$

2.5 Eigenschaften von Funktionen

Wir betrachten in diesem Abschnitt einige grundlegende Eigenschaften reeller Funktionen wie:

- Beschränktheit
- Monotonie
- Symmetrie
- Injektivität, Surjektivität und Bijektivität.

2.5.1 Beschränktheit

▶ **Definition (Beschränktheit von Funktionen)** Eine Funktion f mit Definitionsbereich D_f heißt nach oben beschränkt, wenn es eine Zahl $k \in \mathbb{R}$ gibt mit

$$f(x) \leq k \quad \text{für alle } x \in D_f.$$

Die Zahl $k \in \mathbb{R}$ heißt **obere Schranke**. Analog heißt f nach unten beschränkt, wenn es eine Zahl $k' \in \mathbb{R}$ gibt mit

$$f(x) \geq k' \quad \text{für alle } x \in D_f.$$

Die Zahl k' heißt **untere Schranke**. Eine Funktion

$$f \; : \; D_f \; \longrightarrow \; W_f$$

heißt **beschränkt,** wenn f sowohl nach oben als auch nach unten beschränkt ist.

Beispiele Die Funktion

$$f(x) = -\frac{1}{x^2} + 6$$

ist nach oben beschränkt, denn f überschreitet nie den Wert $k = 6$, d. h. $f(x) \le 6$ für alle $x \in D_f$.

Die Funktion

$$f(x) = A \exp\{-x^2\}$$

ist beschränkt, denn $f(x) \le A$ und $f(x) \ge 0$ für alle $x \in D_f = \mathbb{R}$.

2.5.2 Monotonie

Eine wichtige Eigenschaft von Funktionen liegt vor, wenn die Funktionswerte mit zunehmenden Argumentwerten stets zu- oder abnehmen. Beispiele solcher Funktionen haben wir bereits gesehen, so wächst die in Abschn. 2.2.9 betrachtete Logarithmusfunktion mit wachsendem Argument zu immer grösseren Werten. Solche Funktionen nennt man **streng mononton steigend** bzw. **streng monoton fallend**.

▶ **Definition (Monotonie von Funktionen)** Eine Funktion f heißt **streng monoton steigend** in einem Intervall $I \subset D_f$, wenn für alle $x_1, x_2 \in I$ mit $x_1 < x_2$ gilt: $f(x_1) < f(x_2)$. Analog heißt eine Funktion f **streng monoton fallend** in einem Intervall $I \subset D_f$, wenn für alle $x_1, x_2 \in I$ mit $x_1 < x_2$ gilt: $f(x_1) > f(x_2)$.

Lässt man die Gleichheit der Funktionswerte zu, so entfällt das Attribut ‚streng‘.

Beispiel Die Funktion

$$f : \mathbb{R} \longrightarrow \mathbb{R},$$

$$x \longmapsto f(x) = x^3$$

ist streng monoton steigend auf $D_f = \mathbb{R}$, denn wenn $x_1 < x_2$, dann folgt $f(x_1) < f(x_2)$.

Für streng monotone Funktionen lässt sich zeigen, dass stets eine Umkehrfunktion existiert.

2.5.3 Symmetrie

Wir betrachten in diesem Abschnitt zwei leicht erkennbare Symmetrien von Funktionen, die Achsensymmetrie zur y-Achse und die Punktsymmetrie zum Ursprung.

Eine Funktion f mit der Eigenschaft

$$f(-x) = f(x)$$

heißt **gerade**. Der Funktionsgraph ist spiegelsymmetrisch zur y-Achse.

Beispiel Die Funktion

$$f : \mathbb{R} \longrightarrow \mathbb{R},$$

$$x \longmapsto f(x) = x^2$$

erfüllt $f(-x) = f(x)$ und ist somit eine gerade Funktion.

Eine Funktion f mit der Eigenschaft

$$f(-x) = -f(x)$$

heißt **ungerade**. Der Funktionsgraph ist punktsymmetrisch zum Ursprung des Koordinatensystems.

Beispiel Die Funktion

$$f : \mathbb{R} \longrightarrow \mathbb{R},$$

$$x \longmapsto f(x) = x^3$$

erfüllt $f(-x) = -f(x)$ und ist somit eine ungerade Funktion.

Ein Beispiel einer symmetrischen Funktion ist durch

$$f : \mathbb{R} \longrightarrow \mathbb{R}$$

$$x \longrightarrow f(x) = x^4 - 2x^2 + 3$$

gegeben mit $f(-x) = f(x)$. Der Funktionsgraph ist in Abb. 2.26 dargestellt. Es gilt

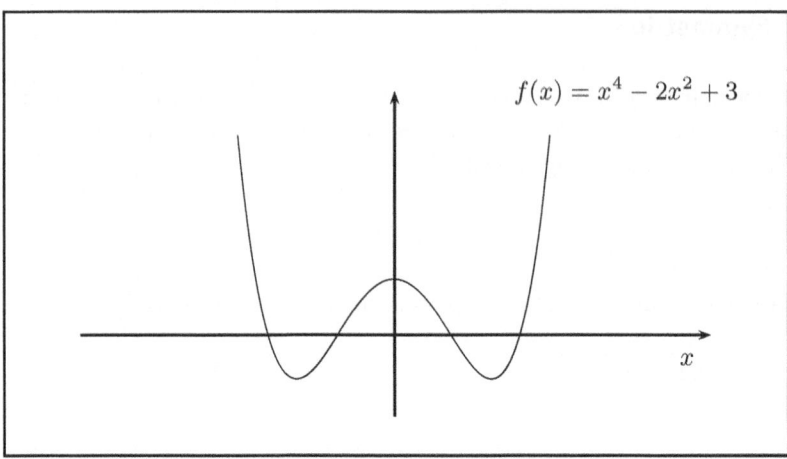

Abb. 2.26 Verlauf des Graphen der Funktion $f(x) = x^4 - 2x^2 + 3$

$$f(-x) = (-x)^4 - 2(-x)^2 + 3$$
$$= (-1)^4 x^4 - 2(-1)^2 x^2 + 3$$
$$= x^4 - 2x^2 + 3$$
$$= f(x).$$

Koordinatentransformationen

Manche Funktionen können durch eine einfache Koordinatentransformation, die eine Verschiebung des Koordinatensystems bedeutet, in eine elementare Funktion umgewandelt werden. Bei der Phasenverschiebung der Sinus-Funktion haben wir davon bereits Gebrauch gemacht. An dieser Stelle wollen wir dies nun allgemein betrachten.

Gegeben sei eine Funktion $y = f(x)$, die sich in die Form

$$y = f(x - x_0) + y_0$$

bringen lässt. Mit der Koordinatentransformation

$$x - x_0 = \hat{x}$$
$$y - y_0 = \hat{y}$$

erhält man $\hat{y} = f(\hat{x})$.

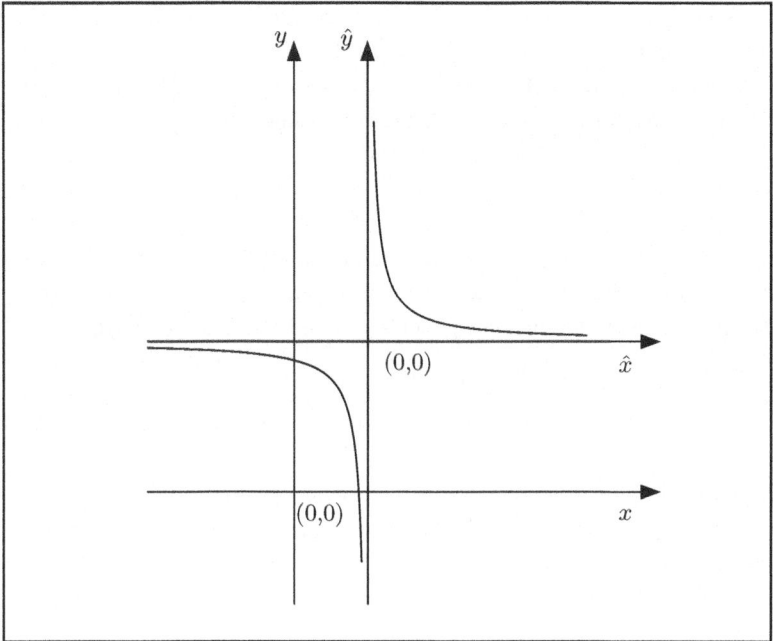

Abb. 2.27 Zur Verschiebung des Koordinatensystems

Im neuen Koordinatensystem lassen sich dann auch wieder die leicht erkennbaren Symmetrien zur Ordinatenachse und zum Ursprung untersuchen. Als Beispiel betrachten wir die Funktion

$$y = \frac{1}{x-1} + 2$$

$$\iff \quad y - 2 = \frac{1}{x-1}.$$

Mit $x - 1 = \hat{x}$ und $y - 2 = \hat{y}$ ergibt sich die Hyperbelfunktion $\hat{y} = \frac{1}{\hat{x}}$. Die Abb. 2.27 zeigt den Graphen der Hyperbelfunktion in den beiden Koordinatensystemen.

2.5.4 Injektivität, Surjektivität und Bijektivität

Definition
Seien M_1, M_2 zwei Mengen und sei

$$f \; : \; M_1 \; \longrightarrow \; M_2$$

eine Funktion.

1. Die Funktion f heißt **injektiv** oder *umkehrbar eindeutig* oder auch *eineindeutig*, wenn aus $x_1 \neq x_2$ folgt $f(x_1) \neq f(x_2)$ für alle $x_1, x_2 \in M_1$.
2. Die Funktion f heißt **surjektiv**, wenn zu jedem $y \in M_2$ ein $x \in M_1$ mit $y = f(x)$ existiert.
3. Die Funktion f heißt **bijektiv** genau dann, wenn f injektiv und surjektiv ist.

Bemerkungen

(a) Ist eine Funktion f injektiv und ist $x_1 \neq x_2$, dann folgt $f(x_1) \neq f(x_2)$, d. h. verschiedene Bilder haben verschiedene Urbilder. Um zu zeigen, dass eine Funktion injektiv ist, ist es oftmals einfacher, die folgende gleichbedeutende Aussage zu zeigen:

   Wenn $f(x_1) = f(x_2)$, dann folgt $x_1 = x_2$.

   Um zu zeigen, dass eine Funktion *nicht* injektiv ist, genügt es ein Gegenbeispiel anzugeben.
(b) Falls eine Funktion f surjektiv ist, sagt man auch, f ist eine Abbildung von M_1 **auf** die Menge M_2. Bei einer surjektiven Funktion ist der potentielle Bildbereich ausgeschöpft.
(c) Ist die Funktion $f : M_1 \rightarrow M_2$ bijektiv, so existiert zu *jedem* $y \in M_2$ *genau* ein $x \in M_1$ mit $y = f(x)$.

2.6 Grenzwerte

Bevor wir den Grenzwert für Funktionen betrachten, untersuchen wir diesen Begriff zunächst bei Folgen und Reihen.

2.6.1 Konvergenz und Grenzwerte von Folgen und Reihen

▶ **Definition (Cauchy Konvergenzkriterium)** Sei $(a_n)_{n \in \mathbb{N}}$ eine Folge (siehe Abschn. 1.3). Wir sagen, dass die Folge $(a_n)_{n \in \mathbb{N}}$ gegen den Grenzwert (oder Limes) $a \in \mathbb{R}$ konvergiert, wenn gilt: Zu jedem noch so kleinen $\epsilon > 0$ gibt es einen Folgenindex n_0, so dass

$$|a_n - a| < \epsilon \quad \text{für alle } n > n_0. \tag{2.6}$$

Für diesen Sachverhalt schreiben wir (lim steht für *Limes*)

$$\lim_{n \to \infty} a_n = a.$$

Anschaulich bedeutet die Konvergenz einer Folge $(a_n)_{n \geq 1}$, dass die Folgenglieder a_n ab einem Wert n_0 in einem Streifen der Breite 2ϵ um den Grenzwert a liegen; dabei kann der Wert ϵ beliebig klein gemacht werden. Dies ist in der Abb. 2.28 illustriert.

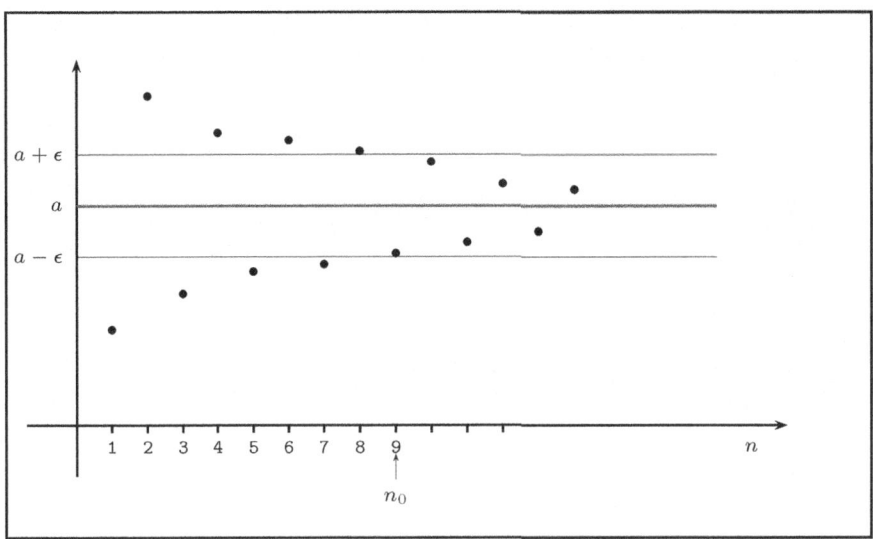

Abb. 2.28 Zur Konvergenz einer Folge

Wir nennen eine Folge, die gegen den Wert 0 konvergiert, eine **Nullfolge**. Eine Folge die nicht konvergiert, heißt divergente Folge.

Beispiele

1. Die Folge

$$a_n = 1 + \frac{1}{n^2}$$

konvergiert gegen den Wert $a = 1$ für $n \to \infty$, also

$$\lim_{n \to \infty} a_n = \lim_{n \to \infty} \left(1 + \frac{1}{n^2} \right) = 1.$$

Denn: Sei ein beliebiges $\epsilon > 0$ vorgegeben. Dann ist

$$\left| 1 + \frac{1}{n^2} - 1 \right| = \left| \frac{1}{n^2} \right| < \epsilon.$$

Also:

$$\frac{1}{n^2} < \epsilon \quad \Longrightarrow \quad n > n_0 = \frac{1}{\sqrt{\epsilon}}, n \in \mathbb{N}.$$

Hierbei ist n_0 die kleinste ganze Zahl größer oder gleich $1/\sqrt{\epsilon}$. Damit haben wir gezeigt: Falls ein beliebiges $\epsilon > 0$ vorgegeben ist, dann ist für alle

$$n > n_0 = \frac{1}{\sqrt{\epsilon}}$$

der Abstand von a_n und $a = 1$ kleiner als dieses ϵ:

$$|a_n - 1| < \epsilon.$$

Wählt man z. B. $\epsilon = \frac{1}{400}$, dann gilt für alle Indices $n > 20 = n_0$ dass

$$\frac{1}{n^2} < \frac{1}{400}.$$

Die Folge $\frac{1}{n^2}$ ist eine Nullfolge.

2. Die harmonische Folge

$$1, \frac{1}{2}, \frac{1}{3}, \ldots, \frac{1}{n}, \ldots \tag{2.7}$$

ist eine Nullfolge, d. h. die Folge konvergiert gegen den Wert 0:

$$\lim_{n \to \infty} \frac{1}{n} = 0.$$

3. Die Folge

$$a_n = \sqrt[n]{n}, \tag{2.8a}$$

konvergiert gegen 1.

Beweis mit Cauchy Kriterium:

Für jedes beliebige ϵ mit $0 < \epsilon < 1$ konstruieren wir ein $n_0 \in \mathbb{N}$, so dass für jedes $n > n_0$ gilt:

$$\left| \sqrt[n]{n} - 1 \right| < \epsilon. \tag{2.8b}$$

Dann gilt

$$\sqrt[n]{n} < 1 + \epsilon.$$

Potenzieren der linken und rechten Seite und anwenden des Binomialtheorems liefert:

$$n < (1 + \epsilon)^n = \sum_{k=0}^{n} \binom{n}{k} \epsilon^k 1^{n-k} = \sum_{k=0}^{n} \binom{n}{k} \epsilon^k. \tag{2.8c}$$

Wir zeigen zunächst, dass aus

$$n < 1 + \frac{n}{2}(n-1)\epsilon^2 \tag{2.8d}$$

die Ungleichung (2.8c) folgt: Addiert man zur rechten Seite der Ungleichung nur positive Terme, erhält man:

$$n < 1 + \frac{n}{2}(n-1)\epsilon^2 \implies n < 1 + n\epsilon + \frac{n}{2}(n-1)\epsilon^2$$
$$+ \frac{n}{6}(n-1)(n-2)\epsilon^3 + \cdots$$
$$\iff n < \sum_{k=0}^{n} \binom{n}{k} \epsilon^k$$
$$\iff n < (1 + \epsilon)^n.$$

Aus der Ungleichung (2.8d) erhalten wir:

$$n < 1 + \frac{n}{2}(n-1)\epsilon^2 \iff n - 1 < \frac{n}{2}(n-1)\epsilon^2$$
$$\iff \frac{2}{n} < \epsilon^2$$
$$\iff n > \frac{2}{\epsilon^2}.$$

Damit haben wir gezeigt: Für jedes $\epsilon > 0$ existiert ein n_0, so dass für alle $n > n_0$ mit

$$n > \frac{2}{\epsilon^2}$$

die Ungleichung (2.8b) erfüllt ist. Gemäß dem Cauchy Konvergenzkriterium konvergiert daher die Folge (2.8a) gegen 1.

Rechnen mit Grenzwerten

Mit Hilfe der Definition der Konvergenz Gl. (2.6) lässt sich zeigen, dass Grenzwerte und die grundlegende Arithmetik verträglich sind. Das bedeutet, hat man beispielsweise zwei Folgen $(a_n)_{n \geq 1}$ und $(b_n)_{n \geq 1}$, die gegen a bzw. b konvergieren, dann ist die Frage, was der Grenzwert der Folge $a_n \cdot b_n$ ist. Die Antwort darauf geben die folgenden Rechenregeln, die man auch Grenzwertsätze nennt. Die Grenzwertsätze liefern die Werkzeuge, um

Grenzwerte von komplizierten Folgen zu berechnen. Dies hat auch Anwendungen bei Grenzwerten von Funktionen.

Es gelten die folgenden Rechenregeln für Grenzwerte:[5]

Rechenregeln für Grenzwerte, Grenzwertsätze

Seien $(a_n)_{n \geq 1}$ und $(b_n)_{n \geq 1}$ konvergente Zahlenfolgen in $\mathbb{R}$ mit den Grenzwerten

$$\lim_{n \to \infty} a_n = a, \qquad \lim_{n \to \infty} b_n = b.$$

Dann gilt:

1. Linearität:

$$\lim_{n \to \infty} (a_n \pm b_n) = \lim_{n \to \infty} a_n \pm \lim_{n \to \infty} b_n = a \pm b. \tag{2.9a}$$

2. Für alle $c \in \mathbb{R}$ gilt:

$$\lim_{n \to \infty} (c \cdot a_n) = c \cdot \lim_{n \to \infty} a_n = c \cdot a. \tag{2.9b}$$

3. Verträglichkeit mit der Multiplikation:

$$\lim_{n \to \infty} (a_n \cdot b_n) = \left(\lim_{n \to \infty} a_n \right) \cdot \left(\lim_{n \to \infty} b_n \right) = a \cdot b. \tag{2.9c}$$

4. Verträglichkeit mit der Division:
Falls der Grenzwert $b \neq 0$ ist, dann ist

$$\lim_{n \to \infty} \left(\frac{a_n}{b_n} \right) = \frac{\lim_{n \to \infty} a_n}{\lim_{n \to \infty} b_n} = \frac{a}{b}. \tag{2.9d}$$

5. Für ganze Zahlen $p, q > 0$ gilt:

$$\lim_{n \to \infty} a_n^{p/q} = \left(\lim_{n \to \infty} a_n \right)^{p/q} = a^{\frac{p}{q}}. \tag{2.9e}$$

Beispiel Wir untersuchen die Folge

$$a_n = \frac{4n^2 - 2n + 2}{n^2 + 2n - 2} \tag{2.10}$$

auf ihr Verhalten für $n \to \infty$ mit Hilfe der Grenzwertsätze. Gesucht ist also

---

[5]Zu Beweisen siehe Arens et al. (2018), Kapitel 6.3.

$$\lim_{n \to \infty} \left(\frac{4n^2 - 2n + 2}{n^2 + 2n - 2} \right).$$

Man beachte, dass hier die Regel (2.9d) **nicht** angewendet werden kann, da der Grenzwert des Zählers und der Grenzwert des Nenners nicht existieren.[6] Dies ist nicht konsistent mit den Voraussetzungen der Grenzwertsätze. Wir kürzen den Bruch (2.10) mit der höchsten Potenz, die im Zähler und Nenner auftritt; dadurch entstehen Terme mit Nullfolgen, die im Rahmen der Grenzwertsätze bearbeitet werden können.

$$a_n = \frac{4n^2 - 2n + 2}{n^2 + 2n - 2}$$

$$= \frac{n^2 \left(4 - \frac{2}{n} + \frac{2}{n^2} \right)}{n^2 \left(1 + \frac{2}{n} - \frac{2}{n^2} \right)}$$

$$= \frac{4 - \frac{2}{n} + \frac{2}{n^2}}{1 + \frac{2}{n} - \frac{2}{n^2}}.$$

Zähler und Nenner bestehen nun jeweils aus einem konstanten Term und Nullfolgen. Daher können die Grenzwertsätze angewendet werden, insbesondere erhalten wir mit der Regel (2.9d):

$$\lim_{n \to \infty} a_n = \lim_{n \to \infty} \frac{4 - \frac{2}{n} + \frac{2}{n^2}}{1 + \frac{2}{n} - \frac{2}{n^2}}$$

$$= \frac{\lim_{n \to \infty} \left(4 - \frac{2}{n} + \frac{2}{n^2} \right)}{\lim_{n \to \infty} \left(1 + \frac{2}{n} - \frac{2}{n^2} \right)}.$$

Wendet man die Regel (2.9a) an, erhält man:

$$\lim_{n \to \infty} a_n = \frac{\lim_{n \to \infty} 4 - \lim_{n \to \infty} \frac{2}{n} + \lim_{n \to \infty} \frac{2}{n^2}}{\lim_{n \to \infty} 1 + \lim_{n \to \infty} \frac{2}{n} - \lim_{n \to \infty} \frac{2}{n^2}}.$$

Damit ergibt sich, dass der Zähler gegen 4 konvergiert, der Nenner gegen 1:

$$\lim_{n \to \infty} a_n = \frac{4}{1} = 4.$$

---

[6]Wir sagen für den Fall einer divergenten Folge, dass deren Grenzwert nicht existiert. Dies trifft im aktuellen Beispiel auf die Zahlenfolge $4n^2 - 2n + 2$ im Zähler und auf die Zahlenfolge $n^2 + 2n - 2$ im Nenner zu.

Konvergenz einer Reihe

Im Abschn. 1.3 haben wir Partialsummen s_n eingeführt. Die endliche Summe von Gliedern einer Folge ist eine **endliche Reihe**:

$$s_1 = a_1,$$
$$s_2 = a_1 + a_2,$$
$$s_3 = a_1 + a_2 + a_3,$$
$$\vdots \qquad \vdots$$
$$s_n = a_1 + a_2 + \cdots + a_n = \sum_{i=1}^{n} a_i$$

Es erscheint zunächst nicht klar, was es bedeutet, eine unendliche Summe

$$a_1 + a_2 + a_3 + \cdots$$

zu betrachten, da wir nicht wissen, wie man unendlich viele Zahlen addieren soll. Wenn jedoch die Folge der Partialsummen $(s_n)_{n \geq 1}$ gegen einen Grenzwert geht für $n \to \infty$, dann sagen wir, dass die (unendliche) Summe der Reihe konvergiert. Wir definieren, dass diese unendliche Summe der Grenzwert **ist**. Trifft es nicht zu, dass die Reihe konvergiert, dann nennen wir die Reihe divergent. Wenn die Reihe konvergiert, dann ist der Wert der Reihe:

$$\sum_{i=1}^{\infty} a_i = \lim_{n \to \infty} s_n = \lim_{n \to \infty} (a_1 + a_2 + \cdots + a_n).$$

Konvergenzverhalten der geometrischen Reihe

Betrachte die geometrische Folge

$$1, \frac{1}{2}, \frac{1}{4}, \frac{1}{8}, \frac{1}{16}, \cdots$$

Wir bilden die Partialsummen

$$s_n = 1 + \frac{1}{2} + \frac{1}{4} + \cdots + \frac{1}{2^n}.$$

Diese Partialsummen gehen gegen einen Grenzwert, der den Wert 2 hat. Dies sieht man folgendermaßen. Wir setzen $q = \frac{1}{2}$, dann ist:

$$s_n = 1 + q + q^2 + \cdots + q^n,$$

$$q \cdot s_n = q + q^2 + q^3 + \cdots + q^{n+1}.$$

Bildet man die Differenz dieser beiden endlichen Reihen, dann bleiben genau zwei Terme übrig:

$$s_n - q s_n = 1 - q^{n+1}.$$

Hieraus ergibt sich:

$$s_n = \frac{1 - q^{n+1}}{1 - q} = \frac{1}{1 - q} - \frac{q^{n+1}}{1 - q}. \qquad (2.11)$$

Damit erhalten wir den Summenwert einer endlichen geometrischen Reihe (r ist ein beliebiger Faktor ungleich 0) zu

$$r + qr + rq^2 + \cdots + rq^n = r \cdot \sum_{i=0}^{n} q^i = r \frac{1 - q^{n+1}}{1 - q}. \qquad (2.12)$$

Wenn n sehr groß wird, geht der Term q^{n+1} in Gl. (2.11) gegen 0. Damit

$$\lim_{n \to \infty} s_n = \lim_{n \to \infty} \sum_{i=0}^{n} q^i = \sum_{i=0}^{\infty} q^i = \frac{1}{1 - q}.$$

Für $q = 1/2$ ergibt sich als Grenzwert 2. Man beachte, dass diese Argumentation nicht nur für $q = 1/2$ zutrifft, denn für jeden Wert $-1 < q < 1$ geht q^{n+1} gegen 0, wenn $n \to \infty$.

Konvergenzverhalten der harmonischen Reihe[7]
Wir betrachten die harmonische Reihe

$$1 + \frac{1}{2} + \frac{1}{3} + \cdots + \frac{1}{n}$$

Die Terme dieser Reihe werden immer kleiner – sie bilden eine Nullfolge – die harmonische Reihe ist jedoch divergent. Sie wächst sehr langsam über alle Grenzen. Das impliziert, die Forderung, dass die Glieder einer Reihe immer kleiner werden, damit eine Reihe konvergiert, ist eine notwendige, jedoch keine hinreichende Bedingung.

---

[7]Siehe das Buch von Maor (2017).

Der Beweis[8] geht zurück auf Nicolae Oresme (1323?–1382). Wir schreiben die harmonische Reihe in der Form

$$S = 1 + \frac{1}{2} + \underbrace{\frac{1}{3} + \frac{1}{4}} + \underbrace{\frac{1}{5} + \frac{1}{6} + \frac{1}{7} + \frac{1}{8}} + \cdots \tag{2.13a}$$

In jeder der geklammerten Gruppe von Termen ersetzen wir die ersten Terme durch den jeweils letzten Term. Dieses Prozedere erzeugt eine neue Folge

$$S' = 1 + \frac{1}{2} + \underbrace{\frac{1}{4} + \frac{1}{4}} + \underbrace{\frac{1}{8} + \frac{1}{8} + \frac{1}{8} + \frac{1}{8}} + \cdots \tag{2.13b}$$

Bei dieser Ersetzung haben wir jeden Term der ursprünglichen Reihe durch einen gleichen oder kleineren Term ersetzt. Daraus folgt, dass jede Partialsumme von S' – also S'_n – kleiner ist als die entsprechende Partialsumme von S, die wir mit S_n bezeichnen.

$$S_n > S'_n. \tag{2.13c}$$

Wir können die Reihe S' in Gl. (2.13b) jedoch schreiben als

$$S' = 1 + \frac{1}{2} + \frac{1}{2} + \frac{1}{2} + \frac{1}{2} + \frac{1}{2} + \cdots, \tag{2.13d}$$

da jede geklammerte Gruppe von Zahlen in der Reihe (2.13b) den Wert 1/2 ergibt. Offensichtlich divergiert die Reihe (2.13d), wegen der Bedingung (2.13c), dass jede Partialsumme der harmonischen Reihe größer ist als S'_n, muss die harmonische Reihe ebenfalls divergieren.

Konvergenzkriterien für Reihen
Es stellt sich die Frage, wie man entscheiden kann, ob eine Reihe konvergiert. Wir betrachten hier zwei Konvergenzkriterien.[9] Betrachte die unendliche Reihe

$$S = \sum_{i=1}^{\infty} a_n. \tag{2.14}$$

1. **Quotientenkriterium**
   Die unendliche Reihe (2.14) konvergiert (absolut), wenn

---

[8] Siehe Maor (2017), Appendix oder Merzbach und Boyer, p. 242.

[9] Es gibt weitere Konvergenzkriterien neben den hier vorgestellten Verfahren. Es sei angemerkt, es gibt keinen Königsweg, der entscheidet, welches Kriterium auf welchen Typ von Reihe anzuwenden ist, um die Konvergenz zu zeigen. Für weitergehende Diskussionen zu diesem Themenkreis siehe Arens et al. (2018), Kapitel 8, insbesondere die Übersicht in Kapitel 8.4.

$$\lim_{n \to \infty} \left| \frac{a_{n+1}}{a_n} \right| < 1. \tag{2.15}$$

Die Reihe (2.14) divergiert, falls

$$\lim_{n \to \infty} \left| \frac{a_{n+1}}{a_n} \right| > 1.$$

Der Fall

$$\lim_{n \to \infty} \left| \frac{a_{n+1}}{a_n} \right| = 1$$

ist nicht entscheidbar.

Beispiel Betrachte die unendliche Reihe

$$S = \sum_{n=1}^{\infty} \frac{n!}{n^n}. \tag{2.16}$$

Nun ist

$$\frac{a_{n+1}}{a_n} = \frac{(n+1)! n^n}{(n+1)^{n+1} n!} = \frac{(n+1) n^n}{(n+1)^{n+1}} = \left(\frac{n}{n+1} \right)^n$$

$$= \frac{1}{(1 + \frac{1}{n})^n} \leq \frac{1}{2} < 1.$$

Damit konvergiert die Reihe (2.16). Dieser Sachverhalt rechtfertigt die Aussage, dass n^n stärker anwächst als $n!$.

2. **Wurzelkriterium**

Die Reihe (2.14) konvergiert (absolut) für

$$\lim_{n \to \infty} \sqrt[n]{|a_n|} < 1. \tag{2.17}$$

Falls der Ausdruck auf der linken Seite > 1 ist, divergiert die Reihe. Ist der Grenzwert gleich 1 kann keine Aussage getroffen werden.

Beispiel Sei

$$S = \sum_{i=1}^{\infty} \frac{1}{n^n} \quad \text{mit } a_n = \frac{1}{n^n}. \tag{2.18}$$

Dann ist

$$\lim_{n \to \infty} \sqrt[n]{a_n} = \lim_{n \to \infty} \sqrt[n]{\frac{1}{n^n}} = \lim_{n \to \infty} \frac{1}{n} = 0 < 1.$$

Daher konvergiert die Reihe (2.18).

Folgen und Reihen können auch über Funktionstermen gebildet werden. Man nennt eine Reihe der Form

$$\sum_{i=1}^{\infty} f_i(x)$$

Funktionenreihe. Dann ist

$$s_n = \sum_{i=1}^{n} f_i(x)$$

die Partialsumme der Funktionenreihe. Die wichtigsten Funktionenreihen sind die **Potenzreihen**. Diese haben die Form

$$P(x) = \sum_{n=0}^{\infty} a_n x^n \quad \text{oder} \quad P(x) = \sum_{n=0}^{\infty} a_n (x - x_0)^n , \qquad (2.19)$$

mit $a_n \in \mathbb{R}$ für alle n.

Die Konvergenz einer Potenzreihe ist von den Werten abhängig, die das Argument x annehmen kann. Die Menge aller $x \in \mathbb{R}$, für die die Potenzreihe $P(x)$ konvergiert, nennt man den **Konvergenzradius** r der Potenzreihe $P(x)$. Dabei gilt:

$P(x)$ konvergiert für $|x| < r$.
$P(x)$ divergiert für $|x| > r$.

Für $|x| = r$ lassen sich keine allgemeingültigen Aussagen zur Konvergenz einer Potenzreihe machen. Konvergiert eine Potenzreihe nur für einen Punkt, z. B. $x = 0$, dann ist $r = 0$. Mit den Konvergenzkriterien für Reihen erhält man den Konvergenzradius r. Aus dem Quotientenkriterium (2.15) erhält man:

$$r = \lim_{n \to \infty} \left| \frac{a_n}{a_{n+1}} \right| . \qquad (2.20)$$

Über das Wurzelkriterium (2.17) ergibt sich:

$$r = \lim_{n \to \infty} \left(\sqrt[n]{|a_n|} \right)^{-1}. \tag{2.21}$$

Beispiele Betrachte die Potenzreihe

$$P(x) = \sum_{n=0}^{\infty} \frac{x^n}{n!}.$$

Dann ist gemäß dem Kriterium (2.20):

$$r = \lim_{n \to \infty} \left| \frac{a_n}{a_{n+1}} \right| = \lim_{n \to \infty} \frac{(n+1)!}{n!} = \lim_{n \to \infty} (n+1) = \infty.$$

Das bedeutet, der Konvergenzradius ist beliebig groß, die Potenzreihe (2.6.1) konvergiert für alle $x \in \mathbb{R}$.

Betrachte die Potenzreihe

$$P(x) = \sum_{n=0}^{\infty} \frac{n}{2^n} x^n. \tag{2.22}$$

Wendet man das Kriterium (2.21) an, dann erhält man:

$$r = \lim_{n \to \infty} \frac{1}{\sqrt[n]{|a_n|}}$$

$$= \lim_{n \to \infty} \frac{1}{\sqrt[n]{\dfrac{n}{2^n}}}$$

$$= \lim_{n \to \infty} \frac{2}{\sqrt[n]{n}}$$

$$= 2 \cdot \lim_{n \to \infty} \frac{1}{\sqrt[n]{n}} = 2.$$

Die Reihe (2.22) konvergiert auf dem offenen Intervall $]-2, +2[$.[10]

---

[10]Beachte, mit Gl. (2.8a) haben wir gezeigt, dass der Grenzwert $n \to \infty$ von $\sqrt[n]{n}$ gleich 1 ist.

2.6.2   Der Grenzwertbegriff für Funktionen

Bei einigen Funktionen interessiert das Verhalten der Funktionswerte bei Annäherung der unabhängigen Variablen an einen bestimmten Wert. Dies ist insbesondere von Interesse, wenn die Funktion abschnittsweise definiert ist oder an bestimmten Stellen nicht definiert ist.

Unter einem **Grenzwert einer Funktion** versteht man das Verhalten einer Funktion $f(x)$, wenn sich die Variable x einem bestimmten Wert x_0 des Definitionsbereichs nähert. Hierfür schreibt man auch $x \to x_0$.

Der Funktionswert, dem sich die Funktion annähert für $x \to x_0$, bezeichnet man als Grenzwert g und schreibt dafür:

$$\lim_{x \to x_0} f(x) = g.$$

Lies: ‚Limes $f(x)$ für x gegen x_0‘.
In vielen Fällen bringt diese Betrachtung keine neue Erkenntnis.
Sei beispielsweise

$$f(x) = 2x^2 + 1,$$

dann ist

$$\lim_{x \to 1} f(x) = 2 \cdot 1 + 1 = 3.$$

Hier kann man ohne weiteres den Wert $x = 1$ direkt einsetzen.

Betrachtet man hingegen die abschnittsweise erklärte Funktion

$$f(x) = \begin{cases} 2x^2 + 1 & \text{für } x \leq 1 \\ 3x + 1 & \text{für } x > 1, \end{cases}$$

dann muss die Nahtstelle $x_0 = 1$ besonders untersucht werden.
Der Grenzwert dieser Funktion an der Stelle $x_0 = 1$ hängt davon ab, ob man sich von rechts oder von links der Stelle $x_0 = 1$ nähert (Abb. 2.29).
Es gilt:

$$\lim_{x \to x_0 + 0} f(x) = 4 \qquad \text{und} \qquad \lim_{x \to x_0 - 0} f(x) = 3.$$

Anmerkung:
Die Schreibweise

$$\lim_{x \to x_0 + 0} f(x) \qquad \text{bzw.} \qquad \lim_{x \to x_0 - 0} f(x)$$

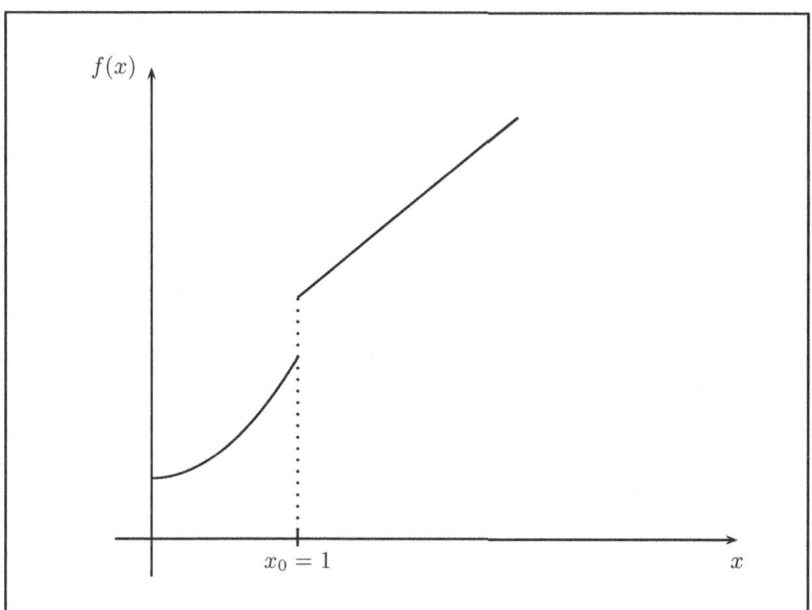

Abb. 2.29 Zu links- und rechtsseitigem Grenzwert

deutet an, dass man sich von rechts ($x \to x_0 + 0$), bzw. von links ($x \to x_0 - 0$) an die Stelle $x_0 = 1$ annähert.

Wir müssen also zwischen einem links- und rechtsseitigen Grenzwert in einem Punkt x_0 unterscheiden. Erst wenn diese beiden Grenzwerte übereinstimmen, sprechen wir von der Existenz des Grenzwertes in x_0.

▶ **Definition (Grenzwert)** Der Grenzwert $\lim_{x \to x_0} f(x)$ existiert und hat den Wert g, wenn rechts- und linksseitiger Grenzwert übereinstimmen:

$$\lim_{x \to x_0+0} f(x) = \lim_{x \to x_0-0} f(x) = g.$$

Die Übereinstimmung von links- und rechtsseitigem Grenzwert als Kriterium für die Existenz des Grenzwertes heranzuziehen ist ein sehr pragmatischer Ansatz, der für die in den folgenden Kapiteln anstehenden Untersuchungen von Stetigkeit und Differenzierbarkeit für elementare Funktionen und abschnittsweise definierte Funktionen von großem Nutzen ist. Eine mathematisch tiefergehende Definition der Existenz eines Grenzwertes bietet das nach dem französischen Mathematiker Augustin Cauchy (1789–1857) benannte Kriterium, das im nächsten Abschnitt für den interessierten Leser vorgestellt, dann aber im Laufe des Buches nicht weiter verwendet wird.

Neben den abschnittsweise definierten Funktionen gibt es auch noch andere Funktionen, bei denen die Betrachtung von Grenzwerten $x \to x_0$ interessant sind. Ein Beispiel ist die Hyperbelfunktion (vgl. Abschn. 2.2.6)

$$f(x) = \frac{1}{x}.$$

Bei dieser Funktion ist insbesondere die Stelle $x_0 = 0$ interessant, bei welcher der Nenner Null wird. Es gilt:

$$\lim_{x \to 0+0} \frac{1}{x} = \infty \qquad \text{und} \qquad \lim_{x \to 0-0} \frac{1}{x} = -\infty.$$

Das heißt, nähert man sich von rechts dem kritischen Wert $x_0 = 0$, dann gilt $f(x) \to \infty$. Nähert man sich von links dem kritischen Wert $x_0 = 0$, dann gilt $f(x) \to -\infty$. Obwohl ∞ keine Zahl darstellt und das Gleichheitszeichen nicht korrekt ist, wählt man häufig diese Schreibweise, um zum Ausdruck zu bringen, dass die Funktionswerte über alle Grenzen wachsen.

Der Punkt x_0 heißt **Polstelle** der Funktion $f(x)$ und man sagt, die Funktion $f(x) = x^{-1}$ ist an der Stelle $x_0 = 0$ *divergent*. Polstellen spielen bei den gebrochen rationalen Funktionen eine wichige Rolle, sie werden dort ausführlicher behandelt (siehe Abschn. 2.6.6).

Der Grenzwertbegriff wird auch verwendet, um das Verhalten von Funktionen für beliebig große oder kleine x zu untersuchen. Dies wird in folgender Schreibweise zum Ausdruck gebracht:

$$\lim_{x \to \infty} f(x) = g$$

bzw.

$$\lim_{x \to -\infty} f(x) = g.$$

Beispiele hierfür sind:

$$\lim_{x \to \infty} e^{-x} = 0$$

bzw.

$$\lim_{x \to -\infty} e^{-x} = \infty.$$

Bemerkung:
Generell nennt man das Verhalten einer Funktion $f(x)$ für $x \to \pm\infty$ auch deren **Asymptotik**.

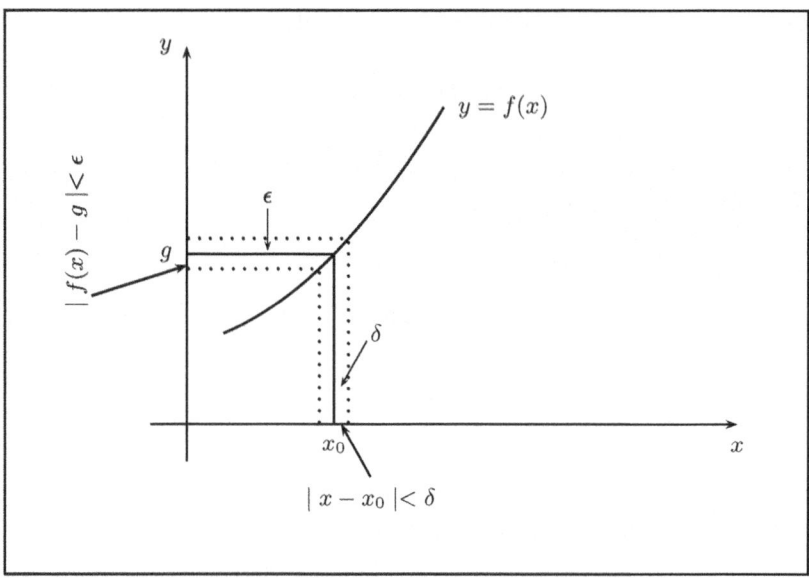

Abb. 2.30 Zum Cauchy-Kriterium

2.6.3 Die Cauchy-Definition des Grenzwerts von Funktionen

Um den im vorigen Abschnitt eingeführten Grenzwertbegriff mathematisch präzise zu definieren, hat Cauchy folgende Definition für die Existenz eines Grenzwertes einer Funktion eingeführt:[11]

▶ **Definition (Grenzwert nach Cauchy)** Der Grenzwert $\lim_{x \to x_0} f(x)$ existiert und hat den Wert g, wenn es für alle $\epsilon > 0$ eine Zahl $\delta > 0$ gibt, so dass gilt:

$$| f(x) - g | < \epsilon \quad \text{für} \quad | x - x_0 | < \delta. \tag{2.23}$$

Anschaulich bedeutet dieses Kriterium, dass sich zu jedem noch so kleinen Streifen der Breite ϵ ein Streifen der Breite δ finden lässt, aus dem die x-Werte zu nehmen sind, so dass der Abstand der Funktionswerte vom Grenzwert kleiner ϵ ist, vgl. Abb. 2.30.

Beispiel Sei

$$f(x) = x^2.$$

---

[11] Eine ausführliche Diskussion dieser Aspekte findet man beispielsweise in dem Buch von Spivak (2008).

Wir untersuchen mit Hilfe des Cauchy-Kriteriums, ob der Grenzwert

$$\lim_{x \to 0} f(x) = \lim_{x \to 0} x^2$$

existiert. Zu diesem Zweck müssen wir also ein geeignetes δ finden, so dass die Bedingung Gl. (2.23) für jedes ϵ erfüllt ist.

$$| f(x) - g | < \epsilon \quad \text{für} \quad | x - x_0 | < \delta$$

$$| x^2 - 0 | < \epsilon \quad \text{für} \quad | x - 0 | < \delta$$

$$\Longleftrightarrow | x^2 | < \epsilon \quad \text{für} \quad | x | < \delta$$

$$\Longleftrightarrow | x | < \sqrt{\epsilon} \quad \text{für} \quad | x | < \delta.$$

Wählen wir hier $\delta < \sqrt{\epsilon}$, dann ist die Bedingung für alle $\epsilon > 0$ erfüllt.
Betrachten wir als nächstes Beispiel die abschnittsweise definierte Funktion

$$f(x) = \begin{cases} 2x^2 + 1 & \text{für } x \leq 1 \\ 3x + 1 & \text{für } x > 1. \end{cases}$$

Mit Hilfe des Cauchy-Kriteriums zeigen wir nun, dass $g = 3$ nicht Grenzwert ist für $x \to 1$. Betrachten wir $x > 1$, dann ist:

$$| f(x) - g | < \epsilon \quad \text{für} \quad | x - x_0 | < \delta$$

$$| 3x + 1 - 3 | < \epsilon \quad \text{für} \quad | x - 1 | < \delta$$

$$\overset{x>1}{\Longleftrightarrow} \quad 3x + 1 - 3 < \epsilon \quad \text{für} \quad x - 1 < \delta$$

$$\Longleftrightarrow \quad x < \frac{1}{3}(\epsilon + 2) \quad \text{für} \quad x < 1 + \delta.$$

Für jedes $\epsilon > 0$ muss es ein $\delta > 0$ geben, so dass diese Aussage erfüllt ist. Wegen $\delta > 0$ ist dies für $\epsilon < 1$ nicht gegeben. Somit ist $g = 3$ nicht Grenzwert der Funktion $f(x)$ für $x \to 1$.

2.6.4 Grenzwertbetrachtungen einiger elementarer Funktionen

In diesem Abschnitt sehen wir uns Grenzwerte einiger elementarer Funktionen an.

1. **Konstante**

   Eine konstante Funktion

$$f(x) = c; \quad c \in \mathbb{R}$$

hat den Grenzwert

$$\lim_{x \to \pm\infty} f(x) = c.$$

2. **Potenzfunktionen**

Für die Potenzfunktion gilt:

$$\lim_{x \to \infty} x^n = \infty \,; \qquad n \in \mathbb{N}$$

und

$$\lim_{x \to -\infty} x^n = \begin{cases} \infty & \text{für } n \text{ gerade} \\ -\infty & \text{für } n \text{ ungerade} \end{cases} \qquad (2.24)$$

und

$$\lim_{x \to 0} x^n = 0; \qquad n \in \mathbb{N}.$$

3. **Negative Potenzen**

Für negative Potenzen hat man folgende Grenzwerte:

$$\lim_{x \to \pm\infty} x^{-n} = 0; \qquad n \in \mathbb{N}. \qquad (2.25)$$

4. **Exponentialfunktion**

Die Exponentialfunktion

$$f(x) = a^x$$

hat das folgende asymptotische Verhalten:

$$\lim_{x \to \infty} a^x = \begin{cases} 0 & \text{für } 0 < a < 1 \\ \infty & \text{für } a > 1. \end{cases}$$

Für $a > 1$ wächst a^x schneller als jede Potenz von x:

$$\lim_{x \to \infty} \frac{x^n}{a^x} = 0 \quad \text{für } n > 0, a > 1.$$

Eine Erklärung hierfür wird in Abschn. 3.6.1 gegeben.

5. **Logarithmusfunktion**

Die Logarithmusfunktion zeigt folgendes Grenzverhalten:

$$\lim_{x \to \infty} \log_a x = \infty \qquad (2.26)$$

und

$$\lim_{x \to 0+0} \log_a x = -\infty. \tag{2.27}$$

6. Weitere interessante Grenzwerte sind:

$$\lim_{x \to \infty} \left(1 + \frac{1}{x}\right)^x = e \tag{2.28}$$

und

$$\lim_{x \to 0} (1 + x)^{\frac{1}{x}} = e, \tag{2.29}$$

wobei e die Eulersche Zahl ist mit dem numerischen Wert $e \approx 2,7182\ldots$.[12]

2.6.5 Rechenregeln für Grenzwerte

Mit den Grenzwertsätzen der Folgen (siehe Gl. (2.9a)–(2.9d)) lassen sich die Grenzwertsätze für Funktionen beweisen.

Es seien die folgenden Grenzwerte gegeben:

$$\lim_{x \to x_0} f_1(x) = g_1$$

$$\lim_{x \to x_0} f_2(x) = g_2.$$

Dann gilt für die:

1. Addition

$$\lim_{x \to x_0} (f_1(x) + f_2(x)) = g_1 + g_2. \tag{2.30}$$

2. Multiplikation

$$\lim_{x \to x_0} (f_1(x) \cdot f_2(x)) = g_1 \cdot g_2. \tag{2.31}$$

3. Division

---

[12]Eine rigorose Herleitung dieses Grenzwertes findet man in Courant und Robbins (2000), Kap. VI.3 oder in Maor (2015), Appendix 2.

$$\lim_{x \to x_0} \frac{f_1(x)}{f_2(x)} = \frac{g_1}{g_2}, \qquad \text{für } g_2 \neq 0. \tag{2.32}$$

Außerdem gilt für verkettete Funktionen

$$\lim_{x \to x_0} f\big(g(x)\big) = f\Big(\lim_{x \to x_0} g(x)\Big). \tag{2.33}$$

Mit den Rechenregeln (2.30) bis (2.33) und einigen grundlegenden Grenzwerten lassen sich viele Grenzwerte zusammengesetzter Funktionen leicht bestimmen. Im nächsten Abschnitt betrachten wir einige Beispiele hierzu.

2.6.6 Beispiele für Grenzwertbetrachtungen

1. **Ganze rationale Funktionen**
   Zunächst betrachten wir Grenzwerte ganzer rationaler Funktionen:

$$f(x) = \sum_{i=0}^{n} a_i x^i.$$

Für das Grenzverhalten, wenn x gegen $\pm\infty$ geht, ist allein die höchste Potenz von x ausschlaggebend. Alle kleineren Potenzen von x spielen keine Rolle mehr, wenn x groß bzw. klein genug wird. Mit dem Vorzeichen des Koeffizienten a_n ergibt sich, ob die Werte der ganzen rationalen Funktion gegen $+\infty$ oder $-\infty$ gehen, wenn x gegen $\pm\infty$ geht.

2. **Gebrochen rationale Funktionen**
   Bei den gebrochen rationalen Funktionen

$$f(x) = \frac{a_n x^n + a_{n-1} x^{n-1} + \ldots + a_2 x^2 + a_1 x^1 + a_0}{b_m x^m + b_{m-1} x^{m-1} + \ldots + b_2 x^2 + b_1 x^1 + b_0}$$

ist das Grenzverhalten für x gegen $\pm\infty$ von Interesse, aber auch das Verhalten der Funktion, wenn man sich einer Lücke des Definitionsbereichs – also einer Nullstelle des Nenners – annähert. Betrachten wir zunächst das Verhalten für x gegen $\pm\infty$. Um den Grenzwert einer gebrochen rationalen Funktion zu erhalten, klammert man die höchste Potenz von x, die im Nenner vorkommt, im Zähler und Nenner aus und wendet anschließend die Grenzwertregeln an. Es sind die folgenden Fälle zu unterscheiden:

(a) Zählerpotenz = Nennerpotenz (n=m)
   Die Funktion konvergiert gegen den Wert: $\frac{a_n}{b_n}$.
(b) Zählerpotenz < Nennerpotenz ($n < m$)
   Die Funktion hat den Grenzwert Null.

(c) Zählerpotenz > Nennerpotenz $(n > m)$

Die Funktion divergiert, d. h. sie geht gegen $+\infty$ oder $-\infty$.

Beispiele Sei

$$f(x) = \frac{x^4 + 3x^2 + 1}{2x^4 - \frac{1}{2}x^3} \tag{2.34}$$

Zunächst ist nicht klar, welchen Grenzwert die Funktion (2.34) für $x \to \infty$ hat, denn:

$$\lim_{x \to \infty} f(x) = \frac{\infty}{\infty}.$$

Indem man x^4 im Zähler und Nenner ausklammert, lassen sich folgende Umformungen vornehmen:

$$
\begin{aligned}
\lim_{x \to \infty} f(x) &= \lim_{x \to \infty} \frac{x^4 + 3x^2 + 1}{2x^4 - \frac{1}{2}x^3} \\
&= \lim_{x \to \infty} \frac{x^4(1 + 3 \cdot \frac{1}{x^2} + \frac{1}{x^4})}{x^4(2 - \frac{1}{2x})} \\
&= \lim_{x \to \infty} \frac{1 + 3\frac{1}{x^2} + \frac{1}{x^4}}{2 - \frac{1}{2x}} \\
&\overset{(2.32)}{=} \frac{\lim_{x \to \infty} (1 + 3\frac{1}{x^2} + \frac{1}{x^4})}{\lim_{x \to \infty} (2 - \frac{1}{2x})} \\
&\overset{(2.30)}{=} \frac{\lim_{x \to \infty} 1 + \lim_{x \to \infty} 3\frac{1}{x^2} + \lim_{x \to \infty} \frac{1}{x^4}}{\lim_{x \to \infty} 2 - \lim_{x \to \infty} \frac{1}{2x}} \\
&\overset{(2.25)}{=} \frac{1}{2}.
\end{aligned}
$$

Im Folgenden ein Beispiel, bei dem die Zählerpotenz größer als die Nennerpotenz ist:

$$f(x) = \frac{-2x^4 + x^2 - x}{3x^3 - 2x^{-1}}. \tag{2.35}$$

Auch für die Funktion (2.35) gilt:

$$\lim_{x \to \infty} f(x) = \frac{\infty}{\infty}.$$

Nun klammert man x^3 im Zähler und Nenner aus, außerdem machen wir wieder von den Rechengesetzen für Grenzwerte Gebrauch ohne dies explizit zu vermerken:

$$\lim_{x \to \infty} f(x) = \lim_{x \to \infty} \frac{-2x^4 + x^2 - x}{3x^3 - 2x - 1}$$

$$= \lim_{x \to \infty} \frac{x^3(-2x + \frac{1}{x} - \frac{1}{x^2})}{x^3(3 - 2\frac{1}{x^2} - \frac{1}{x^3})}$$

$$= \lim_{x \to \infty} \frac{-2x + \frac{1}{x} - \frac{1}{x^2}}{3 - 2\frac{1}{x^2} - \frac{1}{x^3}}$$

$$= \lim_{x \to \infty} \frac{-2x}{3} = -\infty.$$

Entsprechend ergibt sich für $x \to -\infty$

$$\lim_{x \to -\infty} f(x) = \lim_{x \to -\infty} \frac{-2x^4 + x^2 - x}{3x^3 - 2x^{-1}} = \lim_{x \to -\infty} \frac{-2x}{3} = +\infty.$$

Eine weitere Möglichkeit die Asymptotik für gebrochen rationale Funktionen – also das Verhalten von $f(x)$ für $|x| \to \infty$ – zu untersuchen, bietet die Polynomdivision.[13]

Beispiel Wir betrachten die Funktion (2.35)

$$f(x) = \frac{-2x^4 + x^2 - x}{3x^3 - 2x^{-1}}$$

und führen eine Polynomdivision durch:

$$(-2x^4 + x^2 - x) : (3x^3 - 2x - 1) = -\frac{2}{3}x - \frac{\frac{1}{3}x^2 + \frac{5}{3}x}{3x^3 - 2x - 1}$$
$$-\left(-2x^4 + \frac{4}{3}x^2 + \frac{2}{3}x\right)$$
$$\overline{\qquad -\frac{1}{3}x^2 - \frac{5}{3}x}$$

Die gebrochen rationale Funktion $f(x)$ nähert sich für $|x| \to \infty$ der linearen Funktion $-\frac{2}{3}x$ an. Der Ausdruck

$$\frac{\frac{1}{3}x^2 + \frac{5}{3}x}{3x^3 - 2x - 1}$$

geht gegen Null.

---

[13] Siehe Abschn. 2.2.5.

Bei der Grenzwertbetrachtung sind in aller Regel immer die Grenzwerte interessant, die auf Ausdrücke der Form:

$$\frac{\infty}{\infty} \quad \text{oder} \quad \frac{0}{0}$$

führen. Weitere Verfahren, solche Grenzwerte mit Hilfe der Differentialrechnung zu bestimmen, werden wir in Abschn. 3.6.1 kennenlernen.

Betrachten wir nun das Verhalten gebrochen rationaler Funktionen bei Annäherung an Lücken im Definitionsbereich, die durch die Nullstellen des Nenners gegeben sind. Das Verhalten haben wir schon bei der Hyperbelfunktion kennengelernt:

$$\lim_{x \to x_0+0} f(x) = \lim_{x \to 0+0} \frac{1}{x} = \infty \text{ und } \lim_{x \to x_0-0} f(x) = \lim_{x \to 0-0} \frac{1}{x} = -\infty.$$

Hat eine gebrochen rationale Funktion eine Nullstelle x_0 im Nenner, so lässt sie sich in die Form bringen:

$$f(x) = \frac{(x - x_0)^n z(x)}{(x - x_0)^m n(x)}.$$

Dabei sind $z(x)$ und $n(x)$ ganze rationale Funktionen, die in x_0 ungleich Null sind, außerdem ist $m \geq 1$ und $n \geq 0$.

Für $m > n$ liegt eine Polstelle in x_0 vor. Ist $m - n$ ungerade, so findet ein Vorzeichenwechsel an dieser Polstelle statt, wenn $m - n$ gerade ist, liegt eine Polstelle ohne Vorzeichenwechsel vor.

Beispiel

$$f(x) = \frac{x^2 + x - 2}{(x - 1)^2}; \quad x \neq 1$$

$$\Longleftrightarrow \quad f(x) = \frac{(x - 1)(x + 2)}{(x - 1)^2}$$

$$\Longleftrightarrow \quad f(x) = \frac{x + 2}{x - 1}.$$

Im Punkt $x_0 = 1$ liegt eine Polstelle mit Vorzeichenwechsel vor (Abb. 2.31).

Ist $m \leq n$, liegt keine Polstelle vor, sondern eine behebbare Lücke im Definitionsbereich. Im Zusammenhang mit dem Begriff der Stetigkeit von Funktionen kommen wir hierauf noch zurück.

In der Ökonomie spielen Wachstumsfunktionen eine große Rolle. Eine Funktion, die ein Wachstum beschreibt, das bei einem Wert f_0 beginnt und dann streng monoton steigend allmählich in eine Sättigung übergeht, wird als **logistische Funktion** bezeichnet:

$$f(x) = \frac{a}{1 + be^{-cx}}; \quad x \in \mathbb{R}^+$$

mit den positiven Parametern $a, b, c \in \mathbb{R}^+$.

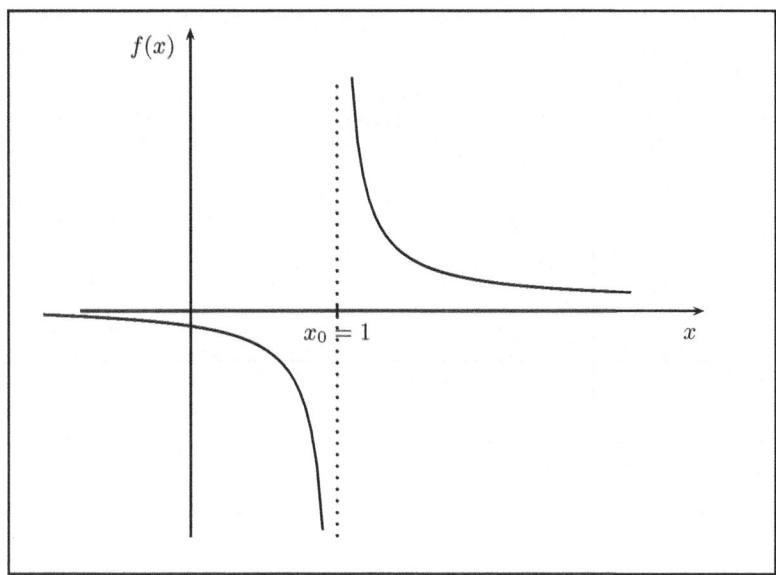

Abb. 2.31 Graph der Funktion $f(x) = (x + 2)/(x - 1)$ mit Polstelle in $x_0 = 1$

Das Verhalten dieser Funktion für $x \to 0$ und $x \to \infty$ lässt sich durch Anwendung der Grenzwertsätze folgendermaßen bestimmen (Abb. 2.32):

$$
\begin{aligned}
\lim_{x \to \infty} f(x) &= \lim_{x \to \infty} \frac{a}{1 + b \cdot e^{-cx}} \\
&= \frac{\lim_{x \to \infty} a}{\lim_{x \to \infty} (1 + b \cdot e^{-cx})} \\
&= \frac{a}{1 + b \cdot \lim_{x \to \infty} e^{-cx}} \\
&= \frac{a}{1} \\
&= a.
\end{aligned}
$$

Damit ist a der *Sättigungswert* der logistischen Funktion.
Das Verhalten bei $x = 0$ ist:

$$
\begin{aligned}
\lim_{x \to 0} f(x) &= \lim_{x \to 0} \frac{a}{1 + b \cdot e^{-cx}} \\
&= \frac{a}{1 + b \cdot e^{-c0}} \\
&= \frac{a}{1 + b} \\
&= f_0.
\end{aligned}
$$

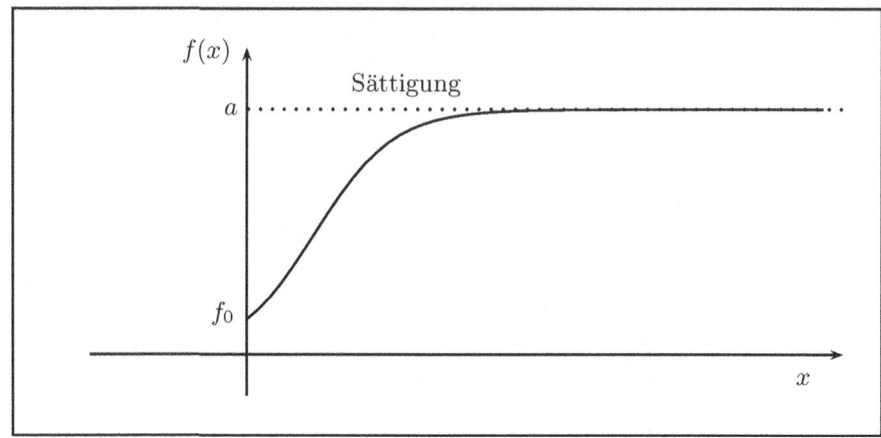

Abb. 2.32 Die logistische Funktion

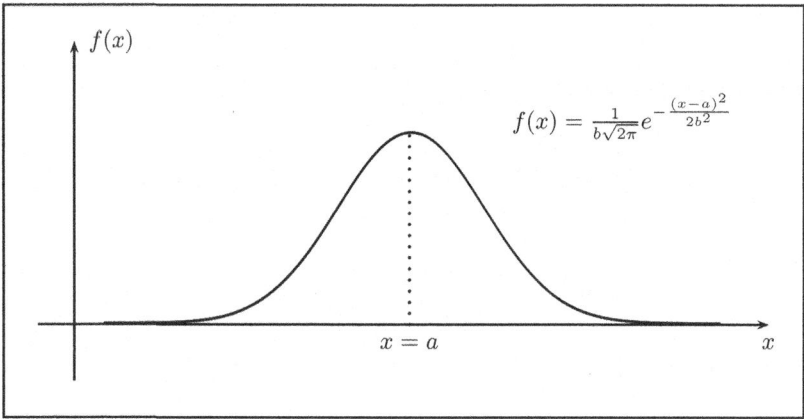

Abb. 2.33 Die Gauß-Verteilung

In der Statistik und Wahrscheinlichkeitsrechnung spielt die sogenannte *Gauß-Verteilung* eine herausragende Rolle. Diese Funktion ist explizit gegeben durch:

$$f(x) = \frac{1}{b\sqrt{2\pi}} \, e^{-\frac{(x-a)^2}{2b^2}}$$

mit zwei reellen Parametern a, b (siehe Abb. 2.33).
Für diese Funktion gilt:

$$\lim_{x \to \pm\infty} f(x) = \lim_{x \to \pm\infty} \frac{1}{b\sqrt{2\pi}} \, e^{-\frac{(x-a)^2}{2b^2}} = 0.$$

2.7   Stetigkeit von Funktionen

Unter der Stetigkeit einer Funktion versteht man anschaulich, dass sich der Funktionsgraph ohne abzusetzen ‚in einem Zug' durchfahren lässt. Ein Knick im Graph ist also erlaubt, ein Sprung dagegen nicht. Nach dieser anschaulichen Betrachtung sind die in Abb. 2.34 dargestellten Fälle zu unterscheiden.

Die beiden Funktionsgraphen a und b auf der linken Seite in Abb. 2.34 stellen stetige Funktionen dar. Die Graphen auf der rechten Seite c und d, können nicht ‚in einem Zug' durchfahren werden. Die Funktion 2.34c ist an der Stelle x_0 nicht stetig, da dort ein Sprung auftritt. Im Bild 2.34d kann von einer Stetigkeit an der Stelle x_0 nicht gesprochen werden, da die Funktion dort nicht definiert ist. Stetigkeit ist eine lokale Eigenschaft einer Funktion, d. h. die Eigenschaft der Stetigkeit setzt voraus, dass die Funktion definiert ist.

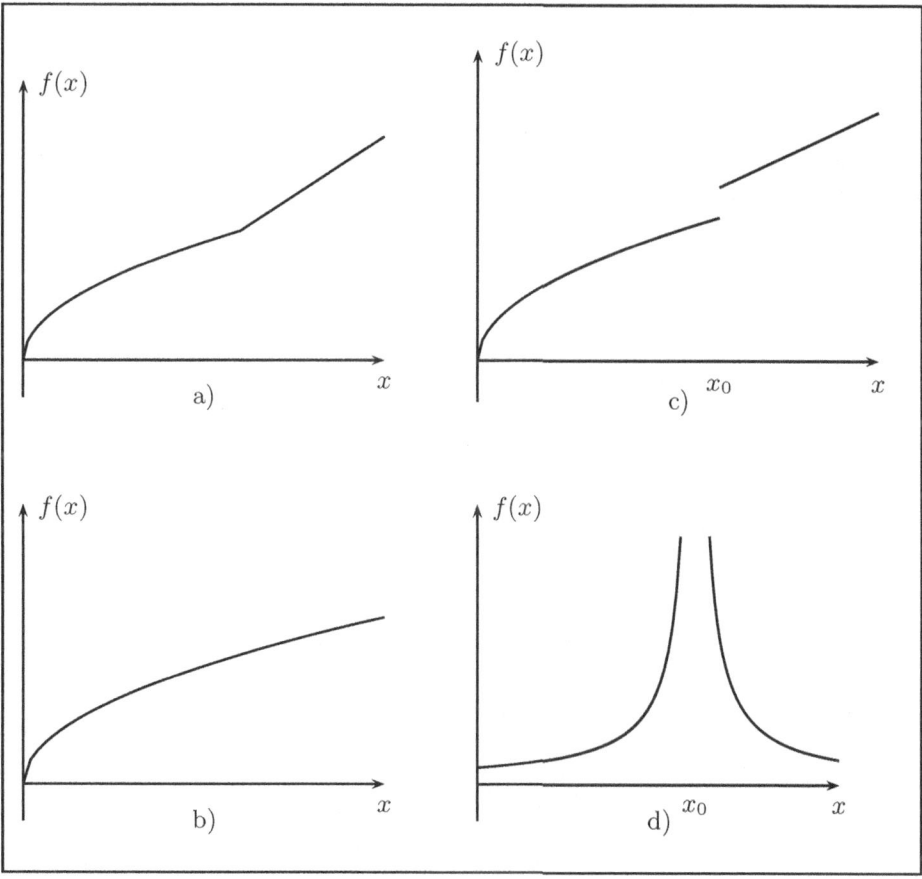

Abb. 2.34 Zum Begriff der Stetigkeit einer reellen Funktion

Die Funktion 2.34d ist zwar im ganzen Definitionsbereich stetig, hat aber eine Lücke im Definitionsbereich, die sich nicht so schließen lässt, dass die Funktion in x_0 stetig ist.

Mathematisch genauer formuliert:

▶ **Definition (Stetigkeit)** Eine Funktion $f(x)$ ist stetig an der Stelle x_0, wenn der Grenzwert an der Stelle x_0 existiert und mit dem Funktionswert in x_0 übereinstimmt.

$$\lim_{x \to x_0+0} f(x) = \lim_{x \to x_0-0} f(x) = f(x_0). \qquad (2.36)$$

Bei dieser Definition haben wir von der Definition der Existenz eines Grenzwertes aus Abschn. 2.6.2 Gebrauch gemacht.

Mit dieser Definition der Stetigkeit greifen wir die Beispiele aus Abb. 2.34 nochmals auf. Elementare Funktionen sind im Definitionsbereich stetig. Eine Funktion, die den Graphen 2.34b beschreibt, ist z. B.:

$$f(x) = \sqrt{x} \qquad x \in \mathbb{R}.$$

Für alle $x \in \mathbb{R}$ ist diese Funktion stetig. Eine Funktion, die durch den Graphen 2.34a beschrieben wird, kann als abschnittsweise definierte Funktion in folgender Weise dargestellt werden:

$$f(x) = \begin{cases} \sqrt{x} & \text{für} \quad x \le 1 \\ x & \text{für} \quad x > 1. \end{cases} \qquad (2.37)$$

Für die Funktion (2.37) gilt:

$$\lim_{x \to 1+0} f(x) = 1 \quad \lim_{x \to 1-0} f(x) = 1 \quad f(1) = 1.$$

Daher ist $f(x)$ in $x_0 = 1$ stetig.

Nicht stetig ist dagegen die Funktion rechts oben (Abb. 2.34c). Sie kann dargestellt werden durch:

$$f(x) = \begin{cases} \sqrt{x} & \text{für} \quad x \le 1 \\ x + 1 & \text{für} \quad x > 1. \end{cases} \qquad (2.38)$$

Für die Funktion (2.38) gilt:

$$\lim_{x \to 1+0} f(x) = 2 \quad \lim_{x \to 1-0} f(x) = 1 \quad f(1) = 1.$$

Somit ist sie in $x_0 = 1$ nicht stetig. Schließlich betrachten wir noch das letzte Beispiel aus Abb. 2.34d rechts unten. Eine Funktion folgender Form beschreibt den Kurvenverlauf:

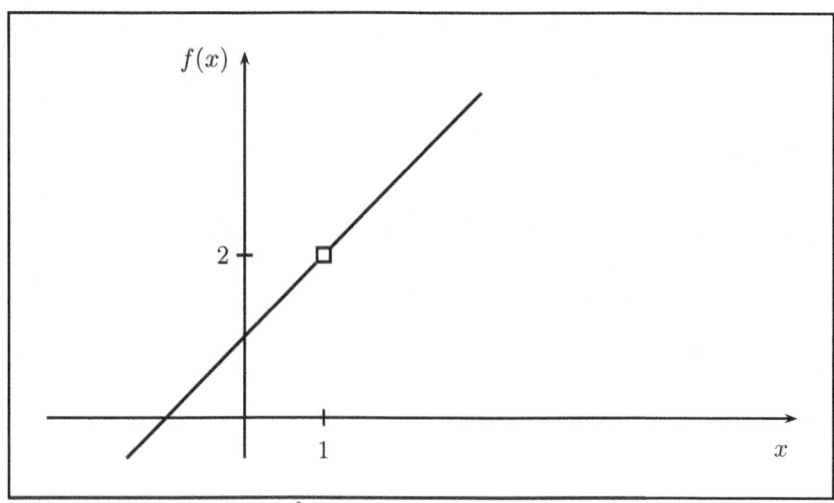

Abb. 2.35 Die Funktion $f(x) = \frac{x^2-1}{x-1}$ auf $\mathbb{R} \setminus \{1\}$

$$f(x) = \frac{1}{(x-1)^2}; \qquad x \in \mathbb{R} \setminus \{1\}. \tag{2.39}$$

Die Funktion (2.39) ist in $x_0 = 1$ nicht definiert. Die Funktionswerte gehen gegen ∞, wenn man sich der Stelle $x_0 = 1$ von rechts oder links nähert, $f(x = 1)$ ist nicht definiert.

Manchmal gibt es eine Lücke im Definitionsbereich, die behoben werden kann. Dazu betrachten wir die Funktion (Abb. 2.35)

$$f(x) = \frac{x^2 - 1}{x - 1}; \qquad x \in \mathbb{R} \setminus \{1\}.$$

Mit

$$\frac{x^2 - 1}{x - 1} = \frac{(x-1) \cdot (x+1)}{x - 1} = x + 1$$

können wir $f(x)$ schreiben als:

$$f(x) = x + 1 \, ; \, x \in \mathbb{R} \setminus \{1\}.$$

Für $f(x)$ gelten die Grenzwerte an der Stelle $x_0 = 1$:

$$\lim_{x \to 1+0} f(x) = \lim_{x \to 1-0} f(x) = 2.$$

Der Wert der Funktion an der Stelle $x_0 = 1, f(1)$, ist nicht definiert.

Eine zusätzliche Definition in der Form $f(1) = 1$ ist hier aber möglich. Damit kann die Lücke im Definitionsbereich so geschlossen werden, dass die Funktion stetig ist.

2.8   Übungen

Kurzlösungen zu den folgenden Übungen befinden sich im Anhang.

2.1 Bestimmen Sie den maximal möglichen Definitionsbereich der Funktionen

(a) $f(x) = \sqrt{x^2 - x - 2}$.

(b) $f(x) = \dfrac{1}{\ln(1 - x^2)}$.

2.2 Seien folgende Funktionen gegeben:

$$f : \mathbb{R} \longrightarrow \mathbb{R}, \quad f(x) = x^2 - 5,$$
$$g : \mathbb{R} \setminus \{-2, +2\} \longrightarrow \mathbb{R}, \quad g(x) = \frac{5x}{x^2 - 2}.$$

Bilden Sie die Verkettungen

$$f \circ f, \quad f \circ g \quad \text{und} \quad g \circ f.$$

Berechnen Sie $f(g(1))$ und $g(f(1))$.

2.3 Bestimmen Sie Amplitude, Kreisfrequenz und Phasenverschiebung sowie die Nullstellen der Funktion

$$f(x) = 2\sin(3\pi x - 1,5\pi).$$

2.4 Im Definitionsbereich $D_f = \{x \in \mathbb{R} \mid -1 \leq x \leq +2\}$ bestehe die Zuordnungsvorschrift $y = 2x - 1$. Welche Wertemenge ergibt sich?

2.5 Bestimmen Sie für die allgemeine quadratische Funktion

$$f(x) = ax^2 + bx + c$$

mit $a \neq 0$ den maximal zulässigen Definitions- und Wertebereich. Welche Beziehung muss zwischen den Parametern a, b, c bestehen, damit $W_f = \{y \mid y \geq 1\}$?

2.6 Zeichnen Sie die Graphen der folgenden abschnittsweise definierten Funktionen:

(a)

$$f(x) = \begin{cases} \frac{1}{2}x^2 - x & \text{für} \quad -3 \le x \le 0 \\ -\frac{1}{2}x^2 + x & \text{für} \quad 0 < x \le 3. \end{cases}$$

(b)

$$f(x) = \begin{cases} \frac{1}{x} & \text{für} \quad 1 \le x \le 2 \\ \frac{1}{2}\sqrt{x-1} & \text{für} \quad x > 2. \end{cases}$$

2.7 Ein jährliches prozentuales Wirtschaftswachstum bezogen auf das vorausgehende Jahr bedeutet exponentielles Wachstum. Bestimmen Sie k für die Funktion

$$f(x) = f(0) \cdot e^{kx},$$

wenn das Wachstum 2,5 % pro Jahr beträgt. In welchem Zeitraum verdoppelt sich das Wirtschaftsaufkommen?

2.8 Zeigen Sie durch Bestimmung der umgekehrten Zuordnung, dass die folgenden Funktionen eine umkehrbar eindeutige Abbildung von D_f auf W_f definieren:

(a) $f(x) = \frac{1}{2}x + 3$ mit $D_f = \{x \in \mathbb{R} \mid -10 \le x \le 10\}$.
(b) $f(x) = 4x^2 + 1$ mit $D_f = \{x \in \mathbb{R} \mid x \ge 0\}$.

Welchen Definitionsbereich hat jeweils die Umkehrfunktion? Wie erkennt man die umkehrbar eindeutige Zuordnung am Graphen der Funktion?

2.9 Welche der folgenden Funktionen sind nach oben, welche nach unten beschränkt? Welche sind beschränkt?

(a) $f(x) = 5 - \frac{1}{x}; \quad x > 0$.
(b) $f(x) = 7 + \frac{1}{x}; \quad x < 0$.
(c) $f(x) = 2^x; \quad -\infty < x < +\infty$.
(d) $f(x) = \dfrac{2x}{x+1}; \quad x \ge 0$.

2.10 Betrachten Sie die Funktion

$$f : [-4, +4] \longrightarrow [-3, 8]$$

mit

$$f(x) = \frac{1}{2}x + 4.$$

Untersuchen Sie, ob diese Funktion injektiv und surjektiv ist.

2.11 Untersuchen Sie folgende Funktionen auf Injektivität, Surjektivität und Bijektivität:

(a) $f : \mathbb{R} \longrightarrow \mathbb{R}; \quad x \longmapsto f(x) = x^2$
(b) $f : \mathbb{R} \longrightarrow \mathbb{R}^+; \quad x \longmapsto f(x) = x^2$
(c) $f : \mathbb{R}^+ \longrightarrow \mathbb{R}^+; \quad x \longmapsto f(x) = x^2$
(d) $k : \mathbb{R}^+ \setminus \{0\} \longrightarrow \{2,0; 2,2; 2,5; 2,75; 2,95\}$ mit:

$$k(x) = \begin{cases} 2,0 & \text{für} & 0 < x \le 5000 \\ 2,2 & \text{für} & 5001 < x \le 7500 \\ 2,5 & \text{für} & 7501 < x \le 10.000 \\ 2,75 & \text{für} & 10.001 < x \le 20.000 \\ 2,95 & \text{für} & 20.001 < x. \end{cases}$$

2.12 Gegeben ist die abschnittsweise definierte Funktion

$$f(x) = \begin{cases} a \cdot e^x & \text{für } x \ge 1, \quad a \in \mathbb{R} \\ 2x + 1 & \text{für } x < 1. \end{cases}$$

Bestimmen Sie die Konstante a so, dass die Funktion $f(x)$ stetig ist.

2.13 Ermitteln Sie Definitionsbereich und Nullstellen folgender Funktionen:

(a) $f(x) = 3e^{-x} - e^{2x}$.
(b) $f(x) = \frac{1}{2}(e^x + e^{-x})$.
(c) $f(x) = \frac{1}{2}(e^x - e^{-x})$.
(d) $f(x) = 3x^2 \cdot e^{-x^2} - 12e^{-x^2}$.
(e) $f(x) = 7 \cdot e^{\{\frac{x-1}{x+3}\}}$.

2.14 Ermitteln Sie Definitionsbereich, Nullstellen und Umkehrabbildungen folgender Funktionen:

(a) $f(x) = \ln \sqrt{x^2 + 1}$.
(b) $g(l) = \ln \frac{l}{2}$.
(c) $f(x) = \ln(x + 1) + \ln x$.
(d) $h(b) = \ln b + \ln \sqrt{b^2 - 1}$.

2.15 Zeigen Sie, dass die Funktion

$$f(x) = \frac{x}{e^x - 1} + \frac{x}{2}$$

eine gerade Funktion ist.

2.16 Bestimmen Sie die allgemeine Lösung der Gleichung

$$A \sin[b(x + c)] = d, \quad a, b, c, d \in \mathbb{R}$$

2.17 Bestimmen Sie die Parameter A, b, c, d einer Sinusfunktion

$$f(x) = A \cdot \sin[b(x + c)] + d,$$

die periodische Umsatzschwankungen über ein Jahr beschreibt. Der Umsatz schwankt zwischen 0 und dem Maximalwert U_{max}. Am 1. April ist der Umsatz $\frac{1}{2}U_{max}$ und steigt dann an. Die Variable x beschreibt die Monate, nehmen Sie an, dass alle Monate gleich lang sind.

2.18 Untersuchen Sie mit Hilfe des Quotientenkriteriums die beiden Reihen

(a) die harmonische Reihe $\sum_{n=1}^{\infty} \frac{1}{n}$,

(b) die Reihe $\sum_{n=1}^{\infty} \frac{1}{n^2}$

hinsichtlich der Konvergenz.

2.19 Bestimmen Sie jeweils den Konvergenzradius der folgenden Potenzreihen:

$$p_1(x) = \sum_{n=0}^{\infty} \frac{x^n}{10^n},$$

$$p_2(x) = \sum_{n=0}^{\infty} n^2 x^n,$$

$$p_3(x) = \sum_{n=0}^{\infty} \frac{n!}{(2n)!} x^n,$$

$$p_4(x) = \sum_{n=0}^{\infty} \frac{n!}{n^n} \cdot x^n.$$

2.20 Untersuchen Sie, ob die folgenden Grenzwerte existieren und bestimmen Sie diese gegebenenfalls:

(a) $\lim_{x \to -\infty} \dfrac{5x^2 + 7x - 1}{-3x^3 + 5x^2 + 25}$

(b) $\lim_{x \to 0} \dfrac{\frac{2}{x} + \frac{8}{x^2}}{4 + \frac{25}{x^2} + \frac{9}{x^3}}$

(c) $\lim_{x \to 0} \dfrac{\frac{2}{x^2} + \frac{5}{x}}{\frac{5}{x}}$

(d) $\lim_{x \to 3} \dfrac{3x - 9}{\mid 12 - 4x \mid}$

2.21 Gegeben sei die lineare Kostenfunktion

$$K(x) = K_F + c \cdot x.$$

Bestimmen Sie die Fixkosten K_F und die Konstante c, wenn für 100 Stück Herstellkosten von 2 000 € anfallen und für 300 Stück Kosten von 4 000 €.

2.22 Die logistische Funktion

$$f(t) = \frac{32}{1 + 4 \cdot e^{-t/2}}$$

beschreibt einen Sättigungsvorgang.

(a) Berechnen Sie das Sättigungsniveau.
(b) Bestimmen Sie die Zeitpunkte, bei denen 50 %, 70 % und 90 % des Sättigungsniveaus erreicht sind. Hängen diese von der Höhe der Sättigung ab?

2.23 Bestimmen Sie die zur monoton fallenden Nachfragefunktion

$$x_N(p) = x_0 - cp$$

gehörende Umkehrfunktion $p(x_N)$. Ist diese Funktion auch monoton fallend?

2.24 Bestimmen Sie das Marktgleichgewicht für die Nachfragefunktion

$$x_N(p) = x_0 - cp; \quad x_0, c > 0$$

und die Angebotsfunktion

$$x_A(p) = a_0 + bp^2; \quad a_0, b > 0.$$

Unter welcher Bedingung stellt sich ein Marktgleichgewicht ein?

2.25 Bestimmen Sie alle Lösungen der nachfolgenden Gleichungen mit den vorgegebenen Lösungen.

$x^3 + 6x^2 + 11x + 6 = 0, \quad x_1 = -1.$
$x^4 + 5x^3 - 19x^2 - 65x + 150 = 0, \quad x_1 = 2, x_2 = -5.$

2.26 Bestimmen Sie die folgende Grenzwerte.

(a) $\lim_{x \to 1} \dfrac{x^2 - 1}{x - 1}$,

(b) $\lim_{x \to -1/2} \dfrac{4x^2 - 1}{2x + 1}$,

(c) $\lim_{x \to 1} \dfrac{1 - x}{1 - \sqrt{x}}$,

Differentialrechnung

3

Lernziele (Dieses Kapitel vermittelt)

- wie die Ableitung einer Funktion definiert ist
- unter welchen Bedingungen die Ableitung definiert ist
- die Anwendung der Differentialrechnung im Rahmen der Kurvendiskussion
- die Bestimmung von Nullstellen einer Funktion mit dem Newton-Verfahren
- die Anwendung der Differentialrechnung bei ökonomischen Fragestellungen
- die Approximation von Funktionen durch Taylor-Reihen

3.1 Der Ableitungsbegriff

Motivation

Oftmals ist nicht nur der Funktionswert an einer Stelle x_0 von Interesse, sondern auch die Änderung des Funktionsverlaufs in einer Umgebung des Punktes x_0.

In der Abb. 3.1 ist der Gewinnverlauf über die Zeit für zwei Unternehmen U_1 und U_2 skizziert. Das Unternehmen U_1 weist zum heutigen Zeitpunkt t_0 einen höheren Gewinn auf als das Unternehmen U_2. Dennoch erkennt man an Hand des Kurvenverlaufs, dass der Gewinn des zweiten Unternehmens wächst und der Gewinn des ersten Unternehmens zurückgeht.

Elektronisches Zusatzmaterial Die elektronische Version dieses Kapitels enthält Zusatzmaterial, das berechtigten Benutzern zur Verfügung steht. https://doi.org/10.1007/978-3-662-63681-7_3

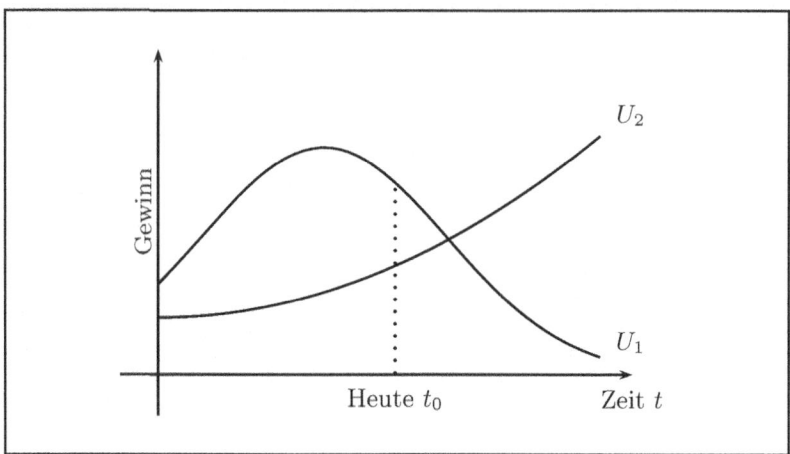

Abb. 3.1 In welchem Unternehmen würde man eine langfristige Beschäftigung anstreben?

Veränderungen werden durch die Steigung einer Kurve in einem bestimmten Punkt x_0 beschrieben.

Steigung einer Geraden
Betrachten wir zunächst die Steigung einer Geraden. Die allgemeine Form einer Geraden-gleichung lautet:

$$y = f(x) = mx + b$$

mit der Steigung m und dem Achsenabschnitt b. Die Steigung der Geraden ist dabei das Verhältnis der Änderung in y-Richtung zu der Änderung in x-Richtung. In der Abb. 3.2 ist dies veranschaulicht.

Für die Steigung der Geraden gilt dabei:

$$m = \tan \alpha = \frac{m}{1} = \frac{y_1 - y_0}{x_1 - x_0} = \frac{f(x_1) - f(x_0)}{x_1 - x_0} = \frac{\Delta y}{\Delta x}.$$

Mit

$$x_1 = x_0 + \Delta x$$

lässt sich die Steigung einer Geraden folgendermaßen formulieren:

$$m = \frac{f(x_0 + \Delta x) - f(x_0)}{x_0 + \Delta x - x_0} = \frac{f(x_0 + \Delta x) - f(x_0)}{\Delta x}. \tag{3.1}$$

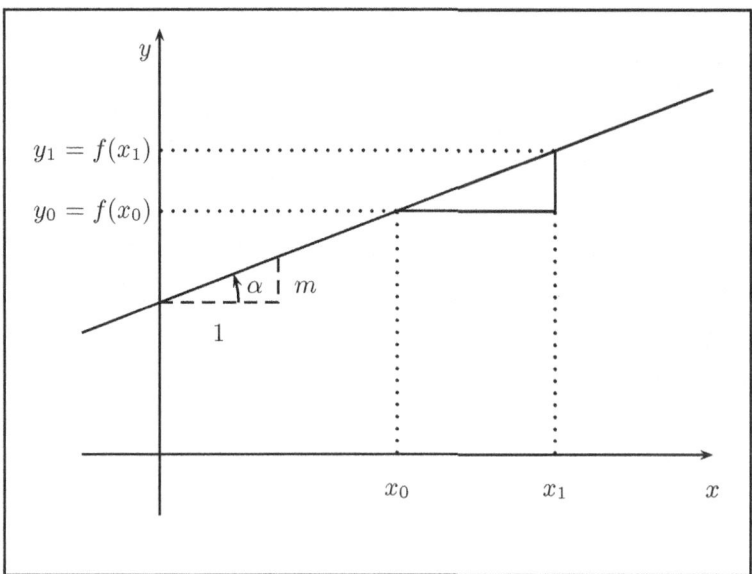

Abb. 3.2 Die Steigung einer Geraden

Man nennt den Quotienten $\frac{f(x_0 + \Delta x) - f(x_0)}{\Delta x}$ für positive oder negative Werte von Δx **Differenzenquotienten** von $f(x)$ in der Umgebung von x_0.

Die Steigung einer beliebigen Funktion $f(x)$ im Punkt x_0 lässt sich mit folgender Definition auf eine Geradensteigung zurückzuführen.

▶ **Definition (Steigung einer Funktion)** Die Steigung einer Funktion $f(x)$ im Punkt x_0 ist die Steigung der Tangente an $f(x)$ im Punkt x_0.

Die Frage ist natürlich, wie man die Tangente in einem Punkt rechnerisch festlegen kann. Hierzu machen wir von dem Grenzwertbegriff Gebrauch.

Wir gehen von einer *Sekante* aus, die die Funktion $f(x)$ in zwei Punkten schneidet, $P_0 = (x_0, f(x_0))$ und $P_1 = (x_0 + \Delta x, f(x_0 + \Delta x))$ (siehe Abb. 3.3). Wie aus obigen Überlegungen folgt, ist die Steigung der Sekante:

$$m_s = \frac{f(x_0 + \Delta x) - f(x_0)}{\Delta x}.$$

Als Tangente verstehen wir den Grenzübergang, wenn $x_1 \to x_0$ gilt, was gleichbedeutend mit $\Delta x \to 0$ ist.

Daher formulieren wir die Steigung der Tangente als Grenzwert der Sekantensteigung:

$$m_t(x_0) = \lim_{\Delta x \to 0} m_s = \lim_{\Delta x \to 0} \frac{f(x_0 + \Delta x) - f(x_0)}{\Delta x} = \lim_{\Delta x \to 0} \frac{\Delta f}{\Delta x}.$$

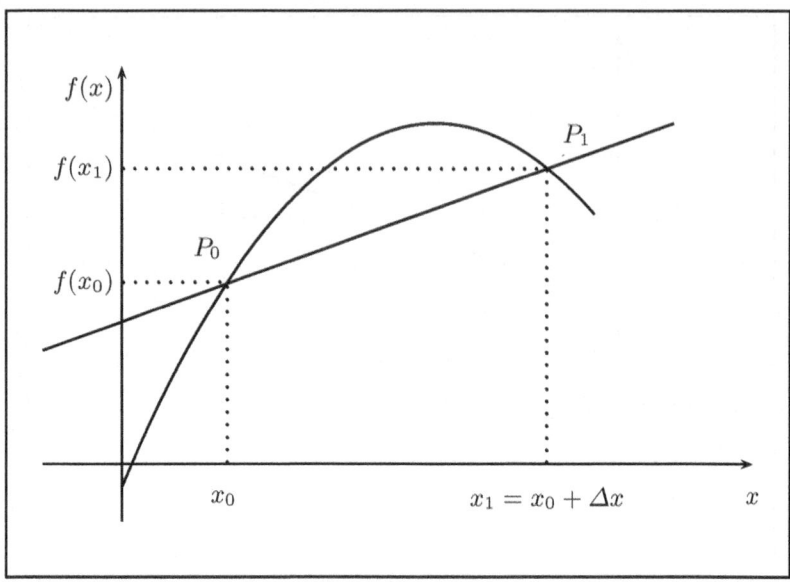

Abb. 3.3 Zur Steigung einer Funktion an einer Stelle x_0

$m_t(x_0)$ ist die Steigung der Funktion $f(x)$ im Punkt x_0. Sie wird auch mit $f'(x_0)$ bezeichnet. Es haben sich zwei Schreibweisen für die Steigung einer Funktion in einem Punkt eingebürgert.

▶ **Definition (Ableitung einer Funktion)** Die Ableitung einer Funktion $f(x)$ an der Stelle $x_0 \in D_f$ ist definiert als:

$$m_t(x_0) = f'(x_o) = \lim_{\Delta x \to 0} \frac{f(x_0 + \Delta x) - f(x_0)}{\Delta x} \tag{3.2}$$

und

$$f'(x_0) = \frac{\mathrm{d} f(x)}{\mathrm{d} x}\bigg|_{x = x_0}. \tag{3.3}$$

Lies: '$\mathrm{d}f$ nach $\mathrm{d}x$ für $x = x_0$'.

Die Ableitung einer Funktion $f(x)$ ist also selbst wieder eine Funktion von x. Auf diese Weise wird jedem Wert des Definitionsbereichs ein Steigungswert zugeordnet und es entsteht die **Ableitungsfunktion**

$$f'(x) = \frac{d\, f(x)}{d\, x}$$

von $f(x)$.[1] Statt Ableitungsfunktion sagt man auch **Differentialquotient**. Damit ist angedeutet, dass die Ableitung der Grenzwert eines Quotienten ist, nämlich des **Differenzenquotienten**. Auf die Frage der Existenz dieser Ableitungsfunktion gehen wir in Abschn. 3.4 ein.[2]

3.2 Ableitungen elementarer Funktionen

In diesem Abschnitt untersuchen wir die Ableitungen für einige elementare Funktionen mit der Definition aus Abschn. 3.1.

1. Die Ableitung der quadratischen Funktion:

$$f(x) = x^2.$$

Mit Gl. 3.2 ergibt sich:

$$
\begin{aligned}
f'(x) &= \lim_{\Delta x \to 0} \frac{f(x + \Delta x) - f(x)}{\Delta x} \\
&= \lim_{\Delta x \to 0} \frac{(x + \Delta x)^2 - x^2}{\Delta x} \\
&= \lim_{\Delta x \to 0} \frac{x^2 + 2x\,\Delta x + (\Delta x)^2 - x^2}{\Delta x} \\
&= \lim_{\Delta x \to 0} \frac{\Delta x \cdot (2x + \Delta x)}{\Delta x} \\
&= \lim_{\Delta x \to 0} 2x + \Delta x = 2x.
\end{aligned}
$$

---

[1]In der mathematischen Literatur werden verschiedene Notationen für die Ableitung einer Funktion verwendet. Die Bezeichnung $\dfrac{df(x)}{dx}$ geht auf Leibniz zurück, die Notation $f'(x)$ wurde von Joseph Louis Lagrange 1797 eingeführt. Siehe dazu Maor (2015), S. 95 ff. Die ursprünglich von Newton eingeführte Schreibweise $\dot{y}$ für die Ableitung wird gelegentlich in der Physik für die Bezeichnung der Zeitableitung verwendet.

[2]Die grundlegenden Konzepte der Differential- und Integralrechnung wurden unabhängig voneinander von Isaac Newton (1643–1727) in Cambridge, England und Gottfried Wilhelm Leibniz (1646–1716) entwickelt. Newtons Schwerpunkt lag dabei in der Untersuchung von Weg-Zeit-Gesetzen – hierbei ist die Geschwindigkeit die Ableitung einer Weg-Zeit-Funktion nach der Zeit – während Leibniz an eher formalen Aspekten interessiert war.

Von Beginn an herrschte ein Prioritätsstreit zwischen Newton und Leibniz. Newton entwickelte das Differentialkalkül bereits 1669, publizierte seine Arbeiten jedoch erst im Jahre 1711, eine vollständige Ausarbeitung erschien erst 1736. Leibniz dagegen erarbeitete das Differentialkalkül im Jahre 1676 und verbreitete seine Werke auf dem Kontinent sehr rasch. Da Newtons Arbeiten jedoch informell unter den Mathematikern von Anfang an Verbreitung fand, wurde Leibniz von englischer Seite Plagiatismus vorgeworfen. Ausführliche Diskussionen dieses klassischen Prioritätsstreits in der Mathematikgeschichte findet man in Alten et al. (2014), Dunham (1990), Hall (2002), Maor (2015) oder Stillwell (2002).

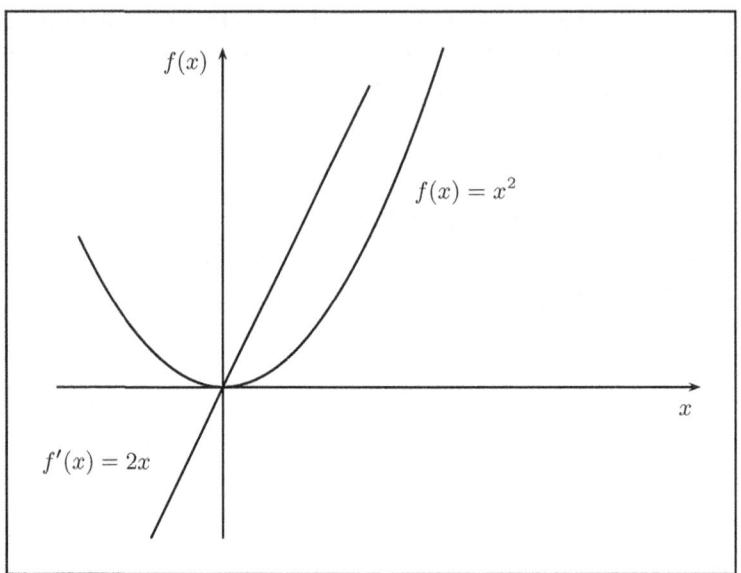

Abb. 3.4 Die Funktion $f(x) = x^2$ mit ihrer Ableitungsfunktion $f'(x) = 2x$

Die Steigung einer Parabel ist daher keine Konstante, sondern hängt von der betrachteten Stelle x ab. Dies ist in Abb. 3.4 nochmals illustriert. Die als Differentialquotient definierte Ableitung stellt also wiederum eine Funktion von x dar.

2. Die Ableitung der Hyperbelfunktion:

$$f(x) = \frac{1}{x}.$$

Aus Gl. (3.2) ergibt sich:

$$
\begin{aligned}
f'(x) &= \lim_{\Delta x \to 0} \frac{f(x + \Delta x) - f(x)}{\Delta x} \\[2ex]
&= \lim_{\Delta x \to 0} \frac{\dfrac{1}{x + \Delta x} - \dfrac{1}{x}}{\Delta x} \\[2ex]
&= \lim_{\Delta x \to 0} \frac{\dfrac{x - (x + \Delta x)}{x(x + \Delta x)}}{\Delta x} \\[2ex]
&= \lim_{\Delta x \to 0} \frac{1}{\Delta x} \cdot \frac{-\Delta x}{x(x + \Delta x)} \\[2ex]
&= \lim_{\Delta x \to 0} \frac{-1}{x^2 + x \cdot \Delta x} \\[2ex]
&= -\frac{1}{x^2}.
\end{aligned}
$$

3. Die Ableitung der Exponentialfunktion:

$$f(x) = e^x.$$

Mit der Gl. (3.2) ergibt sich:

$$f'(x) = \lim_{\Delta x \to 0} \frac{f(x + \Delta x) - f(x)}{\Delta x}$$

$$= \lim_{\Delta x \to 0} \frac{e^{x + \Delta x} - e^x}{\Delta x}$$

$$= \lim_{\Delta x \to 0} e^x \cdot \frac{e^{\Delta x} - 1}{\Delta x}.$$

Wir setzen nun:

$$e^{\Delta x} = h + 1 \iff \Delta x = \ln(h + 1).$$

Mit $\Delta x \to 0$ folgt $e^{\Delta x} \to 1$. Demnach ersetzen wir $\Delta x \to 0$ im Grenzwert durch $h \to 0$. Damit folgt:

$$f'(x) = \lim_{h \to 0} e^x \cdot \frac{h}{\ln(1 + h)}$$

$$= \lim_{h \to 0} e^x \cdot \frac{1}{\ln(1 + h)^{1/h}}$$

$$= e^x \lim_{h \to 0} \frac{1}{\ln(1 + h)^{1/h}}$$

$$= e^x \frac{1}{\ln(\lim_{h \to 0}(1 + h)^{1/h})}$$

$$= e^x \frac{1}{\ln(e)}$$

$$= e^x.$$

Dabei haben wir Gebrauch gemacht von der Regel (2.33):

$$\lim_{x \to x_0} f\big(g(x)\big) = f\Big(\lim_{x \to x_0} g(x)\Big).$$

Daher folgt:[3]

---

[3] Siehe auch Maor (2015), Chap. 10.

$$f(x) = e^x; \qquad f'(x) = e^x. \tag{3.4}$$

Das Ergebnis (3.4) ist: *Die Ableitung der Exponentialfunktion ist gleich der Exponentialfunktion.* Das bedeutet, dass die Änderung – oder der Zuwachs – ebenfalls exponentiell ansteigt.

Mit ähnlichen Überlegungen kann man zeigen:

$$f(x) = \ln x; \quad (x > 0); \qquad f'(x) = \frac{1}{x}. \tag{3.5}$$

4. Die Ableitung der Potenzfunktion
   Für die Ableitung der Potenzfunktion ergibt sich:

$$f(x) = x^n; \qquad f'(x) = n \cdot x^{n-1}. \tag{3.6}$$

Aus der Gl. (3.2) folgt dies durch (vgl. auch (Gl. (1.19)):

$$\frac{df(x)}{dx} = \lim_{\Delta x \to 0} \frac{f(x + \Delta x) - f(x)}{\Delta x}$$

$$= \lim_{\Delta x \to 0} \frac{(x + \Delta x)^n - x^n}{\Delta x}$$

$$= \lim_{\Delta x \to 0} \frac{\sum_{k=0}^{n} \binom{n}{k} x^{n-k} (\Delta x)^k - x^n}{\Delta x}$$

$$= \lim_{\Delta x \to 0} \frac{1}{\Delta x} \left(x^n + \sum_{k=1}^{n} \binom{n}{k} x^{n-k} (\Delta x)^k - x^n \right)$$

$$= \lim_{\Delta x \to 0} \frac{1}{\Delta x} \left(\sum_{k=1}^{n} \binom{n}{k} x^{n-k} (\Delta x)^k \right)$$

$$= \lim_{\Delta x \to 0} \frac{1}{\Delta x} \left(n\, x^{n-1} (\Delta x)^1 + \sum_{k=2}^{n} \binom{n}{k} x^{n-k} (\Delta x)^k \right)$$

$$= \lim_{\Delta x \to 0} \left(n\, x^{n-1} + \sum_{k=2}^{n} \binom{n}{k} x^{n-k} (\Delta x)^{k-1} \right)$$

$$= n\, x^{n-1} + \lim_{\Delta x \to 0} \sum_{k=2}^{n} \binom{n}{k} x^{n-k} (\Delta x)^{k-1}$$

$$= n\, x^{n-1}.$$

Bei der Herleitung haben wir $n \in \mathbb{N}$ vorausgesetzt. Das Ergebnis lässt sich aber auf einen größeren Gültigkeitsbereich von n erweitern, was hier ohne Beweis angegeben sei:

$$n \in \mathbb{N} \quad \text{und } x \in \mathbb{R}$$

$$n \in \mathbb{Z} \quad \text{und } x \in \mathbb{R} \setminus \{0\}$$

$$n \in \mathbb{R} \quad \text{und } x \in \mathbb{R}^+.$$

3.3 Ableitungsregeln

In diesem Kapitel werden **Ableitungsregeln** zusammengefasst, die aus der Definition der Ableitung folgen. Diese Regeln ermöglichen es, die Ableitung von Summen, Produkten, Quotienten oder Verkettungen von Funktionen zu berechnen, wenn die Ableitung jedes Faktors bekannt ist.

1. **Konstante Faktoren und Summanden**
   Ein konstanter Faktor bleibt bei der Ableitung erhalten, ein konstanter Summand entfällt:

$$g(x) = cf(x) + d; \qquad c, d \in \mathbb{R}.$$

Dann gilt:

$$\boxed{g'(x) = cf'(x).} \tag{3.7}$$

2. **Summen von Funktionen**
   Eine Summe von Funktionen kann summandenweise abgeleitet werden. Für

$$f(x) = u(x) + v(x)$$

ergibt sich

$$f'(x) = u'(x) + v'(x). \tag{3.8}$$

Beweis

$$f'(x) = \lim_{\Delta x \to 0} \frac{f(x + \Delta x) - f(x)}{\Delta x}$$

$$= \lim_{\Delta x \to 0} \frac{u(x + \Delta x) + v(x + \Delta x) - u(x) - v(x)}{\Delta x}$$

$$= \lim_{\Delta x \to 0} \frac{u(x + \Delta x) - u(x) + (v(x + \Delta x) - v(x))}{\Delta x}$$

$$= \lim_{\Delta x \to 0} \frac{u(x + \Delta x) - u(x)}{\Delta x} + \lim_{\Delta x \to 0} \frac{v(x + \Delta x) - v(x)}{\Delta x}$$

$$= u'(x) + v'(x).$$

3. **Produktregel:**

Für das Produkt zweier Funktionen:

$$f(x) = u(x) \cdot v(x)$$

gilt folgende Regel:

$$\boxed{f'(x) = u'(x) \cdot v(x) + u(x) \cdot v'(x).}\tag{3.9}$$

Beweis

$$\frac{df(x)}{dx} = \lim_{\Delta x \to 0} \frac{f(x + \Delta x) - f(x)}{\Delta x}$$

$$= \lim_{\Delta x \to 0} \frac{u(x + \Delta x) \cdot v(x + \Delta x) - u(x) \cdot v(x)}{\Delta x}$$

$$= \lim_{\Delta x \to 0} \frac{1}{\Delta x}\left[u(x + \Delta x) \cdot v(x + \Delta x) - v(x + \Delta x) \cdot u(x) \right.$$

$$\left. + v(x + \Delta x) \cdot u(x) - u(x) \cdot v(x) \right]$$

$$= \lim_{\Delta x \to 0} \frac{v(x + \Delta x) \cdot [u(x + \Delta x) - u(x)] + u(x) \cdot [v(x + \Delta x) - v(x)]}{\Delta x}$$

$$= \lim_{\Delta x \to 0} \left[v(x + \Delta x) \cdot \frac{u(x + \Delta x) - u(x)}{\Delta x} + u(x) \frac{v(x + \Delta x) - v(x)}{\Delta x} \right]$$

$$= \lim_{\Delta x \to 0} \left[v(x + \Delta x) \cdot \frac{u(x + \Delta x) - u(x)}{\Delta x} \right]$$

$$+ \lim_{\Delta x \to 0} \left[u(x) \frac{v(x + \Delta x) - v(x)}{\Delta x} \right]$$

$$= \lim_{\Delta x \to 0} \left[v(x + \Delta x) \right] \cdot \lim_{\Delta x \to 0} \left[\frac{u(x + \Delta x) - u(x)}{\Delta x} \right]$$

$$+ u(x) \cdot \lim_{\Delta x \to 0} \left[\frac{v(x + \Delta x) - v(x)}{\Delta x} \right]$$

$$= v(x) \cdot \frac{du(x)}{dx} + u(x) \frac{dv(x)}{dx}.$$

Aus der Regel (3.9) folgt insbesondere die Ableitung des Quadrates einer Funktion:

$$\frac{df(x)^2}{dx} = 2f(x) \cdot f'(x).$$

4. **Quotientenregel:**
Für den Quotienten zweier Funktionen

$$f(x) = \frac{u(x)}{v(x)}; \quad v(x) \neq 0$$

gilt die Regel:

$$f'(x) = \frac{u'(x) \cdot v(x) - u(x) \cdot v'(x)}{[v(x)]^2.} \tag{3.10}$$

Beweis

$$\frac{df(x)}{dx} = \lim_{\Delta x \to 0} \frac{f(x + \Delta x) - f(x)}{\Delta x}$$

$$= \lim_{\Delta x \to 0} \frac{1}{\Delta x} \cdot \left\{ \frac{u(x + \Delta x)}{v(x + \Delta x)} - \frac{u(x)}{v(x)} \right\}$$

$$= \lim_{\Delta x \to 0} \frac{v(x) \cdot u(x + \Delta x) - u(x) \cdot v(x + \Delta x)}{v(x) \cdot v(x + \Delta x) \cdot \Delta x}$$

$$= \lim_{\Delta x \to 0} \frac{v(x) \cdot \dfrac{u(x + \Delta x)}{\Delta x} - u(x) \cdot \dfrac{v(x + \Delta x)}{\Delta x}}{v(x) \cdot v(x + \Delta x)}$$

$$= \lim_{\Delta x \to 0} \frac{v(x) \cdot \left(\dfrac{u(x + \Delta x)}{\Delta x} - \dfrac{u(x)}{\Delta x} \right) - u(x) \cdot \left(\dfrac{v(x + \Delta x)}{\Delta x} - \dfrac{v(x)}{\Delta x} \right)}{v(x) \cdot v(x + \Delta x)}$$

$$= \frac{v(x) \cdot \dfrac{du(x)}{dx} - u(x) \dfrac{dv(x)}{dx}}{v^2(x)}.$$

5. **Kettenregel:**

Für die Verkettung zweier Funktionen

$$f(x) = f(g(x)); \quad \text{mit } g = g(x)$$

gilt:

$$f'(x) = f'(g) \cdot g'(x), \tag{3.11}$$

oder als Differentialquotient:

$$\frac{d}{dx} f(g(x)) = \frac{df(g(x))}{dg} \cdot \frac{dg(x)}{dx}. \tag{3.12}$$

Beispiel Betrachte die Funktion:

$$f(x) = (3x + 1)^2.$$

Wir setzen

$$g(x) = 3x + 1$$

und

$$f(g(x)) = \Big[g(x)\Big]^2.$$

Dann ist nach obiger Kettenregel Gl. (3.12):

$$f'(x) = 2 \cdot g(x) \cdot 3 = 2 \cdot (3x + 1) \cdot 3 = 18x + 6.$$

Mit Hilfe der Kettenregel können wir auch folgende Ableitungen herleiten:

$$f(x) = a^x; a \in \mathbb{R}, a > 0.$$

Dann ist

$$\frac{df(x)}{dx} = \ln a \cdot a^x. \tag{3.13}$$

Beweis Wir substituieren:

$$a^x = (e^{\ln a})^x = e^{x \ln a}.$$

$$\frac{df(x)}{dx} = \frac{d}{dx} a^x$$

$$= \frac{d}{dx} (e^{\ln a})^x$$

$$= \frac{d}{dx} (e^{x \cdot \ln a}).$$

Setzen wir

$$g(x) = x \cdot \ln a,$$

dann ist

$$\frac{df(x)}{dx} = \frac{d}{dg} e^g \cdot \frac{dg(x)}{dx}$$

$$= e^g \cdot \frac{d(x \ln a)}{dx}$$

$$= e^g \cdot \ln a$$

$$= e^{x \cdot \ln a} \cdot \ln a$$

$$= a^x \cdot \ln a.$$

Die Ableitung der Logarithmusfunktion

$$f(x) = \log_a x; \quad a \in \mathbb{R}, a > 0$$

ist:

$$\boxed{\frac{df(x)}{dx} = \frac{1}{\ln a} \cdot \frac{1}{x}.}$$

(3.14)

Beweis Wir substituieren

$$\log_a x = \frac{\ln x}{\ln a}.$$

Damit ist:

Tab. 3.1 Tabelle der Ableitungen einiger elementarer Funktionen

$f(x)$	$f'(x)$
$ax + b$	a
$\frac{1}{x}$	$-\frac{1}{x^2}$
$\sqrt{x}$	$\frac{1}{2\sqrt{x}}$
x^n	nx^{n-1}
e^x	e^x
$\ln x$	$\frac{1}{x}$
a^x	$\ln a \cdot a^x$
$\log_a x$	$\frac{1}{\ln a} \cdot \frac{1}{x}$
$\sin x$	$\cos x$
$\cos x$	$-\sin x$

$$\frac{d}{dx} \log_a x = \frac{d}{dx} \frac{\ln x}{\ln a}$$

$$= \frac{1}{\ln a} \frac{d \ln x}{dx} = \frac{1}{\ln a} \frac{1}{x}.$$

Wir fassen der Übersichtlichkeit halber die hergeleiteten Ableitungsfunktionen in der Tab. 3.1 zusammen.

3.4 Differenzierbarkeit

Wir haben bisher stets vorausgesetzt, dass der Limes

$$\lim_{\Delta x \to 0} \frac{f(x + \Delta x) - f(x)}{\Delta x}$$

existiert, also dass links- und rechtsseitige Grenzwerte übereinstimmen.

Um diesen Aspekt genauer zu untersuchen, betrachten wir die Betragsfunktion

$$f(x) = |x| = \begin{cases} x & \text{für} \quad x \geq 0 \\ -x & \text{für} \quad x < 0. \end{cases}$$

Den Grenzwert

$$\lim_{\Delta x \to 0} \frac{f(x_0 + \Delta x) - f(x_0)}{\Delta x}$$

untersuchen wir für $x_0 = 0$ genauer.

Der rechtsseitige Grenzwert ist:

$$\lim_{\Delta x \to 0+0} \frac{f(0 + \Delta x) - f(0)}{\Delta x} = \lim_{\Delta x \to 0+0} \frac{0 + \Delta x - 0}{\Delta x} = 1.$$

Der linksseitige Grenzwert ist:

$$\lim_{\Delta x \to 0-0} \frac{f(0 + \Delta x) - f(0)}{\Delta x} = \lim_{\Delta x \to 0-0} \frac{0 - \Delta x - 0}{\Delta x} = -1.$$

Da links- und rechtsseitiger Grenzwert nicht übereinstimmen, existiert der Grenzwert nicht. Wie aus der Abb. 3.5 zu erkennen ist, hat der Graph der Betragsfunktion an der Stelle $x_0 = 0$ einen Knick. Ein derartiger Knick stellt eine *nicht differenzierbare Stelle* dar.

Bemerkung
Die Betragsfunktion $f(x) = |x|$ ist an der Stelle $x_0 = 0$ stetig.

Diese Aussage beweisen wir durch Anwendung des Stetigkeitskriteriums Gl. (2.36):

$$\lim_{x \to 0+0} f(x) = \lim_{x \to 0+0} |x| = \lim_{x \to 0+0} x = 0.$$
$$\lim_{x \to 0-0} f(x) = \lim_{x \to 0-0} |x| = \lim_{x \to 0-0} -x = 0 = f(0).$$

Eine Funktion, die in einem Punkt x_0 stetig ist, ist in diesem Punkt also nicht zwingend auch differenzierbar. Wenn allerdings eine Funktion in einem Punkt nicht stetig ist, so kann sie in dem Punkt auch nicht differenzierbar sein.

Wir betrachten folgendes Beispiel (Abb. 3.6):

$$f(x) = \begin{cases} 2x & \text{für} \quad x \le 1 \\ 2x - 1 & \text{für} \quad x > 1. \end{cases} \tag{3.15}$$

Auf den ersten Blick sieht diese Funktion differenzierbar an der Stelle $x_0 = 1$ aus, da die Steigung den Wert 2 hat, wenn man sich von links oder rechts der Stelle $x_0 = 1$ nähert.

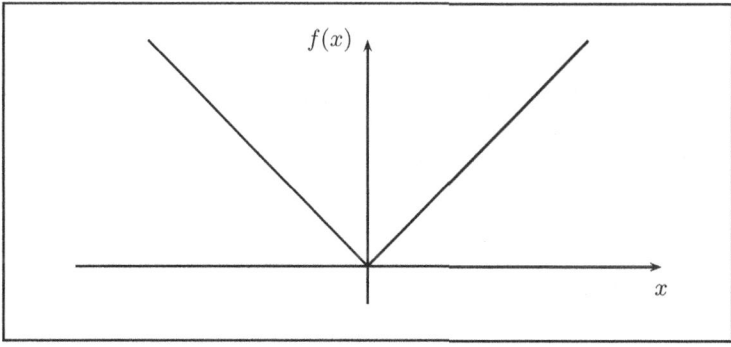

Abb. 3.5 Der Graph der Betragsfunktion $f(x) = |x|$

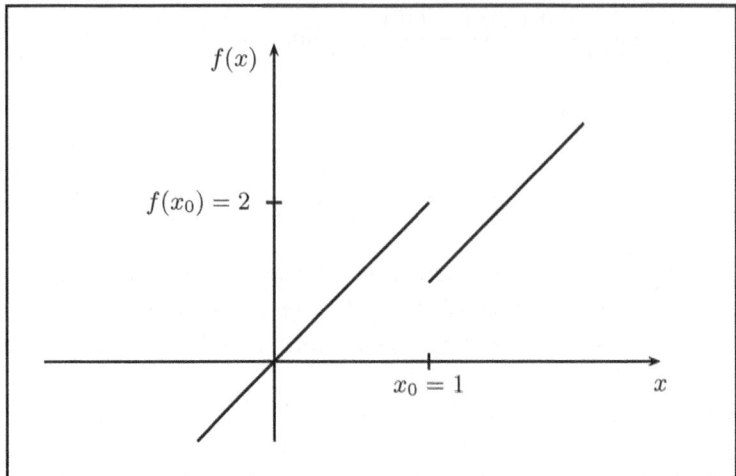

Abb. 3.6 Der Graph der Funktion (3.15)

Wie folgende Betrachtungen zeigen, täuscht diese Vermutung jedoch:

- Linksseitiger Grenzwert $(x < 1)$, also mit $x_0 = 1$ und $\Delta x < 0$:

$$
\lim_{\Delta x \to 0} \frac{f(x_0 + \Delta x) - f(x_0)}{\Delta x} = \lim_{\Delta x \to 0} \frac{2(x_0 + \Delta x) - 2x_0}{\Delta x}
$$

$$
= \lim_{\Delta x \to 0} \frac{2x_0 + 2\Delta x - 2x_0}{\Delta x}
$$

$$
= \lim_{\Delta x \to 0} 2
$$

$$
= 2.
$$

- Rechtsseitiger Grenzwert $(x > 1)$, also mit $x_0 = 1$ und $\Delta x > 0$:

$$
\lim_{\Delta x \to 0} \frac{f(x_0 + \Delta x) - f(x_0)}{\Delta x} = \lim_{\Delta x \to 0} \frac{2(x_0 + \Delta x) - 1 - 2x_0}{\Delta x}
$$

$$
= \lim_{\Delta x \to 0} \frac{2\Delta x - 1}{\Delta x}
$$

$$
= \lim_{\Delta x \to 0} \left(2 - \frac{1}{\Delta x}\right)
$$

$$
= -\infty.
$$

Somit ist die Funktion 3.15 nicht differenzierbar, denn links- und rechtsseitiger Grenzwert stimmen nicht überein.

Die Betrachtungen aus diesen beiden Beispielen lassen sich zu der folgenden Aussage verallgemeinern:

Stetigkeit ist eine *notwendige* Bedingung für Differenzierbarkeit, Stetigkeit ist nicht *hinreichend* für Differenzierbarkeit.

Oder anders ausgedrückt: Eine Funktion, die in einem Punkt x_0 nicht stetig ist, ist in diesem Punkt auch nicht differenzierbar. Eine in x_0 stetige Funktion muss in diesem Punkt nicht unbedingt auch differenzierbar sein. Umgekehrt kann aber gefolgert werden: Ist eine Funktion in x_0 differenzierbar, dann muss sie dort auch stetig sein.

3.5 Höhere Ableitungen, Extremwerte und Wendepunkte

Die Funktion $f'(x)$ wird die 1. Ableitung der Funktion $f(x)$ genannt. Da $f'(x)$ wieder eine Funktion von x ist, können höhere Ableitungen gebildet werden:

$$f'(x) = \frac{df(x)}{dx}$$

$$f''(x) = \frac{d^2 f(x)}{dx^2}$$

$$f'''(x) = \frac{d^3 f(x)}{dx^3}$$

$$\vdots \qquad \vdots$$

$$f^{(n)}(x) = \frac{d^n f(x)}{dx^n}.$$

Wie wir gesehen haben, charakterisiert die erste Ableitung die Steigung einer Funktion $f(x)$. Die 2. Ableitung beschreibt das Änderungsverhalten der Steigung (also die Steigung der Steigung). Im Graph einer Funktion kann dies als Krümmungsverhalten interpretiert werden.

Wir betrachten den Graphen einer Funktion $f(x)$, deren Ableitung $f'(x)$ und die zweite Ableitung $f''(x)$, vgl. Abb. 3.7. Aus dem Steigungs- und Krümmungsverhalten können lokale Extrema und Wendepunkte bestimmt werden.

Lokale Extrema
Schauen wir zunächst auf die Stelle $x = x_M$. Die Funktion $f(x)$ hat an dieser Stelle ein **lokales Maximum**. Die notwendige Bedingung hierfür ist, dass $f'(x_M) = 0$ ist. Wie aus dem Graphen von $f'(x)$ erkennbar ist, hat $f'(x)$ einen Vorzeichenwechsel von $+$ nach $-$ im Fall eines Maximums. Dies ist die hinreichende Bedingung für die Existenz eines Maximums. Für ein **lokales Minimum** gilt entsprechend: Die notwendige Bedingung ist $f'(x) = 0$, die hinreichende Bedingung ist ein Vorzeichenwechsel von $-$ nach $+$ bei der Ableitungsfunktion $f'(x)$.

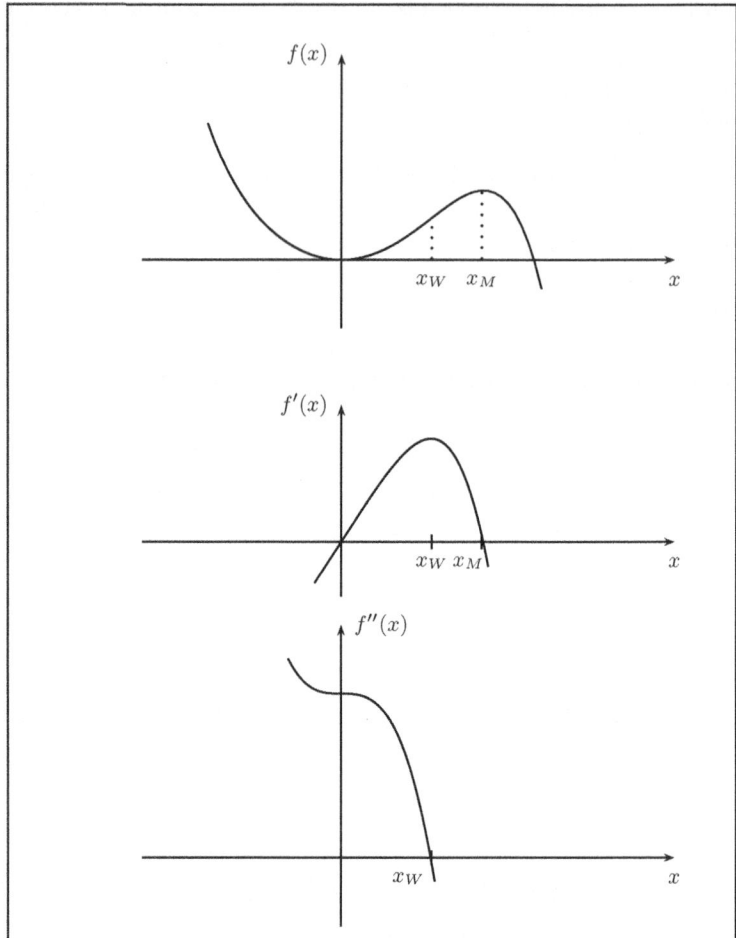

Abb. 3.7 Zur Bestimmung von Extremwerten und Wendepunkten

Anmerkung:
In vielen Fällen hilft eine Betrachtung der zweiten Ableitung $f''(x)$. Die Forderung der hinreichenden Bedingung für ein lokales Extremum ist $f''(x) \neq 0$. Für $f''(x) < 0$ ergibt sich ein lokales Maximum und für $f''(x) > 0$ ein lokales Minimum. Dies trifft jedoch nicht immer zu, wie das Beispiel $f(x) = x^6$ zeigt. Offensichtlich ist in $x_0 = 0$ ein lokales Minimum, aber die zweite Ableitung $f''(x) = 30x^4$ hat in diesem Punkt den Wert 0. Daher ist es in Zweifelsfällen ratsam, den Vorzeichenwechsel in der ersten Ableitung $f'(x)$ zu betrachten.

Neben den lokalen Extrema werden häufig **globale Extrema** gesucht. Für das **globale Minimum** vergleicht man das kleinste lokale Minimum mit den Randwerten des Intervalls, auf dem die Funktion definiert ist und wählt hier das Minimum. Analog verfährt man bei der Suche nach dem **globalen Maximum**.

Wendepunkte

Wenden wir uns nun der Stelle $x = x_W$ in Abb. 3.7 zu.

Die Steigung $f'(x)$ hat in x_W ein lokales Maximum. Der Graph der Funktion $f(x)$ hat in diesem Punkt $x = x_W$ einen **Wendepunkt**. Die zweite Ableitung $f''(x)$ ist in x_W offensichtlich 0. Dies ist die notwendige Bedingung für einen Wendepunkt mit der hinreichenden Bedingung des Vorzeichenwechsels von $f''(x)$. Die zweite Ableitung $f''(x)$ charakterisiert das *Krümmungsverhalten* von $f(x)$. Im Wendepunkt findet der Übergang von einer positiven Krümmung (oder Linkskurve) in eine negative Krümmung (oder Rechtskurve) statt (bzw. umgekehrt). Gebiete positiver Krümmung werden auch als *konvex von oben* bezeichnet, Gebiete mit negativer Krümmung werden *konkav von oben* genannt.[4]

Zur Diskussion von globalen Extremwerten und Wendepunkten greifen wir das Beispiel aus Abschn. 2.2.12 für die ertragsgesetzliche Produktionsfunktion auf.

Gegeben sei die ertragsgesetzliche Produktionsfunktion

$$x(r) = -r^3 + 7r^2 + 12r$$

mit dem Definitionsbereich $0 \leq r \leq 7$. Wir bilden zunächst die Ableitungen

$$\frac{dx}{dr} = -3r^2 + 14r + 12$$

$$\text{und} \quad \frac{d^2x}{dr^2} = -6r + 14.$$

Die notwendige Bedingung für die Existenz lokaler Extrema lautet:

$$\frac{dx}{dr} \stackrel{!}{=} 0 \quad \Longleftrightarrow \quad -3r^2 + 14r + 12 = 0$$

mit den beiden Lösungen

$$r_{1,2} = \frac{-14 \pm \sqrt{196 + 144}}{-6} = \frac{-7 \pm \sqrt{85}}{-3},$$

also:

$$r_1 \approx 5,4, \quad r_2 \approx -0,74, r_2 < 0.$$

---

[4]Siehe dazu auch Spivak (2008), Chap. 11.

Wegen

$$\left.\frac{d^2x}{dr^2}\right|_{r=r_1} < 0$$

liegt in r_1 ein lokales Maximum vor mit

$$x(r_1) = 111,46.$$

Zur Bestimmung des globalen Maximums haben wir nun noch die Randwerte des Definitionsbereichs zu betrachten:

$$x(0) = 0 \quad \text{und} \quad x(7) = 84.$$

Somit ist der Punkt (5, 4 | 111, 46) globales Maximum der Funktion im Bereich [0, 7]. Zur Bestimmung des Wendepunkts setzen wir:

$$\frac{d^2x}{dr^2} \stackrel{!}{=} 0 \quad \Longleftrightarrow \quad -6r + 14 = 0 \text{ also } r = \frac{7}{3}.$$

Die zweite Ableitung $\frac{d^2x}{dr^2}$ hat dort einen Vorzeichenwechsel, somit liegt dort tatsächlich ein Wendepunkt vor.

3.6   Anwendungen der Differentialrechnung

In diesem Abschnitt werden Anwendungen der Differentialrechnung vorgestellt. Hierzu gehören die Taylor-Reihen, die Grenzwertbestimmung mit der Regel von de L'Hospital, das Newton-Verfahren zur Berechnung von Nullstellen, die Kurvendiskussion sowie einige betriebswirtschaftliche Betrachtungen.

3.6.1   Regel von de L'Hospital

Die Ableitungsfunktion kann dazu verwendet werden, Grenzwerte unbestimmter Ausdrücke (z. B. der Form $\frac{0}{0}$) zu bestimmen.

Regel von de L'Hospital:

Seien $f(x)$, $g(x)$ stetige Funktionen mit $f(x_0) = g(x_0) = 0$. Dann gilt:

$$\lim_{x \to x_0} \frac{f(x)}{g(x)} = \lim_{x \to x_0} \frac{f'(x)}{g'(x)} = \frac{f'(x_0)}{g'(x_0)}.$$

Beweis

$$\lim_{x \to x_0} \frac{f(x)}{g(x)} = \lim_{\Delta x \to 0} \frac{f(x_0 + \Delta x)}{g(x_0 + \Delta x)}$$

wegen $f(x_0) = g(x_0) = 0$

$$= \lim_{\Delta x \to 0} \frac{f(x_0 + \Delta x) - f(x_0)}{g(x_0 + \Delta x) - g(x_0)}$$

$$= \lim_{\Delta x \to 0} \frac{f(x_0 + \Delta x) - f(x_0)}{g(x_0 + \Delta x) - g(x_0)} \cdot \frac{\Delta x}{\Delta x}$$

$$= \lim_{\Delta x \to 0} \frac{\frac{f(x_0 + \Delta x) - f(x_0)}{\Delta x}}{\frac{g(x_0 + \Delta x) - g(x_0)}{\Delta x}}$$

$$= \frac{f'(x_0)}{g'(x_0)}.$$

Beispiele

1. Zunächst verifizieren wir die Regel von de L'Hospital an Hand eines Beispiels, bei dem der Grenzwert auch durch elementare Umformungen bestimmt werden kann. Sei

$$u(x) = \frac{x^2}{2x},$$

das Verhalten dieser Funktion im Grenzfall $x \to 0$ hat die Form:

$$\lim_{x \to 0} u(x) = \lim_{x \to 0} \frac{x^2}{2x} = \frac{0}{0}.$$

Durch einfaches Kürzen erhält man:

$$\lim_{x \to 0} \frac{x}{2} = 0.$$

Gemäß de L'Hospital ergibt sich:

$$\lim_{x \to 0} u(x) = \lim_{x \to 0} \frac{2x}{2} = 0.$$

2. In dem folgenden Beispiel lässt sich der Grenzwert nicht mehr durch Umformen bestimmen. Mit der Regel von de L'Hospital erhalten wir für:

$$\lim_{x \to 0} \frac{e^x - 1}{x} = \lim_{x \to 0} \frac{e^x}{1}$$

$$= e^0$$

$$= 1.$$

3. Sei

$$f(x) = \frac{\ln x}{2(x-1)^2},$$

betrachtet man hier die Stelle $x_0 = 1$, so ergibt sich der unbestimmte Ausdruck:

$$\lim_{x \to 1} f(x) = \lim_{x \to 1} \frac{\ln x}{2(x-1)^2} = \frac{0}{0}.$$

Die Anwendung der Regel von de L'Hospital ergibt:

$$\lim_{x \to 1} f(x) = \lim_{x \to 1} \frac{\frac{1}{x}}{4(x-1)}$$

$$= \lim_{x \to 1} \frac{1}{4x(x-1)}$$

$$= \infty.$$

Die Regel von de L'Hospital lässt sich auf andere Fälle erweitern, insbesondere auf Grenzwerte für $x \to \pm\infty$ und unbestimmte Ausdrücke der Form $\frac{\infty}{\infty}$ (vgl. dazu Erwe (1962) S. 161 ff.).

Anmerkung:
Die Anwendung der Regel von de L'Hospital ist an bestimmte Voraussetzungen gebunden. Sind diese Voraussetzungen nicht erfüllt, so führt die Anwendung der Regel von de L'Hospital auf falsche Ergebnisse, wie folgendes Beispiel zeigt:
Sei

$$f(x) = \frac{e^x - 2}{x},$$

dann gilt:

$$\lim_{x \to 0} \frac{e^x - 2}{x} = -\infty,$$

da im Zähler eine Konstante steht und der Nenner gegen Null geht. Wenden wir hier **unzulässigerweise** die Regel von de L'Hospital an,

$$\lim_{x \to 0} \frac{e^x - 2}{x} = \frac{\lim\limits_{x \to 0} e^x}{\lim_{x \to 0} 1} = 1,$$

so erhalten wir ein falsches Ergebnis!

3.6.2 Nullstellenbestimmung mit dem Newton-Verfahren

Eine weitere Anwendung der Differentialrechnung ergibt sich bei der Nullstellenbestimmung von Funktionen. Eine sehr häufig auftretende Problemstellung ist:

Gegeben sei eine Funktion $y = f(x)$ mit $x \in D_f$. Gesucht sind diejenigen $x_i \in D_f$ mit $f(x_i) = 0$.

In der Abb. 3.8 ist der Graph der Funktion $f(x) = 0.5x^5 + 1.3x^4 + x^3 + x^2 - 0.1$. dargestellt. Die Nullstellen dieser Funktion sind die x_i, an denen der Graph die x-Achse schneidet.

Die Bestimmung der Nullstellen ist ohne Probleme möglich, wenn die Funktion linear oder quadratisch ist. Vgl. dazu die Abschn. 2.2.1 und 2.2.2.

Bei anderen Funktionen wird die Berechnung der Nullstellen schwierig. Für Polynome höherer Ordnung wendet man die Faktorzerlegung an. Dies ist allerdings nur dann hilfreich, wenn mindestens eine Nullstelle leicht zu finden ist.

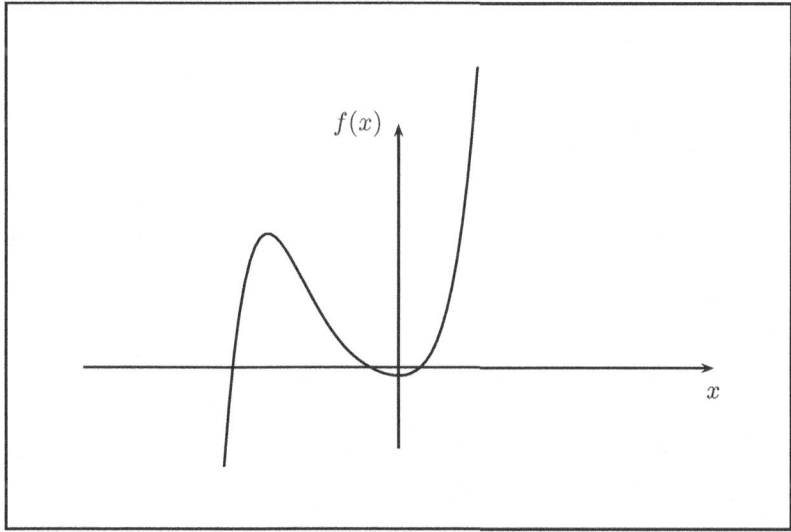

Abb. 3.8 Der Graph der Funktion $f(x) = 0.5x^5 + 1.3x^4 + x^3 + x^2 - 0.1$

Beispiel Betrachte die Polynomfunktion dritten Grades:

$$f(x) = x^3 + x^2 - 6x + 4.$$

Gesucht sind die x_i mit $f(x_i) = 0$. Zu lösen ist daher die Gleichung:

$$x^3 + x^2 - 6x + 4 = 0.$$

Durch Probieren findet man eine erste Nullstelle $x = 1$. Damit setzt man

$$f(x) = (x - 1) \cdot g(x)$$

oder

$$g(x) = \frac{f(x)}{x - 1}.$$

Nun muss das Polynom $x^3 + x^2 - 6x + 4$ durch das Polynom $x - 1$ geteilt werden. Es folgt:

$$(x^3 + x^2 - 6x + 4) \; : \; (x - 1) = x^2 + 2 \cdot x - 4 = g(x),$$

denn:

$$
\begin{array}{l}
(x^3 + x^2 - 6x + 4) \; : \; (x - 1) \; = \; x^2 + 2x - 4 \\
\underline{- (x^3 - x^2)} \\
\qquad 2x^2 - 6x \\
\qquad \underline{- (2x^2 - 2x)} \\
\qquad\qquad -4x + 4 \\
\qquad\qquad \underline{- (-4x + 4)} \\
\qquad\qquad\qquad 0.
\end{array}
$$

Damit ist das Problem der Nullstellenbestimmung auf die Bestimmung der Nullstellen einer Parabel reduziert. Die quadratische Gleichung

$$x^2 + 2x - 4 = 0$$

führt auf die Lösungen:

$$x_{1/2} = \frac{-2 \pm \sqrt{4 + 4 \cdot 4}}{2} = -1 \pm \sqrt{5}.$$

Diese Methode zur Bestimmung von Nullstellen versagt, wenn eine erste Nullstelle nicht durch Probieren gefunden werden kann oder wenn es um Gleichungen wie:

$$x - \sin x = 0$$

geht. Hier ist – mit Ausnahme der Stelle $x_0 = 0$ – keine geschlossene Lösung (d. h. eine Formel für die Nullstellen) angebbar. Daher ist man in solchen Fällen darauf angewiesen, **Näherungsverfahren** anzuwenden. Näherungsmethoden arbeiten in der Regel **iterativ**. Man beginnt mit einer Startlösung als Näherung für die gesuchte Nullstelle und verbessert diese Lösung dann schrittweise. Ein Verfahren, auf das wir hier nicht eingehen, ist die *regula falsi* (vgl. Courant 1971a).

Wir wollen das **Newton-Verfahren** betrachten, das ausser dem Funktionswert an der angenäherten Stelle auch die Steigung mit einbezieht. Dies geschieht folgendermaßen: x_1 sei die 1. Näherung für die gesuchte Nullstelle. Die Tangente durch den Punkt $P_1 = (x_1, f(x_1))$ wird mit der x-Achse geschnitten. Dieser Schnittpunkt liefert die 2. Näherung für die gesuchte Nullstelle. Erneut wird die Tangente an f in $P_2 = (x_2, f(x_2))$ mit der x-Achse geschnitten und man erhält so die nächste Näherung für die Nullstelle. Dieses Vorgehen lässt sich weiter wiederholen und man nähert sich der Nullstelle **iterativ** an. Daher stellt das Newton-Verfahren zur Bestimmung von Nullstellen ein **iteratives Näherungsverfahren** dar.

Die Quantifizierung dieser Überlegungen sieht folgendermaßen aus (Abb. 3.9):

Gegeben sind eine Funktion $y = f(x)$ und ein Anfangswert x_1. Gesucht ist die Tangente im Punkt P_1. Diese Tangente nennen wir t_1. Offensichtlich ist t_1 gegeben durch eine allgemeine Geradengleichung der Form:

$$t_1(x) = mx + b.$$

Es müssen nun die beiden Unbekannten m und b bestimmt werden. Dies geschieht über die folgenden beiden Bedingungen:

1. t_1 hat die gleiche Steigung wie die Funktion $f(x)$ an der Stelle x_1. Diese bedeutet:

$$m = f'(x_1).$$

Daraus folgt:

$$t_1(x) = f'(x_1)x + b.$$

2. Die Tangente $t_1(x)$ schneidet die Kurve $f(x)$ im Punkt x_1. Diese Bedingung impliziert:

$$t_1(x_1) = f(x_1)$$

oder

$$f(x_1) = f'(x_1)x_1 + b$$

bzw.

$$b = f(x_1) - x_1 \cdot f'(x_1).$$

Damit ist die Gleichung der Geraden:

$$t_1(x) = f'(x_1)x + f(x_1) - x_1 f'(x_1).$$

Gesucht ist nun die Stelle x_2. Dies ist der Punkt, an dem die Tangente t_1 die x-Achse schneidet:

$$t_1(x_2) = 0.$$

Setzen wir in diese Bedingung die oben abgeleitete Gleichung der Tangente ein, folgt:

$$f'(x_1)x_2 + f(x_1) - x_1 f'(x_1) = 0.$$

Löst man diese Gleichung nach x_2 auf, folgt (Abb. 3.9):

$$x_2 = x_1 - \frac{f(x_1)}{f'(x_1)}. \tag{3.16}$$

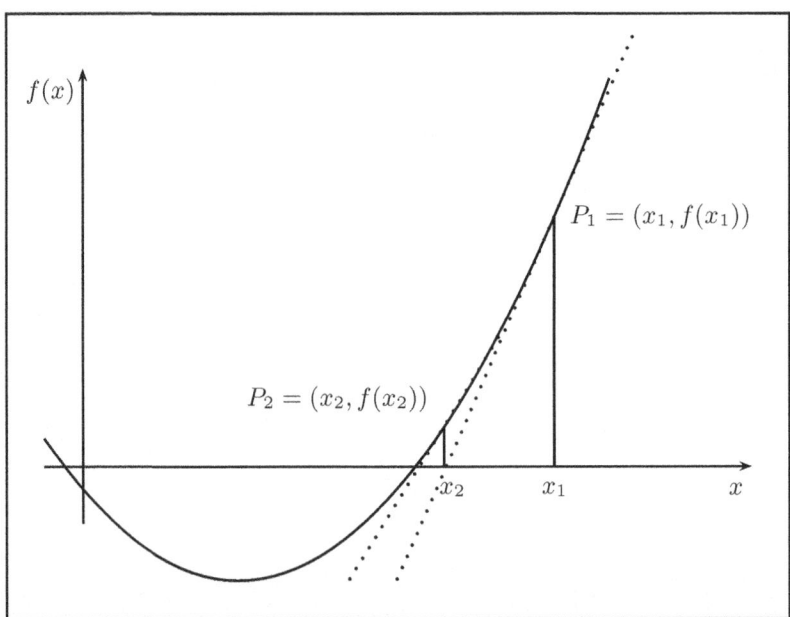

Abb. 3.9 Zur Konstruktion des Newton-Verfahrens

Nun ersetzt man x_1 durch x_2, P_1 durch P_2 und ermittelt völlig analog die nächste Näherung zu:

$$x_3 = x_2 - \frac{f(x_2)}{f'(x_2)}.$$

Allgemein gilt:

Die $k+1$-te Näherung für eine Nullstelle der Funktion $f(x)$ ergibt sich iterativ aus der k-ten Näherung

$$x_{k+1} = x_k - \frac{f(x_k)}{f'(x_k)}. \tag{3.17}$$

Beispiele Wir demonstrieren zunächst das Newton-Verfahren anhand eines Beispiels, bei dem wir die Nullstelle bereits kennen. Wir betrachten die Funktion:

$$f(x) = e^x - 1.$$

Diese Funktion hat in $x = 0$ eine Nullstelle.

Nun wenden wir das Newton-Verfahren an und beginnen in 1. Näherung in $x_1 = 1$. Dann ist:
Die 2. Näherung:

$$x_2 = x_1 - \frac{f(x_1)}{f'(x_1)}$$

$$= 1 - \frac{e^1 - 1}{e^1}$$

$$= 1 - 1 + \frac{1}{e}$$

$$= e^{-1}$$

$$\approx 0,3678.$$

Die 3. Näherung:

$$x_3 = x_2 - \frac{f(x_2)}{f'(x_2)}$$

$$= e^{-1} - \frac{e^{e^{-1}} - 1}{e^{e^{-1}}}$$

$$= e^{-1} - 1 + \frac{1}{e^{e^{-1}}} \approx 0,06.$$

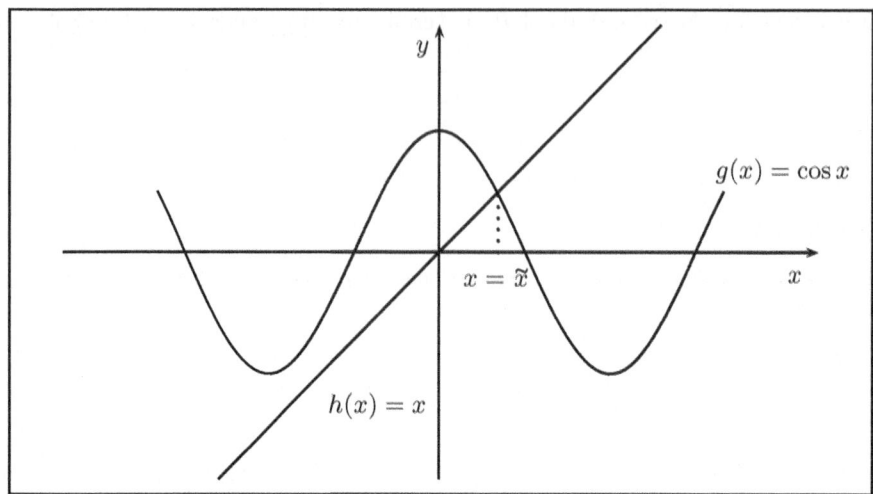

Abb. 3.10 Graphen der Funktionen $h(x)=x$ und $g(x)=\cos(x)$. Hier wird deutlich, dass die beiden Funktionen genau einen Schnittpunkt haben

Als zweites Beispiel – hier ist die Nullstelle nicht ohne weiteres zu sehen – betrachten wir die Funktion

$$f(x) = x - \cos(x).$$

In der Abb. 3.10 sind die Graphen der beiden Funktionen $h(x)=x$ und $g(x)=\cos x$ in einem Koordinatensystem dargestellt. Diese Darstellung zeigt, dass diese beiden Funktionen genau einen Schnittpunkt an der Stelle $x = \tilde{x}$ haben. Daher hat die Funktion $f(x) = h(x) - g(x) = x - \cos x$ genau eine Nullstelle.

Die Ableitung dieser Funktion ist:

$$f'(x) = 1 + \sin(x)$$

Aufgabe ist es, mit Hilfe des Newton-Verfahrens die Nullstelle zu finden. Wenden wir das Newton-Verfahren an und beginnen in 1. Näherung in $x_1 = 1$. Dann ist:

$$x_2 = x_1 - \frac{f(x_1)}{f'(x_1)}$$

$$= 1 - \frac{x - \cos(x)}{1 + \sin(x)}\,|_{x_1=1}$$

$$= 1 - \frac{1 - \cos(1)}{1 + \sin(1)}$$

$$\approx 0,75036.$$

Die zweite Näherung ergibt sich mit etwas Taschenrechnerhilfe zu:

$$x_3 = x_2 - \frac{f(x_2)}{f'(x_2)}$$

$$= 0,75036 - \frac{0,75036 - \cos(0,75036)}{0,75036 + \sin(0,75036)}$$

$$\approx 0,7391.$$

Das Newton-Verfahren liefert in Abhängigkeit vom Startwert x_1 (erste Näherung) nur eine Nullstelle der Funktion. Um weitere Nullstellen aufzufinden, muss ein anderer Startwert gewählt werden.

Beispiel Wir betrachten die Funktion:

$$f(x) = h(x) - g(x) = x - 3\cos\frac{3x}{2}.$$

Wie die Abb. 3.11 zeigt, haben diese beiden Funktionen drei Schnittstellen, daher hat die Funktion $f(x) = h(x) - g(x)$ drei Nullstellen $\widetilde{x_1}$, $\widetilde{x_2}$ und $\widetilde{x_3}$. In diesem Beispiel hängt der Näherungswert für eine der drei Nullstellen sehr empfindlich vom Startwert ab. Liegt der Startwert beispielsweise bei $x_0 = 3$, führt das Newton-Verfahren auf die Lösung

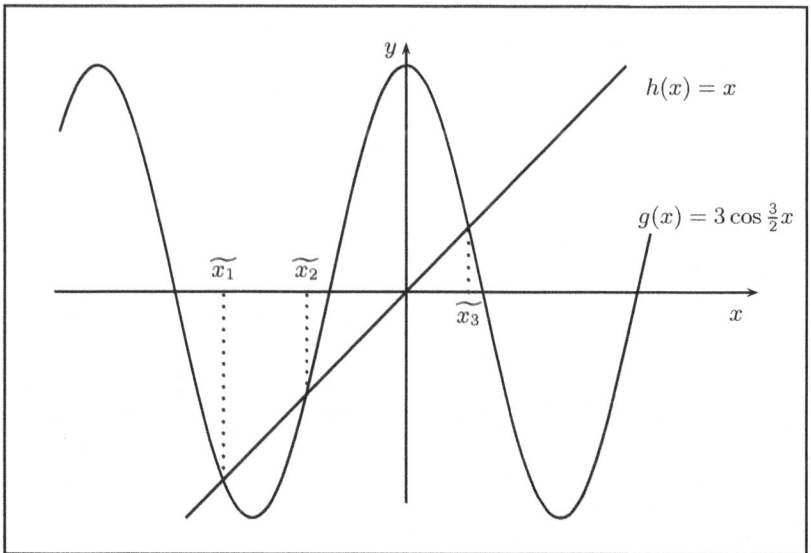

Abb. 3.11 Graphen der beiden Funktionen $h(x) = x$ und $g(x) = 3\cos 3x/2$ mit den drei Schnittstellen $\widetilde{x_1} \approx -2,489$, $\widetilde{x_2} \approx -1,36$ und $\widetilde{x_3} \approx 0,854$

$\tilde{x}_2 \approx -1,36$. Dieses Beispiel zeigt, dass das Newton-Verfahren nicht unbedingt die dem Startwert am nächsten liegende Lösung liefert.

Abbruchkriterium für das Newton-Verfahren
Wie jedes Näherungsverfahren muss das Newton-Verfahren in einer geeigneten Form abgebrochen werden. Hierzu bieten sich folgende Möglichkeiten:

- Eine Anzahl von Iterationen wird vorgegeben
- $|f(x)|$ muss kleiner als eine vorgegebene Schranke ϵ sein
- $|x_{k+1} - x_k|$ wird kleiner als eine Schranke $\delta > 0$.

3.6.3 Taylor-Reihen

Wir suchen nach einer Möglichkeit, jede beliebige elementare Funktion wie sin, cos, ln oder exp durch ein Polynom

$$P(x) = a_0 + a_1 x + a_2 x^2 + \cdots + a_n x^n, \tag{3.18}$$

mit reellen Koeffizienten a_i, $i = 1, 2, \ldots, n$ zu approximieren.

Wir betrachten eine Polynomfunktion der Form (3.18). Wie man leicht erkennt, können die Koeffizienten a_i durch den Wert von P und den höheren Ableitungen an der Stelle $x = 0$ ausgedrückt werden. So erhalten wir

$$P(0) = a_0, \qquad \text{oder } a_0 = \frac{P^{(0)}(0)}{0!}. \tag{3.19}$$

Differenziert man Gl. (3.18) nach x, erhält man

$$P'(x) = a_1 + 2a_2 x + \cdots + n \cdot a_n x^{n-1},$$

daher ist[5]

$$P'(0) = P^{(1)}(0) = a_1 \qquad \text{oder } a_1 = \frac{P^{(1)}(0)}{1!}.$$

---

[5]Man beachte, die Schreibweise $P^{(k)}(x)$ steht für die k-te Ableitung des Polynoms $P(x)$; dies ist nicht mit der Potenz einer Größe zu verwechseln.

Dies lässt sich verallgemeinern, für den Koeffizienten a_k ergibt sich:

$$P^{(k)}(0) = k! \, a_k, \qquad \text{oder} \qquad a_k = \frac{P^{(k)}(0)}{k!}. \qquad (3.20)$$

Der Ausdruck (3.19) ergibt, dass (3.20) gilt für $k = 0, 1, \ldots, n$. Beginnt man mit einem Polynom der Form

$$P(x) = a_0 + a_1(x - x_0) + a_2(x - x_0)^2 + \cdots + a_n(x - x_0)^n, \qquad (3.21\text{a})$$

dann führt diese Argumentation auf die Koeffizienten

$$a_k = \frac{P^{(k)}(x_0)}{k!}. \qquad (3.21\text{b})$$

Sei f eine Funktion.[6] Die n Ableitungen der Funktion $f(x)$

$$f^{(1)}(x_0), \, f^{(2)}(x_0), \, \ldots, \, f^{(n)}(x_0)$$

im Punkt $x_0 \in D_f$ existieren. Definieren wir Koeffizienten

$$a_k = \frac{f^{(k)}(x_0)}{k!}, \qquad \text{mit } 0 \le k \le n,$$

dann können wir die folgende Polynomfunktion der Ordnung n betrachten

$$\begin{aligned}
P_n(x) &= a_0 + a_1(x - x_0) + a_2(x - x_0)^2 + \cdots + a_n(x - x_0)^n \\
&= f(x_0) + \frac{f^{(1)}(x_0)}{1!}(x - x_0) + \frac{f^{(2)}(x_0)}{2!}(x - x_0)^2 \\
&\quad + \cdots + \frac{f^{(n)}(x_0)}{n!}(x - x_0)^n.
\end{aligned}$$

Beispiel Wir betrachten die Funktion $f(x) = \sin x$ im Punkt $x_0 = \pi/2$ (Abb. 3.12).

Der Verlauf des Graphens dieser Funktion um den Punkt $x_0 = \pi/2$ legt nahe, dass die Funktion in der Umgebung dieses Punktes durch eine – nach unten offene – Parabel angenähert werden kann.

---

[6] Nicht notwendigerweise ein Polynom.

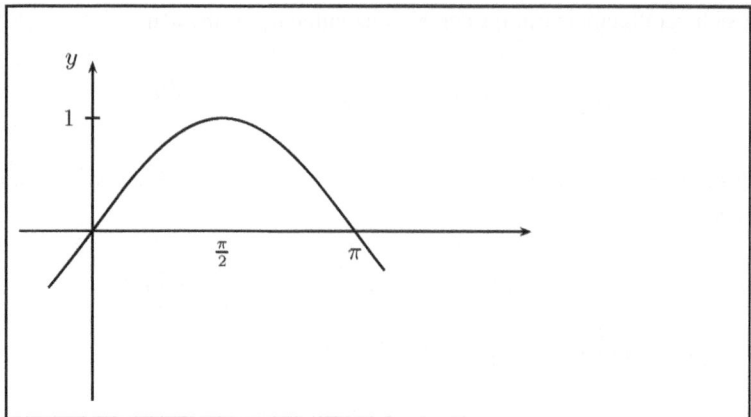

Abb. 3.12 Die Funktion $f(x) = \sin x$

Wir machen daher für das Polynom den Ansatz:

$$P(x) = a_0 + a_1 \left(x - \frac{\pi}{2} \right) + a_2 \left(x - \frac{\pi}{2} \right)^2$$
$$+ a_3 \left(x - \frac{\pi}{2} \right)^3 + a_4 \left(x - \frac{\pi}{2} \right)^4,$$

mit fünf Parameter $a_0, \ldots, a_4$. Diese bestimmen wir aus den Bedingungen

$$f\left(\frac{\pi}{2} \right) = 1 \qquad \text{und } P\left(\frac{\pi}{2} \right) = a_0 \qquad \Longrightarrow \qquad a_0 = 1.$$

$$\frac{df(\pi/2)}{dx} = 0 \quad \text{und } \frac{dP(\pi/2)}{dx} = a_1 \qquad \Longrightarrow \qquad a_1 = 0.$$

$$\frac{d^2 f(\pi/2)}{dx^2} = -1 \text{ und } \frac{d^2 P(\pi/2)}{dx^2} = 2a_2 \qquad \Longrightarrow \qquad a_2 = -\frac{1}{2}.$$

$$\frac{d^3 f(\pi/2)}{dx^3} = 0 \quad \text{und } \frac{d^3 P(\pi/2)}{dx^3} = 6a_3 \qquad \Longrightarrow \qquad a_3 = 0.$$

$$\frac{d^4 f(\pi/2)}{dx^4} = 1 \quad \text{und } \frac{d^4 P(\pi/2)}{dx^4} = 24a_4 \qquad \Longrightarrow \qquad a_4 = \frac{1}{24}.$$

Damit ist das gesuchte Polynom (bis zur 4. Ordnung):

$$P_4(x) = 1 - \frac{1}{2} \left(x - \frac{\pi}{2} \right)^2 + \frac{1}{24} \left(x - \frac{\pi}{2} \right)^4. \tag{3.22}$$

Die Abb. 3.13 zeigt die Funktion $f(x)$ und den Graphen des Polynoms (3.22) in einem Schaubild. Das Polynom $P_4(x)$ ist eine sehr gute Näherung der Funktion $f(x)$ in einer Umgebung des Punktes $x_0 = \pi/2$.

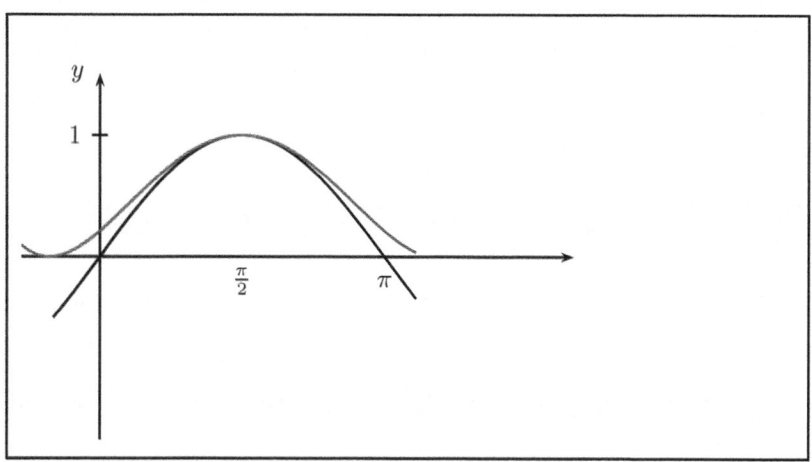

Abb. 3.13 Approximation der Sinus-Funktion durch ein Polynom

▶ **Definition (Taylorpolynom)** Sei

$$f: D \subseteq \mathbb{R} \longrightarrow R$$

n mal stetig differenzierbar auf einem offenen Intervall $D \subseteq \mathbb{R}$. Dann heißt

$$P_n(x) = \sum_{k=0}^{n} \frac{f^{(k)}(x_0)}{k!}(x - x_0)^k, \qquad x \in \mathbb{R} \tag{3.23}$$

das **Taylorpolynom** vom Grad n zur Funktion f um den Entwicklungspunkt x_0.[7]

Beispiel Wir bestimmen das Taylorpolynom für $f(x) = \cos x$ an der Stelle $x_0 = 0$. Die Ableitungen der Cosinus-Funktion sind:

$$\begin{aligned}
k = 0 &: f^{(0)}(x) = \cos x &&\Longrightarrow f^{(0)}(0) = 1, \\
k = 1 &: f^{(1)}(x) = -\sin x &&\Longrightarrow f^{(1)}(0) = 0, \\
k = 2 &: f^{(2)}(x) = -\cos x &&\Longrightarrow f^{(2)}(0) = -1, \\
k = 3 &: f^{(3)}(x) = \sin x &&\Longrightarrow f^{(3)}(0) = 0, \\
k = 4 &: f^{(4)}(x) = \cos x &&\Longrightarrow f^{(4)}(0) = 1.
\end{aligned}$$

Von hier ab wiederholen sich die Werte der Ableitungen mit eine Periode von 4. Daher sind die Koeffizienten des Taylorpolynoms:

---

[7]Dieses Polynom ist benannt nach Brook Taylor (1685–1731), der dieses Ergebnis im Jahre 1715 veröffentlichte. Siehe Katz (2009) oder Merzbach and Boyer (2011).

$$1, 0, -\frac{1}{2!}, 0, \frac{1}{4!}, 0, -\frac{1}{6!}, 0, \frac{1}{8!}, \cdots$$

Damit ergibt sich das Taylorpolynom zu:

$$P_{2n}(x) = 1 - \frac{x^2}{2!} + \frac{x^4}{4!} - \frac{x^6}{6!} + \cdots + (-1)^n \frac{x^{2n}}{(2n)!} = \sum_{k=0}^{n} (-1)^k \frac{x^{2k}}{(2k)!}. \qquad (3.24)$$

Die endliche Reihe (3.24) ist das Taylorpolynom vom Grad $2n$ für die Funktion $f(x) = \cos x$ für den Entwicklungspunkt $x_0 = 0$.

Beispiel Besonders einfach gestaltet sich das Taylorpolynom der Exponentialfunktion e^x. Da

$$\left. \frac{d^k}{dx^k} e^x \right|_{x=0} = 1 \qquad \text{für alle } k.$$

Damit ist das Taylorpolynom vom Grad n der Exponentialfunktion für den Entwicklungspunkt $x_0 = 0$:

$$P_n(x) = 1 + \frac{x}{1!} + \frac{x^2}{2!} + \frac{x^3}{3!} + \cdots + \frac{x^n}{n!} = \sum_{k=0}^{n} \frac{x^k}{k!}. \qquad (3.25)$$

Die Frage ist nun, wie gut die Näherung einer Funktion durch ihr Taylorpolynom vom Grad n ist. Dazu schreiben wir:

$$f(x) = P_n(x) + R_{n+1}(x, x_0). \qquad (3.26)$$

Der Term $R_{n+1}(x, x_0)$ in Gl. (3.26) heißt **Restglied**; dieser Term beschreibt die Differenz zwischen der Funktion und dem Taylorpolynom. Das Restglied hängt von der Stelle x_0, von der Ordnung des Polynoms n und dem Argument x ab. Gl. (3.26) heißt **Taylor Formel**. Das Restglied ist

$$R_{n+1}(x, x_0) = \frac{f^{(n+1)}(c)}{(n+1)!} (x - x_0)^{n+1}, \qquad (3.27)$$

wobei c ein Punkt zwischen x und x_0 ist.[8] Die Form des Restglieds in Gl. (3.27) heißt **Restglieddarstellung von Lagrange**.

---

[8]Für einen Beweis und weitergehende Aspekte verweisen wir auf die Literatur, z. B. Arens et al. (2018), Kapitel 10, Lang (1986), Chapter XIII oder Spivak (2008), Chapter 20. Sehr ausführliche Untersuchungen findet man in Marsden and Weinstein (1985), Calculus II, Chapter 12.

Damit erhalten wir die Taylorsche Formel zu:

$$f(x) = f(x_0) + \frac{f^{(1)}(x_0)}{1!}(x - x_0) + \frac{f^{(2)}(x_0)}{2!}(x - x_0)^2$$
$$+ \cdots + \frac{f^{(n)}(x_0)}{n!}(x - x_0)^n + R_{n+1}(x, x_0). \tag{3.28}$$

Hier setzen wir voraus, dass f eine n mal stetig differenzierbare Funktion ist und $x, x_0 \in D_f$.

Wenn die Funktion $f(x)$ beliebig oft differenzierbar ist, kann man den Index n in der Taylor Formel (3.28) gegen unendlich laufen lassen. Vorausgesetzt, die Funktion $f(x)$ ist beliebig oft differenzierbar und das Restglied $R_{n+1}(x, x_0)$ geht gegen 0 für $n \to \infty$, dann erhalten wir die **Taylor-Reihe** der Funktion $f(x)$.

Taylor- und Maclaurin Reihen

Ist f eine beliebig oft differenzierbare Funktion auf einem Intervall D, welches den Punkt x_0 enthält, dann heißt die Reihe

$$f(x) = \sum_{n=0}^{\infty} \frac{f^{(n)}(x_0)}{n!}(x - x_0)^n \tag{3.29}$$

Taylor-Reihe von f an der Stelle x_0.[9] Die Reihe (3.29) nennt man auch die **Potenzreihenentwicklung** der Funktion $f(x)$. Ist $x_0 = 0$, dann hat die Reihe die einfachere Form

$$f(x) = \sum_{n=0}^{\infty} \frac{f^{(n)}(0)}{n!}x^n, \tag{3.30}$$

die Reihe (3.30) nennt man Maclaurin-Reihe von f.[10]

Beispiele Die Taylor-Reihe der Sinus Funktion ist:

$$\sin x = \sum_{n=0}^{\infty} \frac{(-1)^n}{(2n + 1)!}x^{2n+1}. \tag{3.31a}$$

Die Taylor-Reihe der Cosinus Funktion ist

$$\cos x = \sum_{n=0}^{\infty} \frac{(-1)^n}{(2n)!}x^{2n}. \tag{3.31b}$$

---

[9]Diese Reihen sind benannt nach dem britischen Mathematiker Brook Taylor (1685–1731), erstmals 1715 publiziert.

[10]Diese Reihen sind benannt nach dem britischen Mathematiker Colin Maclaurin (1698–1746).

Die Taylor-Reihe der e Funktion ist

$$e^x = \sum_{n=0}^{\infty} \frac{1}{n!} x^n. \tag{3.31c}$$

Die Potenzreihen (3.31a) und (3.31b) zeigen eine wichtige Eigenschaft der Taylor-Reihen. Die Funktion $\sin x$ ist ungerade, d. h. $\sin(-x) = -\sin x$. Die Taylor-Reihe des Sinusfunktion zeigt die gleiche Eigenschaft, denn die Reihe enthält nur ungerade Potenzen von x. Analog ist die Cosinus Funktion gerade, die Taylor-Reihe (3.31b) enthält nur gerade Potenzen von x.

Aus einer Entwicklung einer Funktion in ihre Taylor-Reihe lassen sich dann durch Abbruch der Reihe einfache Näherungsfunktionen einer Funktion $f(x)$ in Form von Polynomen gewinnen. Dies ermöglicht u. a.:

- die Annäherung einer Funktion durch eine Polynomfunktion,
- die näherungsweise Berechnung von Funktionswerten,
- die Integration einer Funktion (numerische Integration), im Abschn. 4.3.4 ist ein Beispiel zu finden,
- die Berechnung von Grenzwerten unbestimmter Ausdrücke.

Beispiel Betrachten wir die Funktion

$$f(x) = \frac{x - \sin x}{x \cdot \sin x}. \tag{3.32}$$

Gesucht ist das Verhalten dieser Funktion für $x \to 0$. Neben der Regel von de L'Hospital ermöglicht auch die Taylor-Reihe eine Berechnung unbestimmter Ausdrücke. Die Sinus-Funktion hat die Taylor Entwicklung

$$\sin x = \sum_{n=0}^{\infty} \frac{(-1)^n}{(2n+1)!} \cdot x^{2n+1}$$

$$= x - \frac{x^3}{3!} + \frac{x^5}{5!} \pm \cdots . \tag{3.33}$$

Setzen wir diese Entwicklung in der Zähler bzw. Nenner der Funktion (3.32) ein, ergibt sich:

$$x - \sin x = x - x + \frac{x^3}{3!} - \frac{x^5}{5!} \pm \cdots = \frac{x^3}{3!} - \frac{x^5}{5!} \pm \cdots$$

und

$$x \cdot \sin x = x^2 - \frac{x^4}{3!} + \frac{x^6}{5!} \pm \cdots$$

Daher ist:

$$\lim_{x \to 0} f(x) = \lim_{x \to 0} \frac{x - \sin}{x \cdot \sin x}$$

$$= \lim_{x \to 0} \frac{\dfrac{x^3}{3!} - \dfrac{x^5}{5!} \pm \cdots}{x^2 - \dfrac{x^4}{3!} + \dfrac{x^6}{5!} \pm \cdots}$$

$$= 0.$$

3.6.4 Kurvendiskussion

Die Kurvendiskussion beschäftigt sich mit der Frage, wie der Graph einer Funktion $f(x)$ aussieht.
Hierzu werden folgende Eigenschaften einer Funktion untersucht:

- Definitions- und Wertebereich
- Symmetrie
- Nullstellen
- Polstellen
- Verhalten für $|x| \to \infty$ (dies nennt man auch *Asymptotik*).

Darüber hinaus liefert die Anwendung der Differentialrechnung:

- lokale und globale Extremwerte
- Wendepunkte.

Beispiele

1. Wir betrachten als erstes Beispiel für die Kurvendiskussion die gebrochen rationale Funktion:

$$f(x) = \frac{x^2 - x - 2}{2x - 6}. \tag{3.34}$$

   Diese Funktion hat die Form:

$$f(x) = \frac{u(x)}{v(x)}$$

mit

$$u(x) = x^2 - x - 2$$

$$v(x) = 2x - 6.$$

(a) Definitionsbereich:

Die Funktion ist in allen Punkten definiert, bei denen der Nenner $v(x)$ ungleich Null ist, daher:

$$D_f = \mathbb{R} \setminus \{3\}.$$

(b) Symmetrie:

$f(x)$ ist weder punktsymmetrisch noch achsensymmetrisch, da

$$f(-x) \neq f(x) \text{ und } f(-x) \neq -f(x).$$

(c) Nullstellenbestimmung:

Die Funktion $f(x)$ ist genau dann 0, wenn $u(x) = 0$. Es gilt:

$$u(x) = 0 \quad \Longleftrightarrow \quad x^2 - x - 2 = 0$$

$$\Longleftrightarrow \quad (x - 2)(x + 1) = 0,$$

woraus folgt, dass $x_1 = 2$ und $x_2 = -1$ Nullstellen von $f(x)$ sind.

(d) Polstellenbestimmung:

Die Funktion $f(x)$ hat genau dann Polstellen, wenn $v(x) = 0$. Da

$$v(x) = 2(x - 3),$$

ist dies offensichtlich der Fall für $x = 3$.

Das Verhalten von $f(x)$ an dieser Polstelle lässt sich mit Hilfe der folgenden Grenzwertbetrachtung analysieren:

$$\lim_{x \to 3+0} f(x) = \lim_{x \to 3+0} \frac{x^2 - x - 2}{2(x - 3)}$$

$$= 2 \lim_{x \to 3+0} \frac{1}{x - 3}$$

$$\to +\infty.$$

$$\lim_{x \to 3-0} f(x) = \lim_{x \to 3-0} \frac{x^2 - x - 2}{2(x - 3)}$$

$$= 2 \lim_{x \to 3-0} \frac{1}{x - 3}$$

$$\to -\infty.$$

Es liegt also ein Pol mit Vorzeichenwechsel vor.

(e) Asymptotik für $x \to \pm\infty$:

Um die Asymptotik der Funktion $f(x)$ zu erhalten, schreiben wir $f(x)$ um in die Form:

$$f(x) = \frac{x - 1 - \frac{2}{x}}{2 - \frac{6}{x}}.$$

Dann ist

$$\lim_{x \to \infty} f(x) = \frac{1}{2}(x - 1)$$

mit

$$\lim_{x \to +\infty} f(x) = +\infty$$

$$\lim_{x \to -\infty} f(x) = -\infty.$$

(f) Lokale Extrema:

Die notwendige Bedingung für die Existenz eines lokalen Extremums ist $f'(x) = 0$. Mit Hilfe der Quotientenregel erhält man:

$$f'(x) = \frac{(2x - 1)(2x - 6) - (x^2 - x - 2)2}{(2x - 6)^2}$$

$$= \frac{2(2x - 1)(x - 3) - 2(x - 2)(x + 1)}{[2(x - 3)]^2}.$$

Da $f'(x) = 0$ genau dann, wenn der Zähler Null ist, ergibt sich

$$(2x - 1)(2x - 6) - (x^2 - x - 2)2 = 0$$

oder

$$x^2 - 6x + 5 = 0.$$

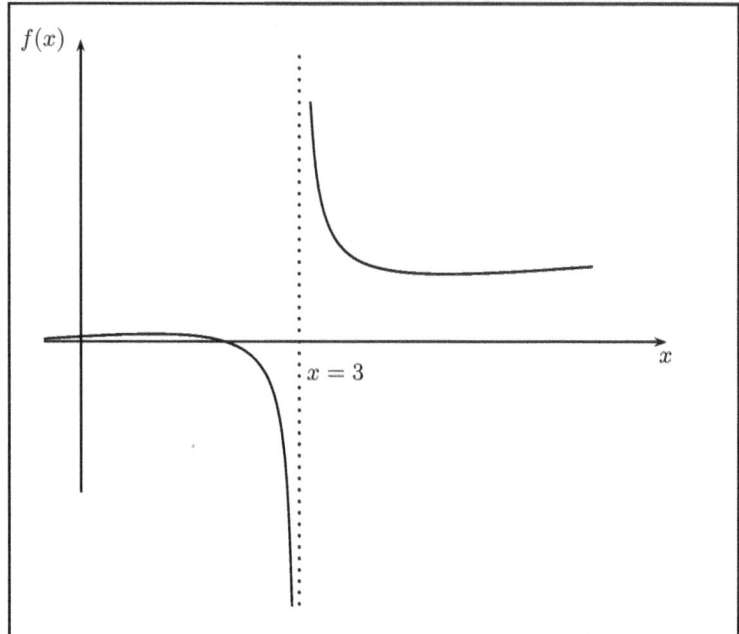

Abb. 3.14 Der Graph der Funktion (3.34)

Dies führt auf die beiden Lösungen $x_1 = 1$ und $x_2 = 5$. Diese beiden x-Werte sind Kandidaten für Extremwerte. Mit Hilfe der zweiten Ableitung kann überprüft werden, ob es sich um Extremwerte oder Wendepunkte handelt. Dies ersparen wir uns an dieser Stelle, denn zusammen mit den Überlegungen zu Polstellen und der Asymptotik lässt sich schließen, dass x_1 Hochpunkt und x_2 Tiefpunkt sein muss. Der Graph der untersuchten Funktion (3.34) ist in der Abb. 3.14 dargestellt.

2. Die Berechnung von Extremwerten spielt in der Ökonomie eine wichtige Rolle. Aus naheliegenden Gründen ist beispielsweise das Maximum der Erlösfunktion interessant. Eine Erlösfunktion ist (siehe Gl. (2.5)):

$$E(p) = -cp^2 + x_0 p; \quad c > 0, x_0 > 0.$$

Die Ableitung dieser Erlösfunktion nach dem Preis p ergibt:

$$\frac{\mathrm{d}E(p)}{\mathrm{d}p} = -2cp + x_0.$$

Die Erlösfunktion ist daher extremal, wenn gilt:

$$\frac{\mathrm{d}E(p)}{\mathrm{d}p} = 0 \quad \Longleftrightarrow \quad p_{\mathrm{opt}} = \frac{x_0}{2c}.$$

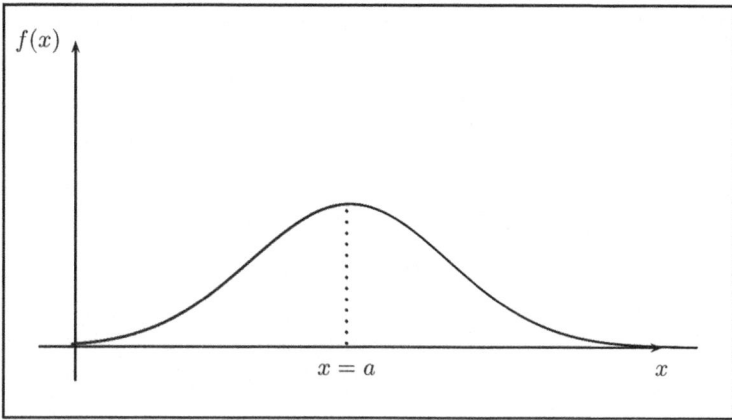

Abb. 3.15 Die Gaußsche Normalverteilung

Die zweite Ableitung der Erlösfunktion ergibt sich zu:

$$\frac{\mathrm{d}^2 E(p)}{\mathrm{d}p^2} = -2c < 0 \quad \text{für alle } p.$$

Dies ist das hinreichende Kriterium dafür, dass p_{opt} ein lokales Maximum ist. Die Erlösfunktion selbst hat an der Stelle p_{opt} den Wert:

$$E(p_{\mathrm{opt}}) = \frac{1}{4}\frac{x_0^2}{c}.$$

3. Die Funktion

$$f(x) = \frac{1}{b\sqrt{2\pi}}e^{-\frac{(x-a)^2}{2b^2}}$$

ist die Gaußsche Normalverteilung, die in der Wahrscheinlichkeitsrechnung und Statistik eine große Rolle spielt (siehe Abb. 3.15).

Die erste Ableitung dieser Funktion ist:

$$\frac{\mathrm{d}f(x)}{\mathrm{d}x} = \left(-\frac{x-a}{b^2}\right)\frac{1}{b\sqrt{2\pi}}e^{-\frac{(x-a)^2}{2b^2}} \tag{3.35}$$

$$= \left(-\frac{x-a}{b^2}\right)f(x). \tag{3.36}$$

Da $f(x) \neq 0$ für alle $x \in \mathbb{R}$, erhalten wir die notwendige Bedingung für einen Extremwert zu

$$f'(x) = 0 \quad \Longleftrightarrow \quad x = a.$$

Damit ist:

$$f(x = a) = \frac{1}{b\sqrt{2\pi}}\, e^{-\frac{(a-a)^2}{2b^2}}$$

$$= \frac{1}{b\sqrt{2\pi}}\, e^0$$

$$= \frac{1}{b\sqrt{2\pi}}.$$

Die zweite Ableitung der Gauß-Verteilung ist:

$$f''(x) \;\; = \;\; -\frac{f(x)}{b^2} - \left(\frac{x-a}{b^2}\right) f'(x)$$

$$\overset{(3.36)}{=} -\frac{f(x)}{b^2} + \left(\frac{x-a}{b^2}\right)^2 f(x)$$

$$= \;\; b^{-4} f(x)\left(x^2 - 2ax + a - b^2\right).$$

Nun ist

$$f''(a) = -\frac{f(a)}{b^2} = -\frac{1}{b^3 \cdot \sqrt{2\pi}} < 0,$$

daher liegt an der Stelle $x = a$ ein Maximum vor. Die Wendepunkte dieser Funktion sind durch die Nullstellen der zweiten Ableitung gegeben:

$$\frac{\mathrm{d}^2 f(x)}{dx^2} = 0 \quad \Longleftrightarrow \quad x^2 - 2ax + a^2 - b^2 = 0.$$

Dies ist genau dann der Fall, wenn

$$x = a \pm b.$$

Die Größe b heißt *Standardabweichung* und ist ein Maß für die Breite der Gauß-Verteilung.

3.6.5 Grenzfunktionen

Die 1. Ableitung einer Funktion charakterisiert das Änderungsverhalten der Funktion an einer bestimmten Stelle x_0. Beschreibt die Funktion einen ökonomischen Zusammenhang, so wird für die 1. Ableitung der Begriff der **Grenzfunktion** verwendet.

▶ **Definition (Grenzfunktion)** Die Grenzfunktion einer ökonomischen Funktion f ist die erste Ableitung dieser Funktion.

Die Grenzfunktion beschreibt damit den Zuwachs oder die Abnahme der ökonomischen Funktion.

Zunächst betrachten wir **Grenzkosten**. Ausgehend von einer Kostenfunktion $K(x)$, die die Produktionskosten in Abhängigkeit von der produzierten Menge x (Output) beschreibt, ergeben sich die Grenzkosten zu $K'(x)$. Sie spielen bei der Betrachtung der **Gewinnfunktion** eine wichtige Rolle. Die Gewinnfunktion bei einem vom Markt vorgegebenen Preis p (Polypol) ist

$$G(x) = p \cdot x - K(x).$$

Die **Gewinnzone** ist gegeben durch die Lösungen der Ungleichung

$$p \cdot x > K(x).$$

Den **maximal erzielbaren Gewinn** erhält man mit der notwendigen Bedingung $G'(x) = 0$ aus der Gleichung

$$p = K'(x).$$

Die Grenzkosten müssen also gleich dem Marktpreis p sein, um den Gewinn zu maximieren.

Interessant ist die Frage nach dem **Mindestpreis** p_{min}, der am Markt vorliegen muss, damit ein Anbieter überhaupt Gewinn macht. Abb. 3.16 zeigt, dass die Gerade $y = p_{min} \cdot x$ die Tangente der Kostenfunktion $K(x)$ in einem noch zu bestimmenden Punkt x_B ist. Der Berührpunkt x_B ergibt sich aus der Betrachtung

$$K'(x_B) = \frac{K(x_B) - 0}{x_B - 0} = \frac{K(x_B)}{x_B}, \tag{3.37}$$

das heißt, die Steigung der Kostenfunktion in x_B ist gleich der Steigung der Tangenten. Nach der Bestimmung von x_B ergibt sich p_{min} zu

$$p_{min} = K'(x_B).$$

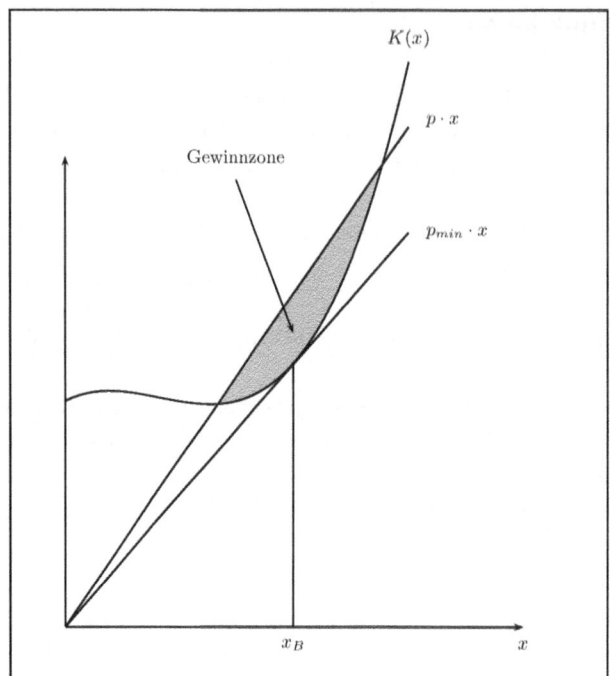

Abb. 3.16 Kostenfunktion $K(x)$ und Ertrag $p \cdot x$ in Abhängigkeit von der produzierten Menge x

Die Gl. (3.37) lässt sich auch aus der Minimierung der Stückkosten herleiten (siehe dazu Aufgabe 3.21).

Weitere Grenzfunktionen:
Für die in Abschn. 2.2.12 betrachteten **Erlösfunktion** $E(x)$ lässt sich der **Grenzerlös** $\frac{dE}{dx}$ bestimmen. Entsprechend ergibt sich die **Grenzproduktivität** für die in Abschn. 2.2.12 betrachteten **Produktionsfunktionen**.

3.6.6 Elastizität von Funktionen

Die Ableitung $f'(x)$ beschreibt die absolute Änderung der Funktion $f(x)$ bei einer Veränderung der unabhängigen Variable x an der Stelle x_0. In der Ökonomie ist dies nicht immer die entscheidende Größe, die zu untersuchen ist, um ein Änderungsverhalten zu analysieren.

Häufig ist man an **relativen Änderungen** interessiert. Man fragt beispielsweise: Um wieviel Prozent ändert sich die Nachfrage nach einem Produkt, wenn der Preis prozentual verändert wird. Zur Untersuchung solcher Fragestellungen wird der Begriff der **Elastizität** eingeführt.

▶ **Definition (Elastizität)** Die Elastizität der Funktion $f(x)$ bezüglich x ist:

$$\epsilon_{f,x}(x) = \frac{\dfrac{\mathrm{d}f}{f}}{\dfrac{\mathrm{d}x}{x}} \quad \text{mit } x \neq 0,\, f \neq 0.$$

Wegen:

$$\mathrm{d}f = f'(x)\mathrm{d}x$$

ist

$$\epsilon_{f,x}(x) = \frac{f'(x)}{f(x)} \cdot x.$$

Die Elastizität $\epsilon_{f,x}(x)$ gibt näherungsweise an, um wieviel Prozent sich die Funktion f ändert, wenn sich x an der Stelle x_0 um ein Prozent ändert. Die Näherung

$$\frac{df}{f} \approx \epsilon_{f,x}(x) \cdot \frac{dx}{x}$$

gilt für kleine relative Änderungen dx/x.

Beispiel Für die Funktion $f(x) = 4e^{-2x}$ ist die Elastizität gegeben durch:

$$\epsilon_{f,x}(x) = \frac{-8e^{-2x}}{4e^{-2x}} \cdot x = -2x.$$

Relative Änderungen lassen sich damit in Abhängigkeit der Stelle x näherungsweise beschreiben. Wird in diesem Beispiel für $x_0 = 2$ eine Änderung von 1 % für x vorgenommen, so ist $\epsilon_{f,x}(2) = -4$, das bedeutet eine Abnahme von 4 %.

Folgende Begriffe werden für verschiedene Elastizitätswerte eingeführt:

Wert	Begriff	Bedeutung
$\mid \epsilon_{f,x} \mid > 1$	f ist elastisch	f ändert sich relativ zu x stärker
$\mid \epsilon_{f,x} \mid < 1$	f ist unelastisch	f ändert sich relativ zu x schwächer
$\mid \epsilon_{f,x} \mid = 1$	f ist proportional elastisch	f verändert sich prozentual genauso wie x
Grenzfall $\mid \epsilon_{f,x} \mid \to \infty$	f ist vollkommen elastisch	Kleinste Änderungen in x haben extreme Auswirkungen auf f
Grenzfall $\epsilon_{f,x} = 0$	f ist vollkommen unelastisch	f reagiert nicht auf Veränderungen von x.

3.7 Übungen

Kurzlösungen zu den folgenden Übungen befinden sich im Anhang.

3.1 Bestimmen Sie folgende Grenzwerte:

(a) $\lim_{x \to 1} \dfrac{e^x - 1}{\sqrt{x - 1}}$.

(b) $\lim_{x \to 1} \dfrac{\ln x}{x - 1}$.

3.2 Differenzieren Sie die folgenden Funktionen durch Anwendung der Ableitungsregeln und überprüfen Sie das Ergebnis mit Hilfe des Grenzwertverfahrens:

(a) $y = -3x + 8$.

(b) $y = x^2 + a^2$.

(c) $y = (ax + b)^2$.

3.3 Bestimmen Sie die Ableitungen der folgenden Funktionen:

(a) $f(x) = \dfrac{e^x}{x}$.

(b) $f(x) = \ln(2x^2 + 3x + 5)$.

(c) $f(x) = (\sqrt{x^2})^{1/5}$.

(d) $f(x) = x \ln x; \, x > 0$.

3.4 Zeigen Sie:

$$f'(x) = \frac{1}{x} \quad \text{für} \quad f(x) = \ln x, x > 0.$$

3.5 Untersuchen Sie $f(x)$ auf Stetigkeit und Differenzierbarkeit an der Nahtstelle:

(a) $f(x) = \begin{cases} x^2 + x & \text{für } x > 1 \\ 3x - 1 & \text{für } x \leq 1. \end{cases}$

(b) $f(x) = \begin{cases} 1 + \ln x & \text{für } x \geq 1 \\ x^2 & \text{für } x < 1. \end{cases}$

3.6 Bestimmen Sie den Schnittpunkt von $f(x) = \exp(-x)$ und $g(x) = x$ mit dem Newton-Verfahren. Wählen Sie einen geeigneten Startpunkt und führen Sie einen Iterationsschritt durch.

3.7 Bestimmen Sie die Gleichungen der Tangenten an den Graphen der Funktion $f(x)$, die durch den Punkt $P(-7/0)$ gehen mit

$$f(x) = \frac{2x - 1}{3x + 1}, \quad x \neq -\frac{1}{3}.$$

3.8 Eine Off-Shore Ölplattform soll an das Pipelinenetz an Land angeschlossen werden (siehe Abb. 3.17). Die Plattform ist die Strecke $\overline{PK} = a$ von der Küste und die Strecke $\overline{PP'} = b$ von der Pipeline entfernt. Bestimmen Sie die kostenoptimale Anbindung der Plattform an die Pipeline, wenn die Verlegekosten an Land K_L und die im Wasser K_W sind ($K_W > K_L$).

3.9 Berechnen Sie die 2. Ableitung der folgenden Funktionen:

(a) $f(x) = x^3 - \dfrac{x^2}{2} + x - 1.$
(b) $f(x) = \exp(-x^2).$
(c) $f(x) = 2 \sin x + 5 \cos(2x + 1).$

3.10 Bestimmen Sie die Koeffizienten des allgemeinen Polynoms 2. Grades so, dass $f(1) = 3$ und $f'(0) = f''(0) = 1$ ist.

3.11 Welche Beziehung muss zwischen den Koeffizienten von

$$f(x) = ax^3 + bx^2 + cx + d$$

bestehen, damit der Graph der Funktion keine waagrechte Tangente hat?

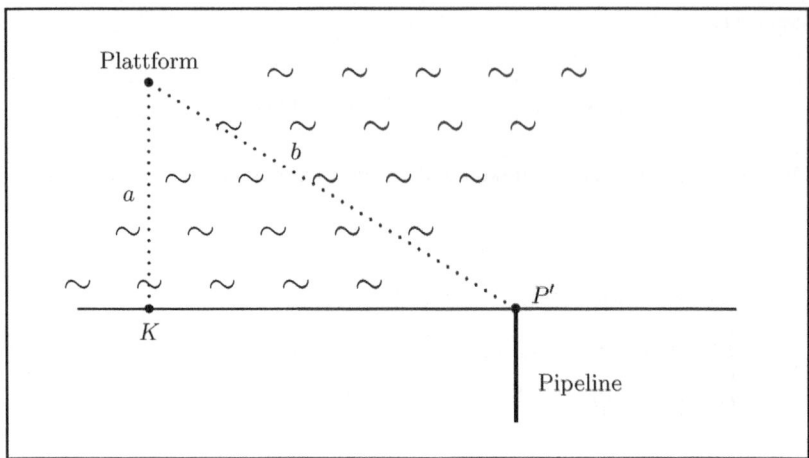

Abb. 3.17 Illustration der Situation in Aufgabe 3.8

3.12 Diskutieren Sie das Verhalten der Funktion

$$f(x) = -x^3 + 2t^2x^2 + tx, \, x \in \mathbb{R}, \, t \in \mathbb{R}_0^+$$

in Hinblick auf Nullstellen, Extrema, Verhalten für große x, Symmetrie sowie konkave und konvexe Bereiche.

3.13 Für welche $a, b \in \mathbb{R}$ ist die Funktion $f(x)$ stetig differenzierbar?

$$f(x) = \begin{cases} ax^2 - 2x & \text{für } x \geq 2 \\ bx + 1 & \text{für } x < 2. \end{cases}$$

3.14 Konstruieren Sie eine Funktion 4. Grades, deren Graph symmetrisch zur y-Achse ist. Ein Wendepunkt hat die Koordinaten $P = (1, 0)$. Die beiden Wendetangenten schneiden sich senkrecht. Bestimmen Sie alle Nullstellen und Extremwerte dieser Funktion.

3.15 Berechnen Sie die Maclaurin-Reihe der Funktion

$$f(x) = \frac{1}{1 - x}.$$

3.16 Berechnen Sie die Taylor-Reihe der Logarithmus Funktion ln um den Punkt $x_0 = 1$.

3.17 Berechnen Sie die Taylor-Reihe der Funktion

$$f(x) = e^x \cdot \sin x$$

um den Punkt $x = 0$.

(a) Entwickeln Sie die Funktion $f(x)$ durch Bildung der höheren Ableitungen.
(b) Verwenden Sie die bekannten Potenzreihen der Exponential- und der Sinusfunktion.

3.18 Gegeben ist die Funktion

$$f(x) = \cos x + e^{-x} - x^2.$$

Bestimmen Sie die Nullstellen dieser Funktion mit Hilfe des Taylor-Polynoms $P_2(x)$.

3.19 Gegeben ist die Preis-Absatzfunktion

$$x(p) = 10e^{-0,1p}.$$

(a) Bestimmen Sie die Preiselastizität.
(b) Wie groß ist die Änderung der Nachfrage bei einer Preissenkung von 500 € auf 495 € bzw. bei einer Preiserhöhung von 500 € auf 510 €?
(c) Bei welchem Preis hat eine Erhöhung von einem Prozent einen Rückgang der Nachfrage um 10 % zur Folge?

3.20 Geben Sie Beispiele für Produkte mit einer elastischen und einer unelastischen Preiselastizität.

3.21 Zeigen Sie: Das Minimum der Stückkosten ergibt sich aus dem Schnittpunkt der Grenzkosten und der Stückkosten. Veranschaulichen Sie diesen Sachverhalt anhand des Beispiels

$$K(x) = 10 + 2x^2.$$

3.22 Bestimmen Sie den Fixkostenanteil einer Kostenfunktion, wenn das Minimum der Stückkosten bei $x_0 = 25$ angenommen wird und die variablen Stückkosten durch die Funktion

$$k_V(x) = 10\sqrt{x} + 16$$

beschrieben werden können.

3.23 Ermitteln Sie die Erlös-Preis Funktion $E = E(p)$, bei der für einen Preis von $p = 100$ € der maximale Erlös von $100\,000$ € erzielt wird. Nehmen Sie für die Preis-Absatzfunktion einen linearen Zusammenhang an.

3.24 Gegeben ist die Kostenfunktion

$$K(x) = x^3 - 5x^2 + 6x + 48.$$

(a) Berechnen Sie die Gewinnzone bei einem konstanten Marktpreis von $p = 24$ €.
(b) Bestimmen Sie den maximal möglichen Gewinn.
(c) Wie groß muss der Marktpreis mindestens sein, damit ein Anbieter überhaupt Gewinn machen kann?

3.25 Bestimmen Sie die Parameter a und k so, dass die folgende Funktion $f(x)$ stetig und differenzierbar ist:

$$f(x) = \begin{cases} e^{k \cdot x} & \text{für } x \leq 1, \\ a \cdot \sqrt{x} & \text{für } x > 1. \end{cases}$$

3.26 Ein Stromanbieter hat ein Tarifmodell, bei dem es einen Grundpreis p_g und einen vom Verbrauch x abhängigen Preis p_v gibt. Der Erlös pro Kunde ist:

$$E(x) = p_g + p_v \cdot x, \qquad (x > 0).$$

Die Kostenfunktion ist gegeben durch

$$K(x) = \begin{cases} 6 \cdot \ln(x) + 3 & \text{für } x > 1, \\ 3 & \text{für } 0 \leq x \leq 1. \end{cases}$$

Wie groß muss p_v mindestens gewählt werden, damit bei keinem Verbrauchswert x ein Verlust gemacht wird? Der Grundpreis p_g sei 4 Einheiten.

Integralrechnung

4

Lernziele (Dieses Kapitel vermittelt)

- welcher Zusammenhang zwischen der Integral- und der Differentialrechnung besteht
- was unter bestimmtem und unbestimmtem Integral zu verstehen ist
- die Anwendung der Integralrechnung zur Flächenberechnung
- wie die Integralrechnung im Rahmen der Ökonomie eingesetzt wird

4.1 Das unbestimmte Integral

Zunächst stellen wir die Frage nach der Bestimmung einer Funktion $F(x)$, die folgende Eigenschaft besitzt:

$$F'(x) = f(x).$$

Die Aufgabenstellung lautet also: Gegeben sei einer Funktion $f(x)$, gesucht ist eine Funktion $F(x)$, die die Bedingung $F'(x) = f(x)$ erfüllt.

Die Funktion $F(x)$ wird als **Stammfunktion** der Funktion $f(x)$ bezeichnet.

Offensichtlich ist die Stammfunktion $F(x)$ nicht eindeutig bestimmt. Denn, wenn $F(x)$ die Bedingung $F'(x) = f(x)$ erfüllt, dann erfüllt auch $F(x) + c$ mit $c \in \mathbb{R}$ diese Bedingung.

Elektronisches Zusatzmaterial Die elektronische Version dieses Kapitels enthält Zusatzmaterial, das berechtigten Benutzern zur Verfügung steht. https://doi.org/10.1007/978-3-662-63681-7_4

T. Holey, A. Wiedemann, *Analysis und Lineare Algebra*, BA KOMPAKT,
https://doi.org/10.1007/978-3-662-63681-7_4

Beispiele

1. Sei

$$f(x) = x^2 = F'(x),$$

dann ist:

$$F(x) = \frac{1}{3}x^3 + c.$$

2. Sei

$$f(x) = e^{2x} = F'(x),$$

dann ist:

$$F(x) = \frac{1}{2} \cdot e^{2x} + c.$$

Eine Notation für die Stammfunktion von $f(x)$ ist:

$$\int f(x)\, dx = F(x) + c.$$

▶ **Definition (Unbestimmtes Integral)** $\int f(x)dx$ wird als **unbestimmtes Integral** von $f(x)$ bezeichnet, es gilt:

$$\int f(x)dx = F(x) + c \qquad \text{mit} \quad F'(x) = f(x).$$

4.1.1 Stammfunktionen von elementaren Funktionen

In diesem Abschnitt betrachten wir Stammfunktionen einiger wichtiger elementarer Funktionen.

$$f(x) = x^n \; : \qquad \int x^n\, dx = \frac{1}{n+1}x^{n+1} + c; \quad (n \neq -1). \tag{4.1}$$

$$f(x) = \frac{1}{x} \; : \qquad \int \frac{1}{x}\, dx = \begin{cases} \ln x + c & x > 0 \\ \ln(-x) + c & x < 0. \end{cases} \tag{4.2}$$

$$f(x) = e^x : \qquad \int e^x dx = e^x + c. \qquad (4.3)$$

$$f(x) = (ax+b)^n : \qquad \int (ax+b)^n dx = \frac{1}{a} \frac{(ax+b)^{n+1}}{n+1} + c; \quad n \neq -1, \qquad (4.4)$$

mit folgenden Gültigkeitsbereichen für n und x:

$$n \in \mathbb{N}; \quad a \cdot x + b \in \mathbb{R}$$

$$n \in \mathbb{Z}; \quad a \cdot x + b \neq 0$$

$$n \in \mathbb{R}; \quad a \cdot x + b > 0.$$

Für die trigonometrische Funktion

$$f(x) = A \sin[b(x+c)] \qquad \text{mit } A, b, c \in \mathbb{R}$$

ergibt sich die Stammfunktion:

$$\int A \sin[b(x+c)] \, dx = -\frac{A}{b} \cos[b(x+c)] + d; \quad d \in \mathbb{R}. \qquad (4.5)$$

Der Beweis, dass $\int f(x) \, dx$ Stammfunktion der Funktion $f(x)$ ist, erfolgt leicht durch Differentiation von $\int f(x) \, dx + c$. Betrachten wir ein Beispiel. Sei:

$$f(x) = \frac{1}{\sqrt{2x+1}} = (2x+1)^{-\frac{1}{2}},$$

so ist nach Gl. (4.1):

$$\int (2x+1)^{-\frac{1}{2}} dx = \sqrt{2x+1} + c.$$

Bilden wir die Ableitung der Funktion

$$F(x) = \sqrt{2x+1},$$

dann ergibt sich mit Hilfe der Kettenregel:

$$F'(x) = \frac{1}{2} \cdot 2(2x+1)^{-\frac{1}{2}} = \frac{1}{\sqrt{2x+1}}.$$

Anmerkung:

Man kann nicht zu jeder Funktion $f(x)$ eine Stammfunktion $F(x)$ finden, so dass

$$F = \int f(x)dx.$$

4.1.2 Linearität des unbestimmten Integrals

Mit den Rechenregeln für Ableitungen lässt sich die **Linearität** des unbestimmten Integrals leicht zeigen:

$$\int \big(a \cdot f(x) + b \cdot g(x)\big)dx = a \cdot \int f(x)dx + b \cdot \int g(x)dx$$

mit $a, b \in \mathbb{R}$.

Beispiel Betrachte das Integral

$$
\begin{aligned}
I &= \int \left(12e^x + 109\sin x + \frac{x^2}{4} + 2\right)dx \\
&= 12\int e^x dx + 109\int \sin x\,dx + \frac{1}{4}\int x^2 dx + \int 2dx \\
&= 12\left(e^x + c_1\right) - 109\left(\cos x + c_2\right) + \frac{1}{12}(x^3 + c_3) + 2(x + c_4),
\end{aligned}
$$

wobei wir die elementaren Integrale aus den Gl. (4.1), (4.3) und (4.5) benutzen.

4.2   Das bestimmte Integral

Das **bestimmte Integral** wird zur Berechnung von Flächen eingeführt, die vom Graphen einer Funktion $f(x)$, zwei Parallelen zur y-Achse $x = a$ und $x = b$ sowie der x-Achse begrenzt wird (siehe Abb. 4.1).

Die Ermittlung dieser Fläche geschieht zunächst näherungsweise. Dazu wird das Intervall $[a, b] \subset D_f$ in Intervalle der Breite Δx_i unterteilt.

In einem ersten Schritt werden zwei Werte ξ_1, ξ_2 gewählt mit:

$$a < \xi_1 < b; \qquad \xi_2 = b.$$

Dann gilt in erster Näherung für den Flächeninhalt A:

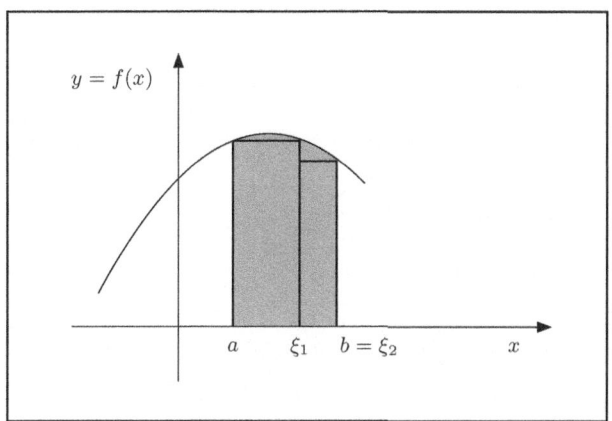

Abb. 4.1 Zur Flächenbestimmung mit dem bestimmten Integral

$$A \approx \Delta x_1 \cdot f(\xi_1) + \Delta x_2 \cdot f(\xi_2)$$

mit

$$\Delta x_1 = \xi_1 - a, \quad \Delta x_2 = \xi_2 - \xi_1.$$

Das Intervall $[a, b]$ wird nun weiter unterteilt in n Werte $\xi_1, \xi_2, \ldots, \xi_n$. Dadurch wird die Näherung des Flächeninhalts immer besser:

$$A \approx \Delta x_1 \cdot f(\xi_1) + \Delta x_2 \cdot f(\xi_2) + \ldots + \Delta x_n f(\xi_n) = \sum_{i=1}^{n} f(\xi_i) \Delta x_i$$

mit

$$\Delta x_i = \xi_i - \xi_{i-1}; \text{ für } i > 1.$$

Die Wahl der ξ_i ist beliebig, solange gilt:

$$\xi_1 < \xi_2 < \ldots < \xi_i < \ldots \xi_n, \text{ für } i = 1, 2, 3, \ldots, n.$$

Der exakte Flächeninhalt ergibt sich aus dem Grenzübergang:

$$A = \lim_{\substack{n \to \infty \\ \Delta x \to 0}} \sum_{i=1}^{n} f(\xi_i) \Delta x_i.$$

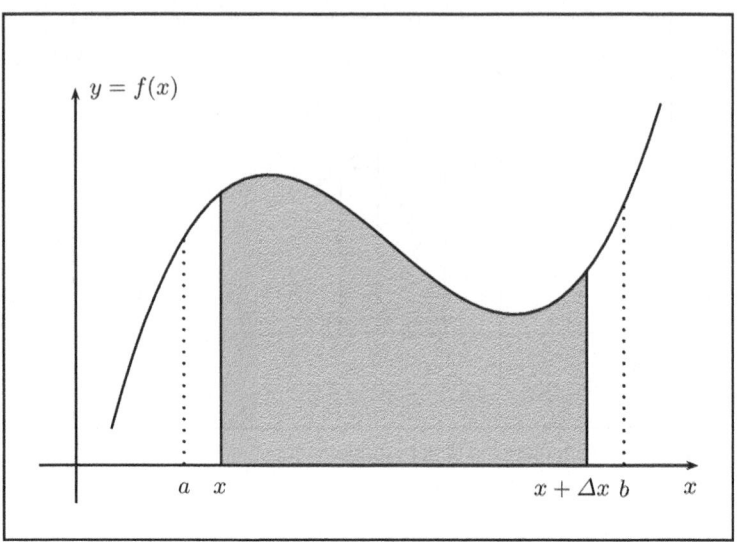

Abb. 4.2 Zur Flächenbestimmung

Die Fläche A hängt ab von den Grenzen a und b und der Funktion $f(x)$. Für diese Abhängigkeit machen wir die Annahme:

$$A = F(b) - F(a)$$

mit einer noch zu bestimmenden Funktion $F(x)$. Der Zusammenhang zwischen den Funktionen $F(x)$ und $f(x)$ bleibt zunächst offen. Die Flächenanteile als Differenz $F(b) - F(a)$ zu schreiben, ist aus anschaulichen Gründen sinnvoll (für $b \to a$ geht die Fläche gegen Null).

Wenn $F(b) - F(a)$ den gesuchten Flächeninhalt beschreiben soll, so lässt sich jede beliebige Fläche im Intervall $[a, b]$ in den Grenzen zwischen x und $x + \Delta x$ berechnen durch $F(x + \Delta x) - F(x)$ (vgl. Abb. 4.2).

Im Intervall $[x, x + \Delta x]$ hat die Funktion $f(x)$ ein absolutes Maximum $x_{max} \in [x, x + \Delta x]$. Ebenso hat die Funktion $f(x)$ ein absolutes Minimum x_{min} im Intervall $[x, x + \Delta x]$. Wir nehmen nun folgende Abschätzungen für die Differenz $F(x + \Delta x) - F(x)$ vor:

$$\Delta x \cdot f(x_{min}) \leq F(x + \Delta x) - F(x) \leq \Delta x \cdot f(x_{max}).$$

Diese Ungleichung wird durch Δx dividiert, und es folgt:

$$f(x_{min}) \leq \frac{F(x + \Delta x) - F(x)}{\Delta x} \leq f(x_{max}).$$

Wir führen nun den Grenzübergang $\Delta x \to 0$ oder äquivalent dazu $x + \Delta x \to x$ durch. Dieser Grenzübergang hat zur Folge:

$$x_{\min} \longrightarrow x_{\max} \longrightarrow x$$

und somit:

$$f(x_{\min}) \to f(x_{\max}) \to f(x).$$

Daher

$$f(x) \le \lim_{\Delta x \to 0} \frac{F(x + \Delta x) - F(x)}{\Delta x} \le f(x)$$

oder mit der Definition der Ableitung einer Funktion:

$$f(x) \le F'(x) \le f(x).$$

Daraus folgt:

$$\boxed{F'(x) = f(x).}$$

Dieser Zusammenhang legt es nahe, die für die Stammfunktion im vorigen Abschnitt eingeführte Schreibweise des unbestimmten Integrals zu erweitern.

▶ **Definition (Bestimmtes Integral)** Die Fläche, die von der Funktion $f(x)$, der x-Achse und den Geraden $x = a$ und $x = b$ eingeschlossen wird, ist

$$A = \lim_{\substack{n \to \infty \\ \Delta x \to 0}} \sum_{i=1}^{n} f(\xi_i) \Delta x_i = F(b) - F(a) = \int_a^b f(x) dx. \qquad (4.6)$$

$\int_a^b f(x) dx$ heißt **bestimmtes Integral**.

Die zur Flächenberechnung eingeführte Funktion $F(x)$ hat also die Eigenschaft $F'(x) = f(x)$, d. h. sie ist eine Stammfunktion von $f(x)$.
Wir überprüfen die oben angeführten Überlegungen an Hand eines einfachen Beispiels, bei dem sich die Fläche auch geometrisch berechnen lässt. Hierzu betrachten wir die Funktion $f(x) = x$ und berechnen:

$$\int_1^2 x \, dx = \frac{1}{2} x^2 \Big|_1^2 = \frac{1}{2} 2^2 - \frac{1}{2} 1^2 = \frac{3}{2}.$$

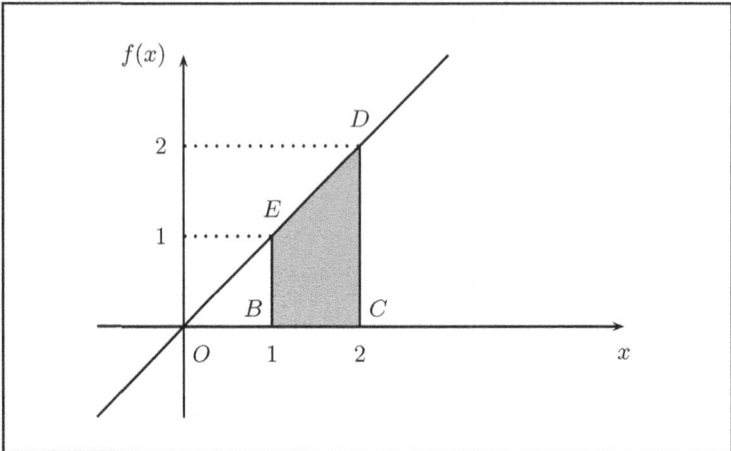

Abb. 4.3 Zur Flächenberechnung

Aus geometrischen Überlegungen ergibt sich aus der Abb. 4.3:

$$F_1 = \Delta OCD = \frac{1}{2} \cdot 2 \cdot 2 = 2.$$

$$F_2 = \Delta OBE = \frac{1}{2} \cdot 1 \cdot 1 = \frac{1}{2}.$$

$$F = F_1 - F_2 = \frac{3}{2}.$$

4.2.1 Eigenschaften des bestimmten Integrals

Das bestimmte Integral hat folgende Eigenschaften:

1. Der Wert des Integrals hängt nicht von der Bezeichnung der Integrationsvariablen ab.

$$\int_a^b f(x)\,dx = \int_a^b f(t)\,dt.$$

2. Den Zusammenhang zwischen $F(x)$ und $f(x)$ können wir schreiben als:

$$F'(x) = \frac{d}{dx} \int_a^x f(t)\,dt = f(x),$$

denn:

$$\frac{d}{dx} \int_a^x f(t)dt = \frac{d}{dx}\big[F(x) - F(a)\big]$$

$$= \frac{dF(x)}{dx} = F'(x).$$

3. Linearität von bestimmten Integralen:
   Für Funktionen, die im Intervall $[a, b]$ integrierbar[1] sind, gilt für $k_1, k_2 \in \mathbb{R}$:

$$\int_a^b \big(k_1 f(x) + k_2 g(x)\big)\, dx = k_1 \int_a^b f(x)\, dx + k_2 \int_a^b g(x)\, dx. \tag{4.7}$$

4. Intervalladditivität:
   Ist die Funktion $f(x)$ im Intervall $[a, b] \subset \mathbb{R}$ integrierbar, und ist $c \in [a, b]$, so gilt:

$$\int_a^c f(x)\, dx + \int_c^b f(x)\, dx = \int_a^b f(x)\, dx. \tag{4.8}$$

5. Vertauschen der Integrationsgrenzen:
   Vertauscht man die obere und die untere Integrationsgrenze, dann kehrt sich das Vorzeichen des Integrals um:

$$\int_a^b f(x)\, dx = - \int_b^a f(x)\, dx. \tag{4.9}$$

Beispiel Integrale spielen in der Ökonomie bei kontinuierlichen Abläufen eine große Rolle. Als Beispiel betrachten wir den kontinuierlichen Verbrauch von Treibstoff (oder auch Energie) einer Maschine.

Für den Treibstoffverbrauch im Lauf der Zeit legen wir folgende Funktionalität zu Grunde:

$$f(t) = \begin{cases} 0 & \text{für } t < t_1 \\ b \cdot e^{-at} & \text{für } t_1 \leq t \leq t_2 \\ c & \text{für } t_2 < t \leq t_3. \end{cases}$$

Der Graph solch einer Funktion ist in der Abb. 4.4 dargestellt.

---

[1] Als *integrierbar* bezeichnet man nach Bernhard Riemann (1826–1866) Funktionen, für die der Grenzwert (4.6) existiert, unabhängig davon, wie die Zwischenwerte gewählt wurden. Man kann zeigen, dass dies für stetige Funktionen oder beschränkte Funktionen, die nur eine endliche Zahl von Unstetigkeitsstellen haben, erfüllt ist.

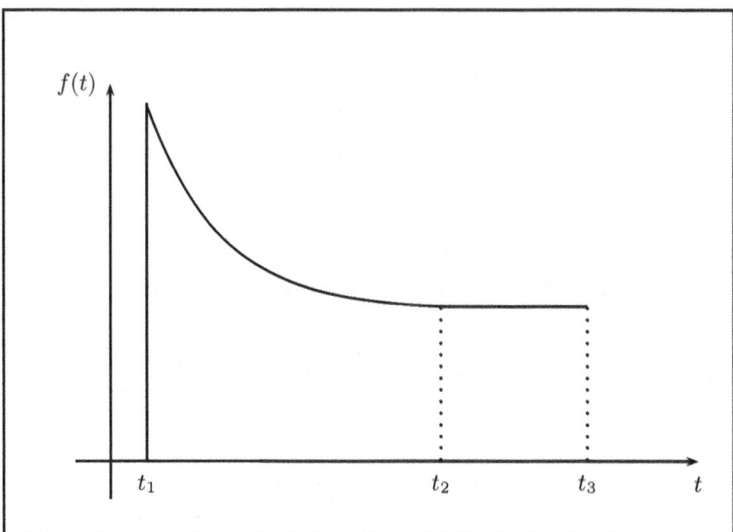

Abb. 4.4 Eine stückweise definierte Verbrauchsfunktion

Der Gesamtverbrauch GV im Zeitintervall $[t_1, t_3]$ berechnet sich dann aus:

$$GV = \int_{t_1}^{t_3} f(t)dt.$$

Da die Funktion $f(t)$ abschnittsweise definiert ist, wird das Integral GV in zwei Anteile aufgespaltet:

$$GV = \int_{t_1}^{t_2} f(t)dt + \int_{t_2}^{t_3} f(t)dt.$$

Damit folgt:

$$
\begin{aligned}
GV &= \int_{t_1}^{t_2} f(t)dt + \int_{t_2}^{t_3} f(t)dt \\
&= \int_{t_1}^{t_2} b \cdot e^{-at}dt + \int_{t_2}^{t_3} cdt \\
&= \frac{-b}{a} \cdot e^{-at}\Big|_{t_1}^{t_2} + c \cdot t\Big|_{t_2}^{t_3} \\
&= \frac{-b}{a} \cdot e^{-at_2} - \frac{-b}{a} \cdot e^{-at_1} + c \cdot (t_3 - t_2) \\
&= \frac{b}{a} \cdot (e^{-at_1} - e^{-at_2}) + c \cdot (t_3 - t_2).
\end{aligned}
$$

4.2.2 Wert eines Integrals

Wir betrachten folgende Funktion:

$$y = f(x) = \sin x.$$

Der Graph der Sinus-Funktion ist nochmals in Abb. 4.5 dargestellt.
Die Stammfunktion der Funktion $f(x)$ ist:

$$F(x) = -\cos x.$$

Wir berechnen nun das Integral über dem Intervall $[0, 2\pi]$:

$$\int_0^{2\pi} \sin x\, dx = -\cos x \Big|_0^{2\pi}$$
$$= -\cos 2\pi - (-\cos 0)$$
$$= -1 - (-1) = 0.$$

Offensichtlich entspricht dieses Resultat nicht dem Flächeninhalt zwischen der Kurve und der x-Achse. Betrachten wir die Funktion $f(x) = \sin x$ auf den beiden Teilintervallen $[0, \pi]$ und $[\pi, 2\pi]$, so erhalten wir:

$$\int_0^{\pi} \sin x\, dx = -\cos x \Big|_0^{\pi}$$
$$= -\cos \pi - (-\cos 0)$$
$$= 1 - (-1) = 2$$

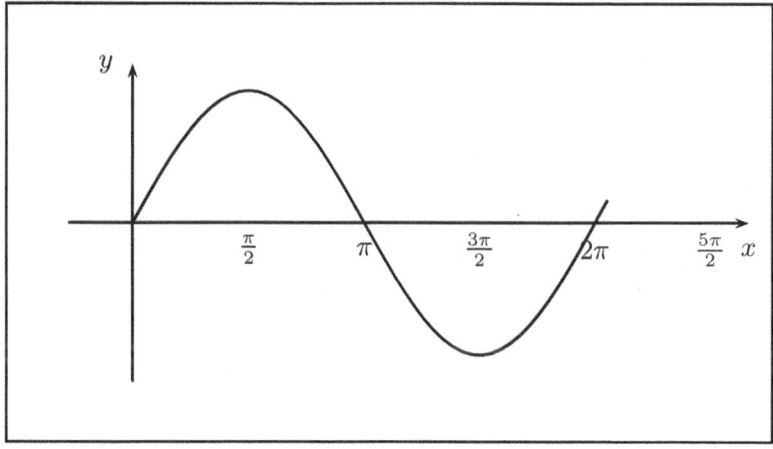

Abb. 4.5 Der Graph der Funktion $f(x) = \sin x$

und

$$\int_{\pi}^{2\pi} \sin x \, dx = -\cos x \Big|_{\pi}^{2\pi}$$

$$= -\cos 2\pi - (-\cos \pi)$$

$$= -1 - 1 = -2.$$

Das bestimmte Integral ist also mit einem Vorzeichen behaftet. Für $a < b$ gilt:

$$\int_{a}^{b} f(x) \, dx > 0,$$

wenn $f(x) > 0$ im Intervall $[a, b]$ und

$$\int_{a}^{b} f(x) \, dx < 0,$$

wenn $f(x) < 0$ im Intervall $[a, b]$. Außerdem kommt es nach Gl. (4.9) auf die Reihenfolge der Integrationsgrenzen an:

$$\int_{a}^{b} f(x) \, dx = -\int_{b}^{a} f(x) \, dx.$$

Aus diesen Eigenschaften des bestimmten Integrals ergibt sich, dass bei der Flächenberechnung die Nullstellen der Funktion $f(x)$ im Intervall $[a, b]$ von Bedeutung sind. Ist x_0 einzige Nullstelle der Funktion $f(x)$ im Intervall $[a, b]$, so ist die Fläche A gegeben durch:

$$A = \left| \int_{a}^{x_0} f(x) \, dx \right| + \left| \int_{x_0}^{b} f(x) \, dx \right|.$$

In obigen Beispiel ist also

$$\int_{0}^{2\pi} \sin x \, dx = 0,$$

aber die Fläche, die die Sinusfunktion zwischen 0 und 2π mit der x-Achse einschließt ist:

$$A = \left| \int_{0}^{\pi} \sin x \, dx \right| + \left| \int_{\pi}^{2\pi} \sin x \, dx \right| = 4.$$

4.2.3   Fläche zwischen zwei Kurven

Gegeben seien zwei Funktionen $f(x)$ und $g(x)$, gesucht ist der Inhalt der Fläche A zwischen den Graphen dieser beiden Funktionen (siehe Abb. 4.6).
Diese Fläche A ist die Differenz:

$$A = \left| \int_a^b f(x)dx - \int_a^b g(x)dx \right|$$

$$= \left| \int_a^b [f(x) - g(x)]dx \right|.$$

Die Grenzen a, b können explizit in der Form $x = a$ und $x = b$ gegeben sein oder sich wie in der Abb. 4.6 aus dem Schnitt der Graphen von $f(x)$ und $g(x)$ ergeben.

Beispiel Wir betrachten die beiden Funktionen:

$$f(x) = -x^2 + 5$$

$$g(x) = x^2 + 1$$

und berechnen den Inhalt der Fläche, die zwischen den beiden Funktionsgraphen eingeschlossen wird. Die Funktionsgraphen und die eingeschlossene Fläche sind in der Abb. 4.7 dargestellt.

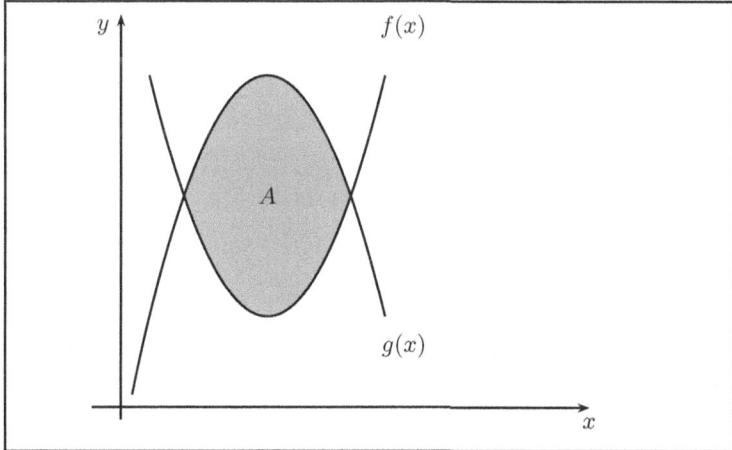

Abb. 4.6 Fläche zwischen den Graphen zweier Funktionen $f(x)$ und $g(x)$

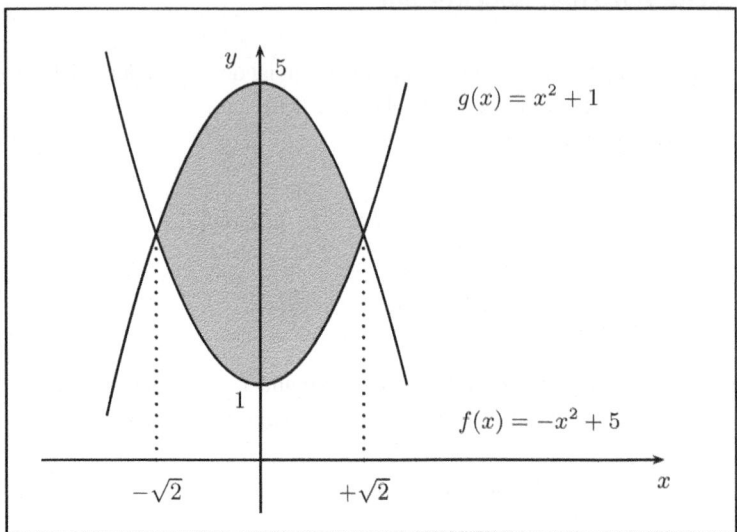

Abb. 4.7 Fläche zwischen den Graphen zweier Funktionen $f(x)$ und $g(x)$

Die beiden Schnittpunkte der Kurven ergeben sich aus der Bedingung

$$f(x) \stackrel{!}{=} g(x),$$

was auf $x_{1/2} = \pm\sqrt{2}$ führt. Die beiden Schnittpunkte sind demnach:

$$P_1 = (-\sqrt{2}, 3) \quad \text{und} \quad P_2 = (+\sqrt{2}, 3).$$

Damit erhalten wir für die eingeschlossene Fläche:

$$A = \int_{-\sqrt{2}}^{\sqrt{2}} (f(x) - g(x)) dx$$

$$= \int_{-\sqrt{2}}^{\sqrt{2}} \left[(-x^2 + 5) - (x^2 + 1) \right] dx$$

$$= \int_{-\sqrt{2}}^{\sqrt{2}} (-2x^2 + 4) \, dx$$

$$= -2 \frac{x^3}{3} \bigg|_{-\sqrt{2}}^{+\sqrt{2}} + 4x \bigg|_{-\sqrt{2}}^{+\sqrt{2}}$$

$$= \frac{16}{3} \sqrt{2}.$$

4.2.4   Uneigentliche Integrale

Wir betrachten folgende Funktion:

$$g(x) = \frac{1}{x^2}; \qquad x > 0.$$

Die Stammfunktion dieser Funktion ist:

$$G(x) = -\frac{1}{x} + C.$$

Dann ist

$$\int_a^R \frac{dx}{x^2} = -\frac{1}{x}\Big|_a^R = -\frac{1}{R} + \frac{1}{a}; \quad \text{für } a > 0.$$

Lassen wir nun die obere Grenze R gegen $+\infty$ gehen, so strebt der Integralwert offenbar gegen $1/a$:

$$\lim_{R \to \infty} \int_a^R \frac{dx}{x^2} = \int_a^\infty \frac{dx}{x^2} = \frac{1}{a}, \quad \text{mit } a > 0. \tag{4.10}$$

Geht eine der Grenzen eines bestimmten Integrals gegen Unendlich, so spricht man von einem uneigentlichen Integral.

▶ **Definition (Uneigentliches Integral)** Das uneigentliche Integral ist über folgenden Grenzwert definiert:

$$\int_a^\infty f(x)dx = \lim_{R \to \infty} \int_a^R f(x)dx. \tag{4.11}$$

Die Existenz des uneigentlichen Integrals hängt von der Funktion $f(x)$ ab, wie das folgendes Beispiel zeigt. Sei:

$$f(x) = \frac{1}{x}.$$

Die Funktion $f(x)$ hat die Stammfunktion:

$$F(x) = \ln x + C.$$

Dann betrachten wir das bestimmte Integral

$$\int_a^R \frac{dx}{x} = \ln x \ \Big|_a^R$$

$$= \ln R - \ln a \ \text{für } a > 0. \tag{4.12}$$

In diesem Fall existiert der Grenzwert $R \to \infty$ nicht, da $\ln x$ über alle Grenzen wächst bei wachsendem Argument. Damit gilt:

$$\lim_{R \to \infty} \int_a^R \frac{dx}{x} = \infty.$$

Betrachtet man andererseits wie in Gl. (4.10) die Funktion $g(x) = \frac{1}{x^2}$ unter dem gleichen Aspekt, so resultiert ein endlicher Wert. Dieser Wert ist die Fläche zwischen dem Graphen der Kurve $g(x) = x^{-2}$ und der x-Achse ab einem Punkt $x = a$ bis $x = +\infty$. Der Verlauf der beiden Funktionen $f(x) = x^{-1}$ und $g(x) = x^{-2}$ für positive x-Werte ist in der Abb. 4.8 dargestellt. Die Tatsache, dass das Integral (4.12) divergiert, das Integral (4.10) aber einen endlichen Wert liefert, steht im Zusammenhang mit dem asymptotischen Verhalten der beiden Funktionen $f(x)$ und $g(x)$. Die Funktion $f(x) = x^{-1}$ nähert sich asymptotisch so langsam gegen Null, dass die Fläche unter der Kurve immer größer wird und wenn x gegen Unendlich geht, über alle Grenzen wächst. Im Gegensatz dazu geht $g(x) = x^{-2}$ 'schnell genug' gegen Null, so dass sich eine endliche Fläche unter der Kurve ergibt.

4.2.5   Partielle Integration

Stammfunktionen für elementare Funktionen haben wir in Abschn. 4.1.1 betrachtet. Im Folgenden wollen wir eine Integrationstechnik vorstellen, die es erlaubt, Stammfunktionen für weitere Funktionen zu berechnen.

Wir gehen aus von der Formel für die Differentiation des Produkts zweier Funktionen $f(x)$ und $g(x)$, die beide innerhalb des gleichen Intervalls differenzierbar sind. Dann ist gemäß der Produktregel:

$$\frac{d}{dx}(f(x) \cdot g(x)) = f(x) \cdot \frac{dg(x)}{dx} + \frac{df(x)}{dx} \cdot g(x).$$

Hieraus folgt durch Integration auf beiden Seiten:

$$f(x) \cdot g(x) = \int f(x) \cdot \frac{dg(x)}{dx} dx + \int \frac{df(x)}{dx} \cdot g(x) dx, \tag{4.13}$$

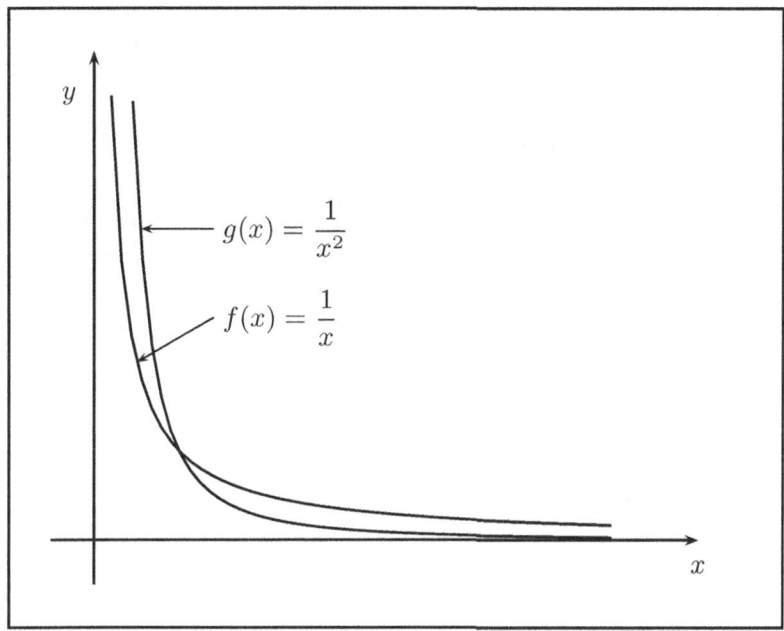

Abb. 4.8 Die Graphen der beiden Funktionen $f(x) = x^{-1}$ und $g(x) = x^{-2}$ für $x > 0$

oder:

$$\int f(x) \cdot \frac{dg(x)}{dx} dx = f(x) \cdot g(x) - \int \frac{df(x)}{dx} \cdot g(x) dx. \tag{4.14}$$

Mit Hilfe dieser Formel kann ein zu berechnendes Integral der Form $\int f\, g' dx$ auf ein anderes, unter Umständen einfacheres Integral $\int f'\, g dx$ zurückgeführt werden.

Beispiel Zu berechnen ist das Integral

$$\int x \cdot e^x dx.$$

Setzen wir: $f(x) = x$ und $g'(x) = e^x$, dann folgt durch Anwendung der partiellen Integration Gl. (4.14):

$$\int x \cdot e^x dx = x \cdot e^x - \int 1 \cdot e^x\, dx$$

$$= x \cdot e^x - e^x$$

$$= e^x (x - 1).$$

Auch die Stammfunktion für die bisher nicht betrachteten Funktion $f(x) = \ln x$ lässt sich mit der Methode der partiellen Integration bestimmen (siehe Übung 4.2).

4.2.6 Integration durch Substitution

Ein weiteres Verfahren – neben der partiellen Integration – ein gegebenes Integral in ein Integral elementarer Funktionen zu transformieren, ist die **Integration durch Substitution**.

Ist $F(z)$ eine Funktion der Variablen z und $z = g(x)$, dann ist $F(z)$ eine mittelbare Funktion von x. Nach der Kettenregel (vgl. Gl. (3.12)) ist:

$$\frac{dF(z)}{dx} = \frac{dF(z)}{dz} \cdot \frac{dz(x)}{dx}.$$

Die Integration über x liefert:

$$F(z) = \int \frac{dF(z)}{dz} \cdot \frac{dz(x)}{dx} \, dx$$

mit

$$\frac{dF(z)}{dz} = f(z) = f(g(x))$$

$$\text{und} \quad \frac{dz(x)}{dx} = g'(x)$$

folgt:

$$\int f(g(x)) \cdot g'(x) dx = \int f(z) dz. \qquad (4.15)$$

Beispiel Zu berechnen ist das Integral:

$$\int x \cdot \sqrt{1 - x^2} \, dx.$$

Mit der Substitution

$$z(x) = 1 - x^2 \quad \text{ergibt sich :} \; \frac{dz(x)}{dx} = -2x$$

und

$$dx = -\frac{dz}{2x}.$$

Dann lässt sich das gesuchte Integral schreiben als:

$$\int x \cdot \sqrt{1 - x^2}\,dx = \int x\sqrt{z}\,\frac{dz}{-2x}$$

$$= -\frac{1}{2} \int \sqrt{z}\,dz$$

$$= -\frac{1}{2} \cdot \frac{2}{3} z^{\frac{3}{2}}$$

$$= -\frac{1}{3} z^{\frac{3}{2}}$$

$$= -\frac{1}{3}(1 - x^2)^{\frac{3}{2}}.$$

4.3 Anwendung der Integrationsrechnung

4.3.1 Bestimmung der ökonomischen Funktion aus der Grenzfunktion

Aus der Grenzfunktion lässt sich die ökonomische Funktion bestimmen. Als Beispiel hierfür betrachten wir die Grenzkostenfunktion.

Aus der Grenzkostenfunktion $K'(x)$ (vgl. Abschn. 3.6.5) ergibt sich über das bestimmte Integral die Kostenfunktion $K(x)$:

$$\int K'(x)\,dx = K(x) + c.$$

$K(x)$ steht für die mengenabhängigen **variablen** Kosten. Die Konstante c ist mengenunabhängig und beschreibt somit den **Fixkostenanteil** (vgl. Abschn. 2.2.12).

4.3.2 Konsumentenrente

Wir betrachten eine monoton fallende Nachfragefunktion $p(x)$, die den Preis eines Produktes in Abhängigkeit von der Nachfrage x beschreibt. Der Erlös, der mit dem Produkt erzielt wird, ist gegeben durch die Erlösfunktion $E_0 = p_0 \cdot x_0$ (vgl. Abschn. 2.2.12), wobei p_0 der Preis und x_0 die nachgefragte Menge ist, die sich auf Grund von Marktbedingungen einstellen. E_0 stellt aus Sicht des Herstellers nicht den maximal möglichen Erlös dar, denn es gibt für $x < x_0$ ein Kundenpotenzial, das bereit gewesen wäre, einen höheren Preis zu zahlen. Der maximale Erlös ergibt sich aus der Fläche unter der Nachfragefunktion, wie

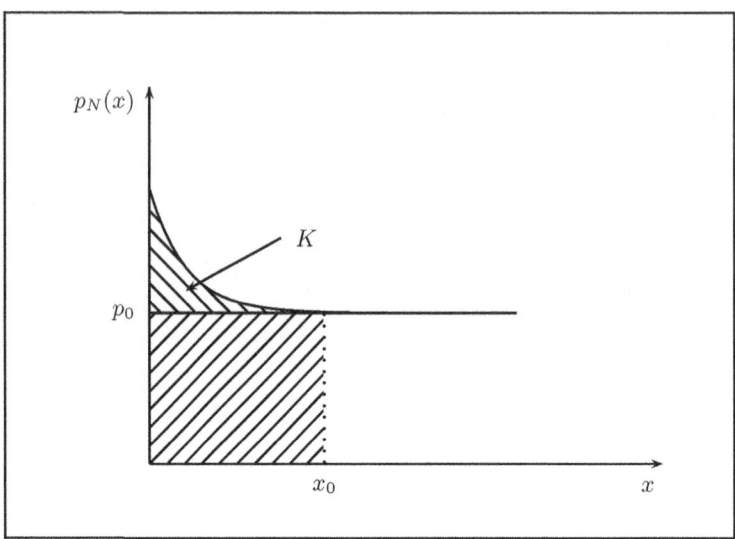

Abb. 4.9 Zum Begriff der Konsumentenrente

in der Abb. 4.9 dargestellt.

$$E_{\max}(x_0) = \int_0^{x_0} p_N(x)dx.$$

Die Differenz

$$K = E_{\max}(x_0) - E_0 = \int_0^{x_0} p_N(x)dx - p_0 x_0$$

wird als **Konsumentenrente** bezeichnet.

Beispiel Gegeben sei die Nachfragefunktion:

$$p_N(x) = 100 \cdot e^{-0,05x}.$$

Das Marktgleichgewicht habe sich bei $x_0 = 10$ und $p_0 = 100 \cdot e^{-0,5}$ eingestellt. Die Konsumentenrente beträgt:

$$K = \int_0^{10} 100 \cdot e^{-0,05x} dx - 100 \cdot e^{-0,5} \cdot 10$$

$$= -2000 \cdot e^{-0,05x} \Big|_0^{10} - 1000 \cdot e^{-0,5}$$

$$= -2000 \cdot e^{-0,5} + 2000 - 1000 \cdot e^{-0,5}$$

$$\approx 180, 40.$$

4.3.3 Produzentenrente

Die **Produzentenrente** beschreibt den zusätzlichen Umsatz, den ein Unternehmen macht, wenn ein Produkt zum Preis p_0 (dem Marktgleichgewicht) verkauft werden kann, gegenüber einem Preis $p_1 < p_0$, den das Unternehmen für das Produkt kalkuliert hatte. Im Marktgleichgewicht ergibt sich der Erlös wieder zu (Abb. 4.10)

$$E(x_0) = p_0 \cdot x_0.$$

Für eine monoton steigende Angebotsfunktion mit dem Preis $p_A(x)$ in Abhängigkeit vom Angebot x wäre der Erlös:

$$\int_0^{x_0} p_A(x) dx.$$

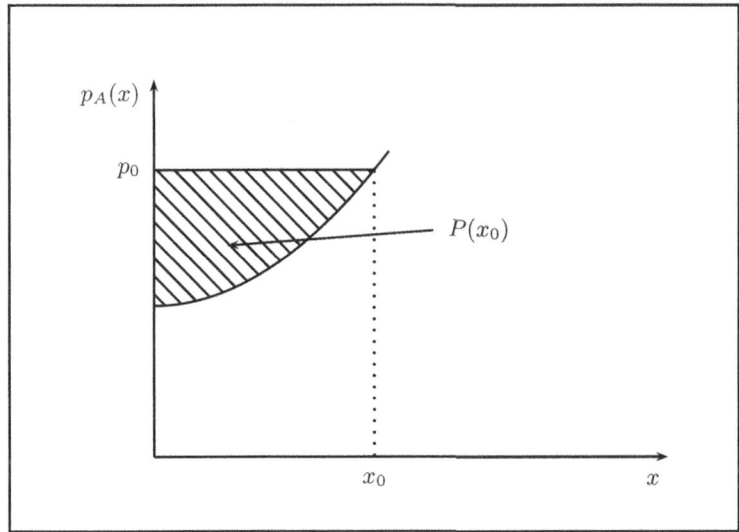

Abb. 4.10 Zum Begriff der Produzentenrente

Die Differenz

$$P(x_0) = x_0 \cdot p_0 - \int_0^{x_0} p_A(x)dx$$

ergibt die Produzentenrente.

Sind Angebots- und Nachfragefunktion gegeben, so berechnet sich das Marktgleichgewicht aus der Bedingung

$$p_A(x_0) = p_N(x_0).$$

Dann kann die Konsumentenrente und die Produzentenrente ermittelt werden (siehe Aufgabe 4.8).

4.3.4 Numerische Integration

Es gibt eine Vielzahl von Funktionen, deren Stammfunktion sich nicht durch elementare Funktionen darstellen lassen. Ein bekanntes Beispiel dafür ist die Gaußsche Normalverteilung

$$f(x) = \frac{1}{\sqrt{2\pi}} e^{-\frac{x^2}{2}}.$$

Ziel ist die Berechnung des Flächeninhaltes unter der Glockenkurve, d. h.

$$F[x] = \int_{-\infty}^{x} f(t)dt = \frac{1}{\sqrt{2\pi}} \int_{-\infty}^{x} e^{-t^2/2}dt.$$

Der Kurvenverlauf der zentrierten Gaußschen Normalverteilung ist in der Abb. 4.11 dargestellt.

Wegen der Achsensymmetrie der Normalverteilung

$$f(x) = f(-x)$$

und der Normierung

$$\int_{-\infty}^{+\infty} f(t)dt = 1$$

können wir für $x \in \mathbb{R}^+$ setzen:

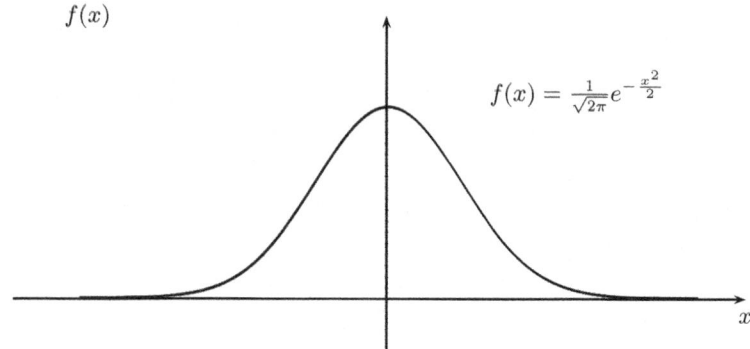

Abb. 4.11 Die zentrierte Gauß-Verteilung.

$$F(x) = \frac{1}{2} + \int_0^x f(t)dt = \frac{1}{2} + \frac{1}{\sqrt{2\pi}} \int_0^x e^{-t^2/2}dt.$$

In der Abb. 4.12 entspricht dies der grau hinterlegten Fläche unterhalb der Gauß-Kurve. Wir entwickeln nun die Verteilungsfunktion $f(x)$ in eine Taylor-Reihe um den Punkt $x_0 = 0$, siehe Gl. (3.29):

$$f(x) = \sum_{k=0}^{\infty} \frac{f^{(k)}(0)}{k!} x^k$$

$$= f(0) + \frac{f^{(1)}(0)}{1!}x + \frac{f^{(2)}(0)}{2!}x^2 + \frac{f^{(3)}(0)}{3!}x^3 + \cdots$$

Die ersten Ableitungen der Funktion $e^{-x^2/2}$ sind:

$$
\begin{aligned}
f(x) &= e^{-x^2/2} &&\Longrightarrow f(0) = 1 \\
f'(x) &= -xf(x) &&\Longrightarrow f'(0) = 0 \\
f^{(2)}(x) &= (x^2 - 1)f(x) &&\Longrightarrow f''(0) = -1 \\
f^{(3)}(x) &= (3x - x^3)f(x) &&\Longrightarrow f^{(3)}(0) = 0 \\
f^{(4)}(x) &= (3 - 6x^2 + x^4)f(x) &&\Longrightarrow f^{(4)}(0) = 3 \\
f^{(5)}(x) &= (-15x + 10x^3 - x^5)f(x) &&\Longrightarrow f^{(5)}(0) = 0 \\
f^{(6)}(x) &= (-15 + 45x^2 - 15x^4 + x^6)f(x) &&\Longrightarrow f^{(6)}(0) = -15 \\
f^{(7)}(x) &= (105x - 105x^3 + 21x^5 - x^7)f(x) &&\Longrightarrow f^{(7)}(0) = 0 \\
f^{(8)}(x) &= (105 - 420x^2 + 210x^4 - 28x^6 + x^8)f(x) &&\Longrightarrow f^{(8)}(0) = 105.
\end{aligned}
$$

Damit wird die Taylor-Reihe

$$f(x) = 1 - \frac{1}{2!}x^2 + \frac{3}{4!}x^4 - \frac{15}{6!}x^6 + \frac{105}{8!}x^8 \mp \cdots.$$

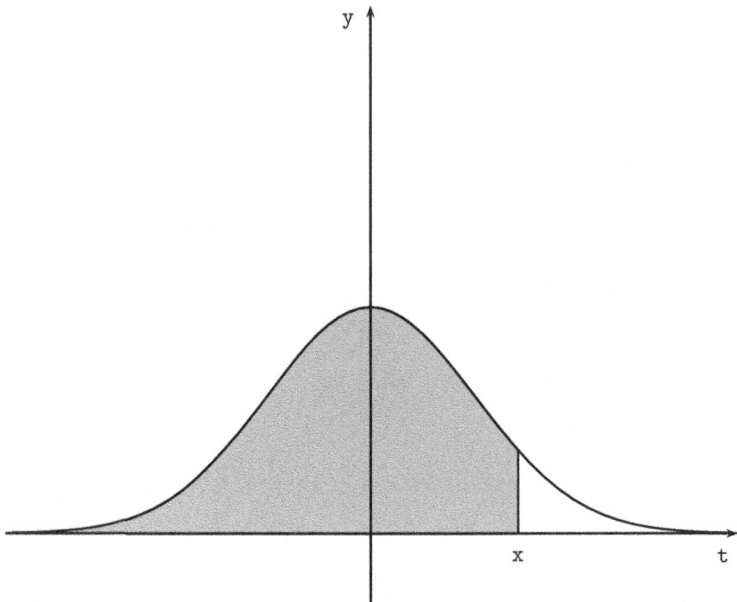

Abb. 4.12 Zur Integration der Gaußschen Normalverteilung

Diese Reihe konvergiert und darf daher gliedweise integriert werden. Wir erhalten

$$
\begin{aligned}
F(x) &= \frac{1}{2} + \int_0^x f(t)dt \\
&= \frac{1}{2} + \frac{1}{\sqrt{2\pi}} \int_0^x e^{-t^2/2}dt \\
&= \frac{1}{2} + \frac{1}{\sqrt{2\pi}} \int_0^x \left(1 - \frac{1}{2!}t^2 + \frac{3}{4!}\cdot t^4 - \frac{15}{6!}\cdot t^6 + \frac{105}{8!}t^8 \mp \cdots\right) \\
&= \frac{1}{2} + \frac{1}{\sqrt{2\pi}} \left[t - \frac{t^3}{2!\cdot 3} + \frac{3}{4!\cdot 5}t^5 - \frac{15}{6!\cdot 7}t^7 + \frac{105}{8!\cdot 9}t^9 \right. \\
&\qquad\qquad\qquad \left. - \frac{945}{10!\cdot 11}t^{11} \pm \cdots\right]_0^x \\
&= \frac{1}{2} + \frac{1}{\sqrt{2\pi}} \left[x - \frac{x^3}{3!} + \frac{3}{5!}x^5 - \frac{15}{7!}x^7 + \frac{105}{9!}x^9 - \frac{945}{11!}x^{11} \pm \cdots\right].
\end{aligned}
$$

Numerisch ist z. B.

$$F(1/2) = \frac{1}{2} + \frac{1}{\sqrt{2\pi}}\left(\frac{1}{2} - \frac{1}{3!}\cdot\left(\frac{1}{2}\right)^3 + \frac{3}{5!}\cdot\left(\frac{1}{2}\right)^5 - \frac{15}{7!}\left(\frac{1}{2}\right)^7 \pm \cdots\right)$$

$$= 0.69146.$$

Oder

$$F(1) = \frac{1}{2} + \frac{1}{\sqrt{2\pi}}\left(1 - \frac{1}{3!} + \frac{3}{5!} - \frac{15}{7!} \pm \cdots\right)$$

$$= 0.8412.$$

Bei x-Werten wie 2 oder größer müssen höhere Terme der Taylor-Entwicklung berücksichtigt werden, da wir die Funktion $f(x)$ um den Punkt $x = 0$ entwickelt haben. So ergibt sich beispielsweise:

$$F(2) = \frac{1}{2} + \frac{1}{\sqrt{2\pi}}\left(2 - \frac{4}{3} + \frac{4}{5} - \frac{8}{21} + \frac{4}{27} - \frac{8}{165} \pm \cdots\right)$$

$$= 0.9728$$

Die tabellarischen Werte der Standardnormalverteilung sind[2]

$$F(0.500) = 0.6915, \qquad F(1) = 0.8413, \qquad F(2) = 0.9772.$$

4.4 Übungen

Kurzlösungen zu den folgenden Übungen befinden sich im Anhang.

4.1 Berechnen Sie die Stammfunktionen folgender Funktionen:

(a) $f(x) = 3 \cdot x^2$
(b) $f(x) = \sqrt{2 \cdot x}$
(c) $f(x) = (2x - 1)^2$
(d) $f(x) = e^{-ax}$
(e) $f(x) = \dfrac{1}{\sqrt{1 - x}}$
(f) $f(x) = \sin x$

---

[2]Siehe Fahrmeir et al. (2001), Anhang A.

4.2 Berechnen Sie mit Hilfe der partiellen Integration das Integral

$$\int \ln x \, dx.$$

Hinweis: Verwenden Sie:

$$\int \ln x \, dx = \int 1 \cdot \ln x \, dx.$$

Berechnen Sie

$$\int_{1/e}^{e} \ln x \, dx.$$

4.3 Betrachten Sie die Funktion

$$f(x) = \begin{cases} c & \text{wenn } a \leq x \leq b, (c > 0, a < b), a, b, c \in \mathbb{R} \\ 0 & \text{sonst} \end{cases}$$

(a) Berechnen Sie c aus der Forderung $\int_{-\infty}^{+\infty} f(x) dx = 1$.
(b) Skizzieren Sie $f(x)$ für $a = 1, b = 3$.
(c) Skizzieren Sie die Stammfunktion $F(x)$ für $a = 1, b = 3$.
(d) Berechnen Sie das bestimmte Integral

$$\int_{-\infty}^{+\infty} x f(x) dx.$$

4.4 Berechnen Sie die Fläche, die durch die x-Achse, $x = 0$, $x = 3$ und die Funktion

$$f(x) = x^2 - 3x + 2$$

eingeschlossen wird.

4.5 Berechnen Sie das bestimmte Integral

$$\int_{0}^{2} (e^x - \frac{1}{2}) dx.$$

4.6 Untersuchen Sie, ob das folgende uneigentliche Intgral existiert:

$$\int_0^\infty e^{-ax} dx; \quad a \in \mathbb{R}, a > 0.$$

4.7 Berechnen Sie die Fläche, die durch die beiden Funktionen $f(x)$ und $g(x)$ eingeschlossen wird:

$$f(x) = x^3; \qquad g(x) = x.$$

4.8 Gegeben ist die Nachfragefunktion

$$p_N(x) = 25 - x^2$$

und die Angebotsfunktion

$$p_A(x) = 10 + 2x.$$

Berechnen Sie das Marktgleichgewicht, die Konsumenten- und die Produzentenrente.

4.9 Berechnen Sie das Integral

$$I = \int e^{-x} \sin x \, dx.$$

4.10

(a) Bestimmen Sie das unbestimmte Integral

$$I_1 = \int x \cdot e^{-x^2} dx.$$

(b) Existiert das uneigentliche Integral

$$I_2 = \int_0^\infty x \cdot e^{-x^2} dx.$$

4.11 Bestimmen Sie das unbestimmte Integral

$$I = \int \frac{x^3}{x^4 - 5} dx.$$

4.12 Der Kapitalfluss – das ist die Kapitaländerung mit der Zeit – wird modelliert durch die Funktion

$$f(t) = -t^3 + 36t, \quad t \geq 0.$$

Die Variable t ist die Zeit in Monaten, $f(t)$ der Kapitalfluss in 10^3 € pro Monat. Das Anfangskapital beträgt $K_0 = 576,000$ €.

(a) Wann ist der Kapitalzuwachs maximal?
(b) Bei welchem Zeitpunkt ist das Kapital am größten? Wie groß ist das Kapital zu diesem Zeitpunkt?
(c) Wann ist das Anfangskapital K_0 aufgebraucht?

4.13 Ein Verlag hat zum Zeitpunkt $t = 0$ eine Million Abonnenten. Die neu hinzukommenden Abonnenten werden durch die zeitabhängige Funktion $n(t)$ modelliert, die gekündigten Abonnenten durch die Funktion $k(t)$, jeweils in hunderttausend Abonnenten pro Jahr. Die Veränderungsrate ist also $n(t) - k(t)$. Es ist

$$n(t) = \frac{5}{t+2} \quad \text{für } t \geq 0, \qquad k(t) = -\frac{3}{t+1} + 4 \quad \text{für } t \geq 0.$$

Wann gibt es am meisten Abonnenten (Lösung $t = 0.5$). Wie viele sind es?

4.14 Berechnen Sie die folgenden bestimmten Integrale:

$$I_1 = \int_1^2 \frac{dx}{x^2},$$

$$I_2 = \int_{-3}^{-1} \frac{1+x}{x^3} dx,$$

$$I_3 = \int_{1/2}^3 \frac{x^2-2}{x^4} dx,$$

$$I_4 = 2 \cdot \int_2^1 \frac{1-x^4}{x^2} dx.$$

4.15 Berechnen Sie das bestimmte Integral

$$\int_0^a \frac{2}{1-x^2} dx.$$

Welche Bedingung muss a erfüllen, damit das Integral existiert?

Lineare Algebra

5

Lernziele (Dieses Kapitel vermittelt)

- eine elementare Einführung in die Vektor- und Matrizenrechnung
- welche Operationen für Vektoren und Matrizen von Interesse sind
- die Behandlung und die Lösung linearer Gleichungssysteme
- wie ökonomische Fragestellungen mit Hilfe der linearen Algebra gelöst werden

---

5.1 Vektoren

Das zentrale Konzept der Linearen Algebra sind Vektoren und Operationen, die mit diesen Objekten ausgeführt werden können.[1]

5.1.1 Definition von Vektoren

Die Darstellung von Punkten in einer Ebene liefert ein anschauliches Bild von Vektoren. In der Geometrie spricht man vom **Ortsvektor** eines Punktes $P(x_1, x_2)$.

Elektronisches Zusatzmaterial Die elektronische Version dieses Kapitels enthält Zusatzmaterial, das berechtigten Benutzern zur Verfügung steht. https://doi.org/10.1007/978-3-662-63681-7_5

---

[1]Tiefergehende Betrachtungen der Linearen Algebra findet man beispielsweise in Goebbels und Ritter (2011). Kap. 3, Fischer und Springborn (2020) oder S. Lang (1987). Das empfehlenswerte Buch von Deisenroth et al. (2020) diskutiert aktuelle Anwendungen der Linearen Algebra in Data Science.

© Springer-Verlag GmbH Deutschland, ein Teil von Springer Nature 2021

T. Holey, A. Wiedemann, *Analysis und Lineare Algebra*, BA KOMPAKT,

https://doi.org/10.1007/978-3-662-63681-7_5

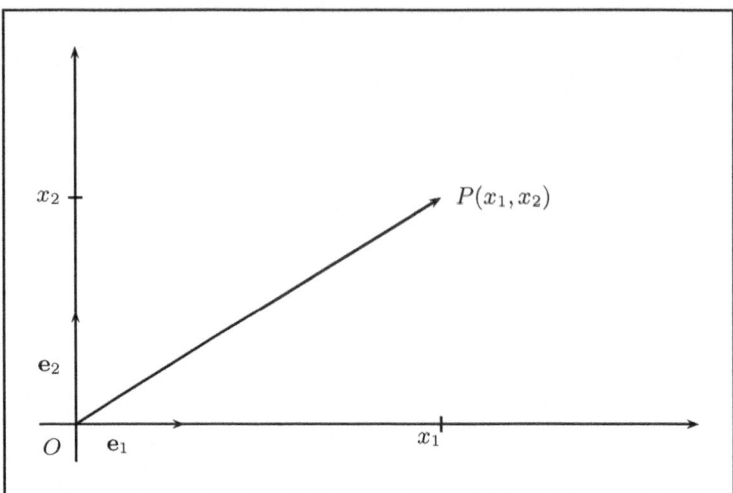

Abb. 5.1 Zum Begriff des Ortsvektors

Die Abb. 5.1 zeigt ein zweidimensionales kartesisches Koordinatensystem mit dem Ursprung O und den Einheitsvektoren

$$\mathbf{e}_1 = \begin{pmatrix} 1 \\ 0 \end{pmatrix} \text{ und } \mathbf{e}_2 = \begin{pmatrix} 0 \\ 1 \end{pmatrix}.$$

Der zu einem Punkt mit den Koordinaten x_1 und x_2 gehörende Ortsvektor ist dann:

$$\mathbf{OP} = x_1 \cdot \mathbf{e}_1 + x_2 \cdot \mathbf{e}_2$$

$$= x_1 \begin{pmatrix} 1 \\ 0 \end{pmatrix} + x_2 \begin{pmatrix} 0 \\ 1 \end{pmatrix}$$

$$= \begin{pmatrix} x_1 \\ x_2 \end{pmatrix}.$$

Im Gegensatz zu **skalaren Größen** wie der Zeit oder der Temperatur, die durch eine reelle Zahl beschrieben werden können, zeichnen sich Vektoren dadurch aus, dass mehrere Komponenten benötigt werden, um einen Vektor festzulegen. Für den dreidimensionalen Raum lässt sich dieses Konzept verallgemeinern:

$$\mathbf{OP} = \begin{pmatrix} x_1 \\ x_2 \\ x_3 \end{pmatrix}.$$

Die Eigenschaften dieser Ortsvektoren bestimmen sich anschaulich aus dem **Betrag** des Vektors (d. h. seiner Länge) und der **Richtung**. Der Betrag des Vektors ergibt sich aus dem Satz von Pythagoras zu

$$l = \sqrt{x_1^2 + x_2^2 + x_3^2}.$$

In einer verallgemeinerten Betrachtungsweise definieren wir einen Vektor in folgender Form:

▶ **Definition (Vektor)** Ein Vektor ist eine geordnete Kolonne von n Zahlen. Bei vertikaler Anordnung der Zahlen spricht man von **Spaltenvektoren**

$$\mathbf{x} = \begin{pmatrix} x_1 \\ x_2 \\ x_3 \\ \vdots \\ x_n \end{pmatrix}$$

und bei horizontaler Anordnung von **Zeilenvektoren**

$$\mathbf{y}^\top = (y_1, y_2, y_3, \ldots, y_n).$$

Hier hat sich in Anlehnung an Abschn. 5.2 die Schreibweise $\mathbf{y}^\top$ durchgesetzt, wobei $\top$ für *transponiert* steht.[2]

Beispiele

1. In der Produktionswirtschaft werden n-dimensionale Vektoren zur Beschreibung der Tagesproduktion von n Maschinen benutzt:

$$\mathbf{x} = \begin{pmatrix} x_1 \\ x_2 \\ x_3 \\ \vdots \\ x_n \end{pmatrix}$$

---

[2]Einige Eigenschaften der geometrischen Vektoren wie die Darstellung mit einer Länge und einer Richtung sowie das Transformationsverhalten lassen sich auf die allgemeine Betrachtung von Vektoren als geordnete Zahlenkolonnen nicht übertragen. Diese Überlegungen spielen aber im Rahmen wirtschaftlicher Anwendungen keine Rolle und werden hier nicht weiterverfolgt.

oder

$$\mathbf{x}^\top = (x_1, x_2, \ldots, x_n).$$

2. Im Vertrieb werden die Preise von m Produkten durch einen Vektor mit m Komponenten erfasst:

$$\mathbf{p} = \begin{pmatrix} p_1 \\ p_2 \\ p_3 \\ \vdots \\ p_m \end{pmatrix} \text{ oder } \mathbf{p}^\top = (p_1, p_2, \ldots, p_m).$$

5.1.2 Die Linearkombination von Vektoren

Vektoren können mit einem Skalar, d. h. mit einer reellen Zahl multipliziert werden:

$$s \cdot \mathbf{x} = \begin{pmatrix} s x_1 \\ s x_2 \\ \vdots \\ s x_n \end{pmatrix}. \quad s \in \mathbb{R}.$$

In der geometrischen Veranschaulichung ist die Multiplikation mit einem Skalar lediglich eine Vervielfachung[3] des ursprünglichen Vektors (siehe Abb. 5.2).
Auch die Addition zweier Vektoren:

$$\mathbf{a} + \mathbf{b} = \begin{pmatrix} a_1 + b_1 \\ a_2 + b_2 \\ \vdots \\ a_n + b_n \end{pmatrix}$$

lässt sich geometrisch veranschaulichen (siehe Abb. 5.3).
Eine **Linearkombination** von Vektoren $\mathbf{a}_1, \mathbf{a}_2, \ldots, \mathbf{a}_n$ wird definiert als Vektor:

$$\mathbf{x} = x_1 \mathbf{a}_1 + x_2 \mathbf{a}_2 + \cdots + x_n \mathbf{a}_n = \sum_{i=1}^{n} x_i \mathbf{a}_i$$

mit n reellen Koeffizienten x_i.

---

[3]Genauer eine Streckung.

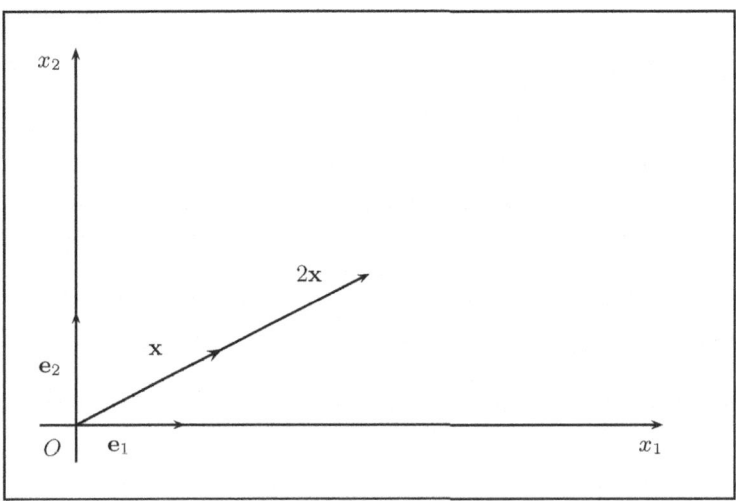

Abb. 5.2 Zur Multiplikation eines Vektors mit einem Skalar

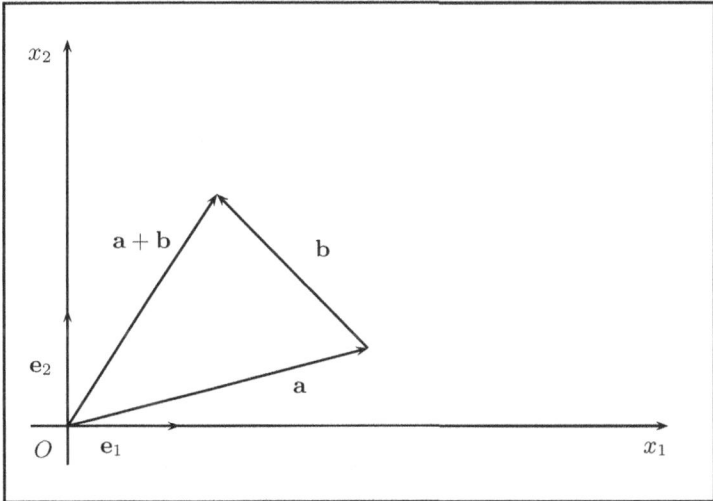

Abb. 5.3 Addition zweier Vektoren $a + b$

Im weiteren Verlauf werden wir den Begriff der **linearen Unabhängigkeit von Vektoren** benötigen.

▶ **Definition (Lineare Unabhängigkeit)** Die n Vektoren a_i, $i = 1, 2, \ldots, n$ heißen **linear unabhängig**, wenn man den Nullvektor (das ist der Vektor, bei dem alle Komponenten Null sind) nur in genau einer eindeutigen Form darstellen kann, in der alle Faktoren $x_i = 0$ sind. Die Gleichung

$$0 = \sum_{i=1}^{n} x_i \mathbf{a}_i$$

hat nur die eindeutige Lösung $x_1 = x_2 = \cdots = x_n = 0$.

Anschaulich bedeutet die lineare Unabhängigkeit von Vektoren, dass keiner der Vektoren durch eine Linearkombination der übrigen Vektoren dargestellt werden kann.

5.1.3   Skalarprodukt zweier Vektoren

Formal definieren wir das **Skalarprodukt** zweier Vektoren $\mathbf{a}^\top$ und $\mathbf{b}$ in der Form:

$$\mathbf{a}^\top \cdot \mathbf{b} = \begin{pmatrix} a_1 & a_2 & \ldots & a_n \end{pmatrix} \cdot \begin{pmatrix} b_1 \\ b_2 \\ \vdots \\ b_n \end{pmatrix}$$

$$= a_1 b_1 + a_2 b_2 + \cdots + a_n b_n$$

$$= \sum_{i=1}^{n} a_i b_i \in \mathbb{R}.$$

Beispiel Betrachten wir die Absatzmengen

$$\mathbf{x}^\top = \begin{pmatrix} x_1 & x_2 & x_3 \end{pmatrix} = (2, 5, 7)$$

von drei Produkten, so können wir die Preise dieser Produkte in einem Vektor

$$\mathbf{p} = \begin{pmatrix} p_1 \\ p_2 \\ p_3 \end{pmatrix} = \begin{pmatrix} 5 \\ 5 \\ 1 \end{pmatrix}$$

zusammenfassen. Das Skalarprodukt $\mathbf{x}^\top \cdot \mathbf{p}$ liefert den Umsatz, der mit allen Produkten zusammen generiert wird:

$$U = \mathbf{x}^\top \cdot \mathbf{p} = (2, 5, 2) \cdot \begin{pmatrix} 5 \\ 5 \\ 1 \end{pmatrix} = 10 + 25 + 2 = 37.$$

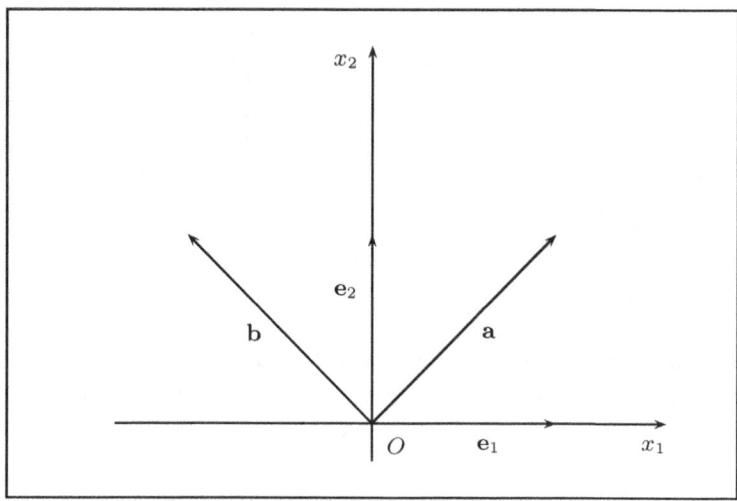

Abb. 5.4 Orthogonalität zweier Vektoren **a** und **b**

Zwei Vektoren, deren Skalarprodukt Null ist, nennt man **orthogonal**. Betrachte die beiden Vektoren

$$\mathbf{a} = \begin{pmatrix} 1 \\ 1 \end{pmatrix}, \mathbf{b} = \begin{pmatrix} -1 \\ 1 \end{pmatrix}, \qquad \mathbf{a}, \mathbf{b} \in \mathbb{R}^2.$$

Dann ist

$$\mathbf{a}^\top \cdot \mathbf{b} = (1, 1) \cdot \begin{pmatrix} -1 \\ 1 \end{pmatrix} = -1 + 1 = 0.$$

Anschaulich stehen orthogonale Vektoren senkrecht aufeinander, wie die Abb. 5.4 zeigt.

5.2   Matrizen

5.2.1 Definition einer Matrix

Die Definition von Vektoren als geordnete Zahlenkolonnen lässt sich verallgemeinern. Wir betrachten nun die Darstellung von Daten, die in tabellarischer Form vorliegen.

▶ **Definition (Matrix)** Eine **Matrix** ist eine schematische Darstellung von m Zeilen und n Spalten

$$\mathbf{A} = \begin{pmatrix} a_{11} & a_{12} & \cdots & a_{1n} \\ a_{21} & a_{22} & \cdots & a_{2n} \\ a_{31} & a_{32} & \cdots & a_{3n} \\ \vdots & \vdots & \vdots & \vdots \\ a_{m1} & a_{m2} & \cdots & a_{mn} \end{pmatrix}$$

Ein Matrixelement a_{ij} ist definiert durch den Zeilenindex i ($i = 1, 2, \ldots, m$) und den Spaltenindex j mit ($j = 1, 2, \ldots, n$).

Beispiel Als Beispiel für die Anwendung von Matrizen in der Ökonomie betrachten wir die Rohstoff-Verbrauchskoeffizienten. Sie geben an, wieviele Einheiten verschiedener Rohstoffe benötigt werden, um eine Einheit unterschiedlicher Produkte herzustellen.

	Produkt 1	Produkt 2	Produkt 3
Rohstoff 1	1	2	3
Rohstoff 2	0	3	1

Dieses Zahlenschema führt auf die Matrix:

$$\mathbf{R} = \begin{pmatrix} 1 & 2 & 3 \\ 0 & 3 & 1 \end{pmatrix}.$$

Der Matrixeintrag $r_{23} = 1$ bedeutet: Je Produkteinheit des Produktes 3 wird eine Einheit des Rohstoffes 2 benötigt.

Mit der Definition einer Matrix lassen sich weitere Grundbegriffe für Matrizen einführen:

* Die **quadratische Matrix**
  Ist $m = n$ spricht man von einer *quadratischen Matrix*. Die Elemente

$$a_{11}, a_{22}, \ldots, a_{nn}$$

  nennt man dann *Diagonalelemente*.
* Die **transponierte Matrix**
  Das Vertauschen von Zeilen und Spalten einer Matrix wird **Transposition** genannt. Gegeben sei eine Matrix:

$$\mathbf{A} = \left(a_{ij} \right) \text{ mit } i = 1, 2, \ldots, m; \ j = 1, 2, \ldots, n,$$

  dann ist die transponierte Matrix durch

$$\mathbf{A}^\top = \left(a_{ji}\right) \text{ mit } i = 1, 2, \ldots, m; \; j = 1, 2, \ldots, n$$

gegeben.

Beispiel Gegeben sei die 2×3-Matrix:

$$\mathbf{A} = \begin{pmatrix} 2 & 3 & 5 \\ 1 & 4 & 7 \end{pmatrix},$$

dann ist die transponierte Matrix eine 3×2-Matrix mit

$$\mathbf{A}^\top = \begin{pmatrix} 2 & 1 \\ 3 & 4 \\ 5 & 7 \end{pmatrix}.$$

Es gilt:

$$(\mathbf{A}^\top)^\top = \mathbf{A}.$$

Aufgrund dieser Eigenschaft sagt man, die Transposition ist idempotent.

- **Symmetrische Matrizen**

  Für quadratische Matrizen kann der Fall eintreten, dass

$$\mathbf{A}^\top = \mathbf{A},$$

  in diesem Fall heißt **A symmetrische Matrix**.

  Beispiel Die Matrix

$$\mathbf{A} = \begin{pmatrix} 2 & 3 & 5 \\ 3 & 4 & 7 \\ 5 & 7 & 9 \end{pmatrix}$$

  ist eine symmetrische 3×3-Matrix, denn es gilt $a_{ij} = a_{ji}$.

- **Antisymmetrische Matrizen**

  Ebenfalls für quadratische Matrizen kann der Fall eintreten

$$\mathbf{A}^\top = -\mathbf{A},$$

  dann heißt **A** antisymmetrisch. Für die Matrixelemente bedeutet dies:

$$a_{ij} = -a_{ji} \text{ und } a_{ii} = 0.$$

Beispiele Die Matrix

$$A = \begin{pmatrix} 0 & -1 \\ 1 & 0 \end{pmatrix}$$

ist antisymmetrisch, da sie die Eigenschaft $A^\top = -A$ hat.

• **Vektoren**

Vektoren sind spezielle Matrizen. Ein Vektor der Form:

$$a = \begin{pmatrix} a_1 \\ a_2 \\ \vdots \\ a_n \end{pmatrix}$$

ist eine Matrix mit n Zeilen und einer Spalte, also eine $n \times 1$-Matrix. Ein Zeilenvektor

$$a^\top = (a_1, a_2, \ldots, a_n)$$

ist dann eine Matrix mit einer Zeile und n Spalten, also eine $1 \times n$-Matrix.

• Die **Nullmatrix**

Die *Nullmatrix* ist definiert als die $m \times n$-Matrix mit $a_{ij} = 0$ für alle $i = 1, 2, \ldots, m; j = 1, 2, \ldots, n$. Für die Nullmatrix schreiben wir: $0_{m \times n}$.

• Die **Einheitsmatrix**

Die *Einheitsmatrix* ist eine symmetrische $n \times n$-Matrix mit

$$\mathbb{1}_{n \times n} = \begin{pmatrix} 1 & 0 & 0 & \cdots & 0 \\ 0 & 1 & 0 & \cdots & 0 \\ \vdots & \vdots & \vdots & & \\ 0 & 0 & 0 & \cdots & 1 \end{pmatrix} = E.$$

Diese Matrix wird mitunter auch geschrieben in der Form:

$$\mathbb{1}_{n \times n} = (\delta_{ij}); \quad i, j = 1, 2, \ldots, n$$

mit dem Kronecker-Delta-Symbol:

$$\delta_{ij} = \begin{cases} 1 & \text{für } i = j; \quad i, j = 1, 2, \ldots, n \\ 0 & \text{sonst.} \end{cases}.$$

5.2.2 Addition von Matrizen

▶ **Definition (Addition von Matrizen)** Gegeben seien zwei $m \times n$-Matrizen **A** und **B**, dann ist die Summe dieser beiden Matrizen wieder eine $m \times n$-Matrix:

$$C = A + B$$

mit der komponentenweise Addition:

$$c_{ij} = a_{ij} + b_{ij}, \text{ mit } i = 1, 2, \ldots, m; j = 1, 2, \ldots, n.$$

Beispiel Für die Produktion der Produkte P_1 und P_2 ist die Bestellmenge der Kunden K_1, K_2, K_3 ausschlaggebend. Für die Produktionsplanung wird die Produktion aus zwei Quartalen Q_1, Q_2 betrachtet.

	Produkt 1	Produkt 2	Produkt 1	Produkt 2
Kunde 1	1	2	2	1
Kunde 2	0	1	0	1
Kunde 3	3	2	0	2
	Q_1		Q_2	

Damit steht die Matrix

$$B_1 = \begin{pmatrix} 1 & 2 \\ 0 & 1 \\ 3 & 2 \end{pmatrix}$$

für die Bestellung im ersten Quartal Q_1 und die Matrix

$$B_2 = \begin{pmatrix} 2 & 1 \\ 0 & 1 \\ 0 & 2 \end{pmatrix}$$

für die Bestellung im Quartal Q_2. Die Gesamtbestellung ergibt sich zu:

$$B = B_1 + B_2 = \begin{pmatrix} 3 & 3 \\ 0 & 2 \\ 3 & 4 \end{pmatrix}.$$

Für die Addition von Matrizen gelten die folgenden Gesetze:

1. **Asssoziativitätsgesetz:**

$$(A + B) + C = A + (B + C).$$

2. **Kommutativitätsgesetz:**

$$A + B = B + A.$$

3. **Linearität der Transposition:**

$$(A + B)^\top = A^\top + B^\top.$$

5.2.3   Multiplikation mit einem Skalar

▶ **Definition (Multiplikation einer Matrix mit einem Skalar)** Sei $s \in \mathbb{R}$ ein reelle Zahl und A eine $m \times n$-Matrix. Dann ist die Multiplikation mit der skalaren Größe s komponentenweise definiert über:

$$s \cdot A = (s \cdot a_{ij}) \text{ für } i = 1, 2, \ldots, m; \quad j = 1, 2, \ldots n.$$

Für die Skalarmultiplikation gelten folgende Regeln:

1. **Kommutativität:**

$$s \cdot A = A \cdot s.$$

2. **Assoziativität:**

$$(s_1 \cdot s_2) \cdot A = s_1 \cdot (s_2 \cdot A).$$

3. **Distributivität bezüglich der Matrizenaddition:**

$$s \cdot (A + B) = s \cdot A + s \cdot B.$$

4. **Distributivität bezüglich der skalaren Addition:**

$$(s_1 + s_2) \cdot A = s_1 \cdot A + s_2 \cdot A.$$

5.2.4 Matrizenmultiplikation

▶ **Definition (Matrizenmultiplikation)** Das Produkt zweier Matrizen **A** und **B** mit

$$\mathbf{A} = (a_{ij}); \qquad i = 1, 2, \ldots, m; \quad j = 1, 2, \ldots n$$

und

$$\mathbf{B} = (b_{jk}); \qquad j = 1, 2, \ldots, n; \quad k = 1, 2, \ldots l$$

ist definiert als

$$\mathbf{C} = \mathbf{A} \cdot \mathbf{B}$$

mit:

$$c_{ik} = \sum_{j=1}^{n} a_{ij} \cdot b_{jk} \qquad (5.1)$$

mit $i = 1, 2, \ldots, m$ und $k = 1, 2, \ldots, l$. Über den Index $j = 1, 2, \ldots, n$ wird summiert.

Es sei an dieser Stelle betont, dass das Matrizenprodukt (5.1) nur definiert ist, falls die Spaltenanzahl der Matrix **A** mit der Zeilenanzahl der Matrix **B** übereinstimmt.

Beispiele

1. Wir betrachten die 2×2-Matrix **A** mit:

$$\mathbf{A} = \begin{pmatrix} a_{11} & a_{12} \\ a_{21} & a_{22} \end{pmatrix}$$

und die 2×3-Matrix **B** mit

$$\mathbf{B} = \begin{pmatrix} b_{11} & b_{12} & b_{13} \\ b_{21} & b_{22} & b_{23} \end{pmatrix}.$$

Dann ist das Produkt dieser beiden Matrizen gegeben durch die 2×3-Matrix **C** mit den Komponenten

$$c_{ik} = \sum_{j=1}^{2} a_{ij} \cdot b_{jk}$$

und:

$$c_{11} = a_{11} \cdot b_{11} + a_{12} \cdot b_{21}$$

$$c_{21} = a_{21} \cdot b_{11} + a_{22} \cdot b_{21}$$

$$c_{12} = a_{11} \cdot b_{12} + a_{12} \cdot b_{22}$$

$$c_{22} = a_{21} \cdot b_{12} + a_{22} \cdot b_{22}$$

$$c_{13} = a_{11} \cdot b_{13} + a_{12} \cdot b_{23}$$

$$c_{23} = a_{21} \cdot b_{13} + a_{22} \cdot b_{23}.$$

Damit ist die Produktmatrix:

$$\mathbf{C} = \begin{pmatrix} c_{11} \ c_{12} \ c_{13} \\ c_{21} \ c_{22} \ c_{23} \end{pmatrix}.$$

Das Beispiel zeigt, dass die Matrizenmultiplikation betrachtet werden kann als ein Skalarprodukt aus Zeilen- und Spaltenvektoren. Der Zeilenvektor aus der i-ten Zeile der Matrix $\mathbf{A}$ wird mit dem Spaltenvektor der k-ten Spalte von $\mathbf{B}$ skalar multipliziert und liefert das Element c_{jk} der Produktmatrix. Betrachte z. B.:

$$c_{13} = \begin{pmatrix} a_{11} \ a_{12} \end{pmatrix} \cdot \begin{pmatrix} b_{13} \\ b_{23} \end{pmatrix} = a_{11}b_{13} + a_{12}b_{23}.$$

2. Sei

$$\mathbf{A} = \begin{pmatrix} 2 \ 3 \\ 4 \ 3 \end{pmatrix} \text{ und } \mathbf{B} = \begin{pmatrix} 4 \ 3 \\ 2 \ 1 \end{pmatrix},$$

dann ist die Produktmatrix $\mathbf{C}$ explizit gegeben durch:

$$\mathbf{C} = \mathbf{A} \cdot \mathbf{B}$$

$$= \begin{pmatrix} 2 \ 3 \\ 4 \ 3 \end{pmatrix} \cdot \begin{pmatrix} 4 \ 3 \\ 2 \ 1 \end{pmatrix}$$

$$= \begin{pmatrix} 2 \cdot 4 + 3 \cdot 2 \ 2 \cdot 3 + 3 \cdot 1 \\ 4 \cdot 4 + 3 \cdot 2 \ 4 \cdot 3 + 3 \cdot 1 \end{pmatrix}$$

$$= \begin{pmatrix} 14 \ 9 \\ 22 \ 15 \end{pmatrix}.$$

Warum die Definition der Matrizenmultiplikation in dieser Weise sinnvoll ist, zeigt die folgende Betrachtung an einem Beispiel für eine mehrstufige Produktion.

Ein Unternehmen stellt zwei Typen von Endprodukten E_1 und E_2 her. Diese Endprodukte werden aus drei verschiedenen Arten von Zwischenprodukten gefertigt. Diese bezeichnen wir mit Z_1, Z_2, Z_3. Die Zwischenprodukte selbst wiederum werden aus vier verschiedenen Rohstoffen $R_1, \ldots, R_4$ hergestellt. Für jedes Zwischenprodukt Z_1, Z_2, Z_3 werden unterschiedliche Mengen der verschiedenen Rohstoffe benötigt. Die Rohstoff-Verbrauchskoeffizienten könnten beispielsweise folgendermaßen aussehen:

Rohstoff	Z_1	Z_2	Z_3
R_1	4	3	3
R_2	2	4	6
R_3	1	7	4
R_4	3	3	0.

Diese Zuordnung fassen wir in einer 4×3-Matrix $\mathbf{A}$ zusammen:

$$\mathbf{A} = \begin{pmatrix} 4 & 3 & 3 \\ 2 & 4 & 6 \\ 1 & 7 & 4 \\ 3 & 3 & 0 \end{pmatrix}.$$

Ein analoges Schema kann man auch für die 2. Produktionsstufe mit den Produktionskoeffizienten der Zwischenprodukte aufstellen:

Zw.−Produkt	E_1	E_2
Z_1	6	5
Z_2	4	3
Z_3	1	2.

Dies bedeutet also, dass 6 Einheiten des Zwischenproduktes Z_1, 4 Einheiten des Zwischenproduktes Z_2 und 1 Einheit des Zwischenproduktes Z_3 benötigt werden, um eine Einheit des Endproduktes E_1 herzustellen. Diese Zuordnung wird in eine 3×2-Matrix $\mathbf{B}$ geschrieben:

$$\mathbf{B} = \begin{pmatrix} 6 & 5 \\ 4 & 3 \\ 1 & 2 \end{pmatrix}.$$

Für die Bestellmenge der Rohstoffe ist allein die Anzahl der zu fertigenden Endprodukte ausschlaggebend.

Bilden wir das Matrixprodukt in der in Gl. (5.1) definierten Form:

$$\mathbf{C} = \mathbf{A} \cdot \mathbf{B}$$

$$= \begin{pmatrix} 4 & 3 & 3 \\ 2 & 4 & 6 \\ 1 & 7 & 4 \\ 3 & 3 & 0 \end{pmatrix} \cdot \begin{pmatrix} 6 & 5 \\ 4 & 3 \\ 1 & 2 \end{pmatrix}$$

$$= \begin{pmatrix} 39 & 35 \\ 34 & 34 \\ 38 & 34 \\ 30 & 24 \end{pmatrix},$$

so liefert uns das Matrixprodukt die Produktionskoeffizienten der Rohstoffe bezüglich der Endprodukte.

Rohstoff	E_1 E_2
R_1	39 35
R_2	34 34
R_3	38 34
R_4	30 24.

Betrachten wir das erste Element in der 1. Zeile und 1. Spalte: Für die Herstellung einer Einheit E_1 werden 39 Einheiten des Rohstoffes R_1 benötigt. Diese setzen sich zusammen aus den Einheiten der Zwischenprodukte, die für die Fertigung von E_1 erforderlich sind und für jedes Zwischenprodukt ist wieder eine bestimmte Menge an R_1 erforderlich.

5.2.5 Rechenregeln des Matrizenproduktes

In diesem Abschnitt geben wir einige Rechenregeln an, die für das Produkt von Matrizen hilfreich sind. Die Beweise ergeben sich – wie exemplarisch für das Assoziativitätsgesetz gezeigt – durch die genaue Betrachtung der Indizes.

1. **Assoziativitätsgesetz:**

$$(\mathbf{A} \cdot \mathbf{B}) \cdot \mathbf{C} = \mathbf{A} \cdot (\mathbf{B} \cdot \mathbf{C}). \tag{5.2}$$

Beweis Setze $\mathbf{D} = (\mathbf{A} \cdot \mathbf{B}) \cdot \mathbf{C}$ und $\mathbf{D}' = \mathbf{A} \cdot (\mathbf{B} \cdot \mathbf{C})$, dann ist:

$$d_{ij} = ((\mathbf{A} \cdot \mathbf{B}) \cdot \mathbf{C}))_{ij}$$

$$= \sum_{k=1}^{m} (\mathbf{A} \cdot \mathbf{B})_{ik} \cdot c_{kj}$$

$$= \sum_{k=1}^{m} (\sum_{l=1}^{n} a_{il} \cdot b_{lk}) \cdot c_{kj}$$

$$= \sum_{l=1}^{n} a_{il} \cdot (\sum_{k=1}^{m} b_{lk} \cdot c_{kj})$$

$$= \sum_{l=1}^{n} a_{il} \cdot (\mathbf{B} \cdot \mathbf{C})_{lj}$$

$$= (\mathbf{A} \cdot (\mathbf{B} \cdot \mathbf{C}))_{ij}$$

$$= (d')_{ij}.$$

Da wir hier endliche Matrizen betrachten, ist die Vertauschung der Summen erlaubt.

2. **Assoziativität der Multiplikation mit Skalaren:**
   Für alle $s \in \mathbb{R}$ gilt:

   $$s \cdot (\mathbf{A} \cdot \mathbf{B}) = (s \cdot \mathbf{A}) \cdot \mathbf{B}. \tag{5.3}$$

3. **Distributivgesetz:**

   $$\mathbf{A} \cdot (\mathbf{B} + \mathbf{C}) = \mathbf{A} \cdot \mathbf{B} + \mathbf{A} \cdot \mathbf{C}. \tag{5.4}$$

4. Multiplikation mit der **Einheitsmatrix:**
   Sei $\mathbf{A}$ eine $n \times n$-Matrix und $\mathbb{1}_{n \times n}$ die $n \times n$-Einheitsmatrix. Dann gilt:

   $$\mathbf{A} \cdot \mathbb{1}_{n \times n} = \mathbb{1}_{n \times n} \cdot \mathbf{A} = \mathbf{A}. \tag{5.5}$$

5. Multiplikation mit der **Nullmatrix:**
   Die Multiplikation eine beliebigen Matrix $\mathbf{A}$ mit der Nullmatrix ergibt die Nullmatrix:

   $$\mathbf{A} \cdot 0_{n \times n} = 0_{n \times n} \cdot \mathbf{A} = \mathbf{0}. \tag{5.6}$$

Anmerkung:
Die Matrizenmultiplikation hat folgende Eigenschaft: Das Produkt zweier Matrizen kann die Nullmatrix ergeben, obwohl beide Matrizen von der Nullmatrix verschieden sind.

Beispiel Sei

$$A = \begin{pmatrix} 1 & 1 & 1 \\ 2 & 2 & 2 \end{pmatrix} \text{ und } B = \begin{pmatrix} 1 & -1 \\ 1 & -1 \\ -2 & 2 \end{pmatrix},$$

dann ist:

$$A \cdot B = \begin{pmatrix} 1 & 1 & 1 \\ 2 & 2 & 2 \end{pmatrix} \cdot \begin{pmatrix} 1 & -1 \\ 1 & -1 \\ -2 & 2 \end{pmatrix} = \begin{pmatrix} 0 & 0 \\ 0 & 0 \end{pmatrix} = 0_{2 \times 2}.$$

6. **Transposition:**
   Es gilt:

$$(A \cdot B)^\top = B^\top \cdot A^\top. \tag{5.7}$$

Beispiel Als Beispiel zur Illustration der Eigenschaft (5.7) betrachten wir die beiden Matrizen:

$$A = \begin{pmatrix} 1 & 5 \\ 2 & 3 \end{pmatrix} \quad \text{und} \quad B = \begin{pmatrix} 2 & 3 \\ 4 & 5 \end{pmatrix}.$$

Die transponierten Matrizen sind:

$$A^\top = \begin{pmatrix} 1 & 2 \\ 5 & 3 \end{pmatrix} \text{ und } B^\top = \begin{pmatrix} 2 & 4 \\ 3 & 5 \end{pmatrix}.$$

Dann ist das Produkt:

$$A \cdot B = \begin{pmatrix} 22 & 28 \\ 16 & 21 \end{pmatrix}.$$

und die Transposition dieses Produktes ist:

$$(\mathbf{A} \cdot \mathbf{B})^\top = \begin{pmatrix} 22 & 16 \\ 28 & 21 \end{pmatrix}.$$

Auf der anderen Seite haben wir:

$$\mathbf{B}^\top \cdot \mathbf{A}^\top = \begin{pmatrix} 2 & 4 \\ 3 & 5 \end{pmatrix} \cdot \begin{pmatrix} 1 & 2 \\ 5 & 3 \end{pmatrix}$$

$$= \begin{pmatrix} 22 & 16 \\ 28 & 21 \end{pmatrix}$$

$$= (\mathbf{A} \cdot \mathbf{B})^\top.$$

7. **Nicht-Kommutativität:**
Die Matrizenmultiplikation ist im Allgemeinen nicht kommutativ, das heißt:

$$\mathbf{A} \cdot \mathbf{B} \neq \mathbf{B} \cdot \mathbf{A} \qquad (5.8)$$

wie ein einfaches Beispiel zeigt:

$$\mathbf{A} = \begin{pmatrix} 1 & 2 \\ 2 & 3 \end{pmatrix} \text{ und } \mathbf{B} = \begin{pmatrix} 2 & 0 \\ 1 & 1 \end{pmatrix},$$

dann ist:

$$\mathbf{A} \cdot \mathbf{B} = \begin{pmatrix} 4 & 2 \\ 7 & 3 \end{pmatrix}$$

und

$$\mathbf{B} \cdot \mathbf{A} = \begin{pmatrix} 2 & 2 \\ 7 & 3 \end{pmatrix}.$$

5.2.6 Inverse Matrix

Multiplikative inverse Elemente x^{-1} haben im Allgemeinen die Eigenschaft

$$x \cdot x^{-1} = 1.$$

Das Produkt eines Elementes x mit seinem inversen Element x^{-1} führt also auf das neutrale Element der Multiplikation, das die Eigenschaft

$$a \cdot 1 = 1 \cdot a = a$$

besitzt.

Für die Matrizenmultiplikation gibt es, wie wir gesehen haben, ein neutrales Element, wenn Matrizen quadratisch sind (vgl. Gl (5.5)). Daher können wir formal für eine $n \times n$-Matrix $\mathbf{A}$ die **inverse Matrix** $\mathbf{A}^{-1}$ definieren:

$$\mathbf{A} \cdot \mathbf{A}^{-1} = \mathbf{A}^{-1} \cdot \mathbf{A} = \mathbb{1}_{n \times n}. \tag{5.9}$$

Beispiel Die beiden Matrizen

$$\mathbf{A} = \begin{pmatrix} -2 & 1 \\ \frac{3}{2} & -\frac{1}{2} \end{pmatrix} \text{ und } \mathbf{A}^{-1} = \begin{pmatrix} 1 & 2 \\ 3 & 4 \end{pmatrix}$$

erfüllen die Bedingung:

$$\mathbf{A} \cdot \mathbf{A}^{-1} = \begin{pmatrix} -2 & 1 \\ \frac{3}{2} & -\frac{1}{2} \end{pmatrix} \cdot \begin{pmatrix} 1 & 2 \\ 3 & 4 \end{pmatrix} = \begin{pmatrix} 1 & 0 \\ 0 & 1 \end{pmatrix} = \mathbb{1}_{2 \times 2}.$$

Die Fragen der Existenz, der Bestimmung und Anwendungen für die inverse Matrix setzen Kenntnisse im Umgang mit linearen Gleichungssystemen voraus. Daher verschieben wir diese Punkte auf Abschn. 5.3.4 und stellen hier noch Rechenregeln für die inverse Matrix zusammen.

Rechenregeln für inverse Matrizen:

$$(\mathbf{A}^{-1})^{-1} = \mathbf{A} \tag{5.10}$$

$$(\mathbf{A}^{-1})^{\top} = (\mathbf{A}^{\top})^{-1} \tag{5.11}$$

$$(\mathbf{A} \cdot \mathbf{B})^{-1} = \mathbf{B}^{-1} \cdot \mathbf{A}^{-1}. \tag{5.12}$$

Den Beweis dieser Beziehungen überlassen wir dem Leser als Übungsaufgabe.

5.3 Lineare Gleichungssysteme

5.3.1 Grundlegende Betrachtungen

Unter einem **linearen Gleichungssystem** (LGS) verstehen wir ein System von mehreren linearen Gleichungen für die Variablen $x_1, x_2, \ldots, x_n$. Diese Gleichungen sind *linear*, wenn alle vorkommenden Terme für die Variablen linear sind. Es dürfen in dem Gleichungssystem also keine Potenzen der Variablen größer als 1 auftreten und keine Produkte der Form $x_i \cdot x_j$. Für die n Variablen x_i, $i = 1, 2, \ldots, n$ können im Allgemeinen m Gleichungen gegeben sein. Wir schreiben für das LGS dann in Matrixnotation:

$$\mathbf{A} \cdot \mathbf{x} = \mathbf{b},$$

dabei ist $\mathbf{A}$ eine $m \times n$-Matrix, $\mathbf{x}$ ein Vektor mit n Komponenten und $\mathbf{b}$ ein Vektor mit m Komponenten. Ausgeschrieben sieht das lineare Gleichungssystem folgendermaßen aus:

$$a_{11}x_1 + a_{12}x_2 + \cdots + a_{1n}x_n = b_1$$
$$a_{21}x_1 + a_{22}x_2 + \cdots + a_{2n}x_n = b_2$$
$$\vdots \qquad \vdots$$
$$a_{m1}x_1 + a_{m2}x_2 + \cdots + a_{mn}x_n = b_m$$

mit $n, m \in \mathbb{N}$. n ist die Anzahl der Unbekannten, m die Anzahl der Gleichungen.

Unter der **Lösung** eines LGS verstehen wir einen Vektor $\mathbf{x}_L$, für den alle Gleichungen des LGS erfüllt sind, d. h. zu wahren Aussagen werden.

Das Lösungsverhalten linearer Gleichungssysteme mit beliebiger Anzahl von Variablen und Gleichungen lässt sich in drei Kategorien einteilen:

1. Es gibt eine eindeutige Lösung des Systems, d. h. durch den Vektor $\mathbf{x} = \mathbf{x}_L$ werden alle Gleichungen zu wahren Aussagen.
2. Das LGS hat keine Lösung, d. h. es existiert kein Vektor $\mathbf{x}_L$ der Art, dass alle Gleichungen in eine wahre Aussage übergehen.
3. Das LGS ist mehrdeutig lösbar, d. h. der Lösungsvektor $\mathbf{x}_L$ enthält mindestens einen frei wählbaren Parameter.

Ein LGS mit gleich vielen Unbekannten wie Gleichungen ($n = m$) nennt man quadratisch, ein LGS mit mehr Gleichungen als Unbekannten ($m > n$) nennt man **überbestimmtes LGS**. Überbestimmte Gleichungssysteme haben in der Regel – d. h. es gibt Ausnahmen – keine Lösung.

Ein LGS mit weniger Gleichungen als Unbekannten ($m < n$) nennt man **unterbestimm-
tes LGS**. Im Allgemeinen haben unterbestimmte LGS unendlich viele Lösungen, der
Lösungsvektor enthält einen oder mehrere frei wählbare Parameter.[4]
Die drei Lösungskategorien können an einfachen LGS mit zwei Variablen und zwei
Gleichungen untersucht und für diesen Fall auch graphisch dargestellt werden.

Wir betrachten das LGS:

$$-3x_1 + 2x_2 = 4 \tag{5.13}$$

$$x_2 = 5. \tag{5.14}$$

Setzen wir Gl. (5.14) in (5.13) ein, so erhalten wir:

$$-3x_1 + 10 = 4$$
$$x_1 = 2.$$

Die Lösung des LGS ist also:

$$\mathbf{x}_L = \begin{pmatrix} 2 \\ 5 \end{pmatrix}.$$

In der graphischen Darstellung erhält man einen Schnittpunkt der beiden Geraden (5.13)
und (5.14). Dies ist in der Abb. 5.5 dargestellt.
Betrachten wir nun ein zweites LGS:

$$x_1 + x_2 = 0 \tag{5.15}$$

$$x_1 + x_2 = 1. \tag{5.16}$$

Aus (5.15) folgt $x_1 = -x_2$. Verwenden wir dies in Gl. (5.16), so erhalten wir $-x_2 + x_2 = 1$
also mit $0 = 1$ eine falsche Aussage. Dieses LGS ist somit unlösbar. In der graphischen
Darstellung in der Abb. 5.6 äußert sich dieser Sachverhalt darin, dass die beiden Geraden
parallel sind und sich nicht schneiden.

---

[4]Die Festlegung, ob ein LGS quadratisch, unter- oder überbestimmt ist, erfordert weitere Techniken
für die Untersuchung der Gleichungen, insbesondere das Konzept des Rangs einer Matrix. Wir
verweisen an dieser Stelle auf die Literatur, siehe Arens et al. (2018) Kapitel 14, oder Deisenroth et
al. (2020).

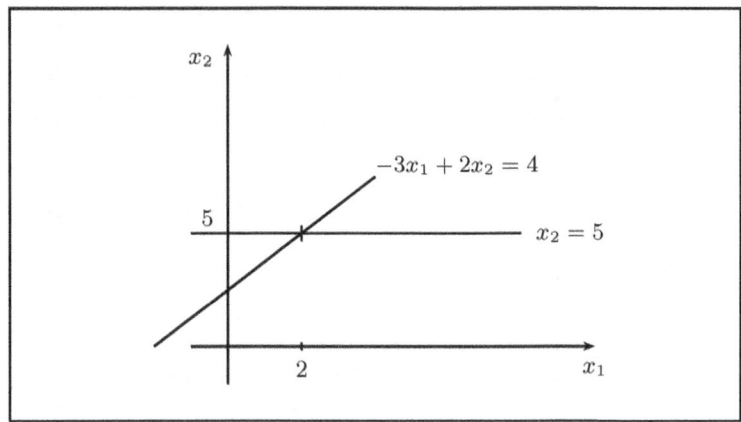

Abb. 5.5 Graphische Darstellung der eindeutigen Lösung eines LGS

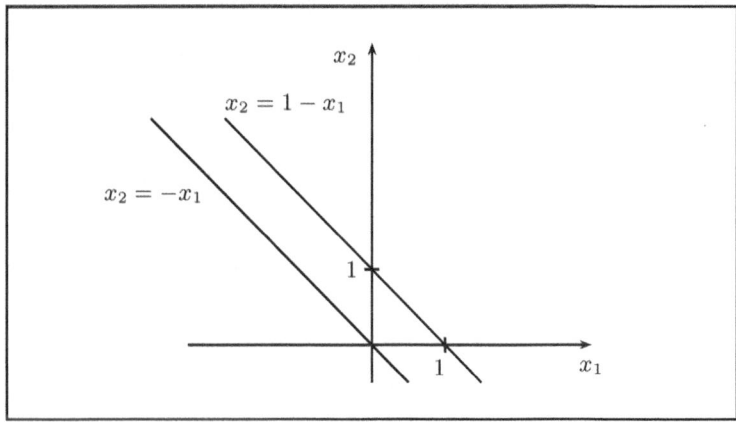

Abb. 5.6 Graphische Darstellung eines nicht-lösbaren LGS

Schließlich noch der 3. Fall. Wir betrachten das LGS:

$$x_1 + 2x_2 = 3 \tag{5.17}$$

$$2x_1 + 4x_2 = 6. \tag{5.18}$$

Setzen wir jetzt $x_1 = 3 - 2x_2$ aus der Gl. (5.17) in die Gl. (5.18) ein, so erhalten wir eine stets wahre Aussage, z. B. in der Form

$$2(3 - 2x_2) + 4x_2 = 6$$

$$x_2 = x_2.$$

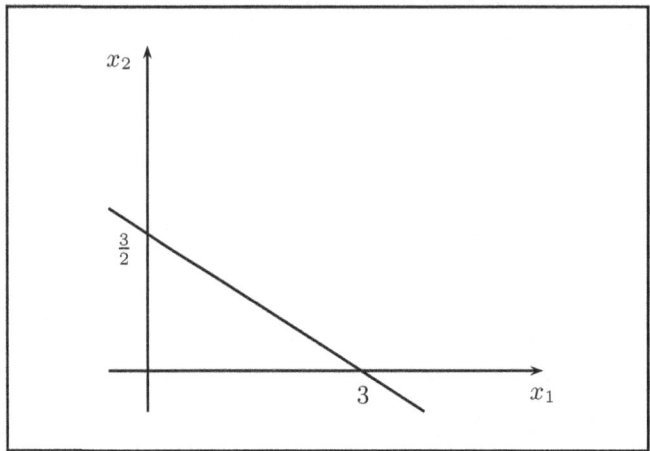

Abb. 5.7 Graphische Darstellung eines mehrdeutig lösbaren LGS

Das ursprüngliche LGS schreiben wir in der Form:

$$x_1 = 3 - 2x_2$$

$$x_2 = x_2$$

und interpretieren die Lösung folgendermaßen: Für x_2 ist ein beliebiger reeller Parameter $x_2 = t \in \mathbb{R}$ wählbar, für die Lösung x_L erhalten wir:

$$\mathbf{x}_L = \begin{pmatrix} 3 - 2t \\ t \end{pmatrix}.$$

In der graphischen Darstellung (vgl. Abb. 5.7) erkennt man, dass die Gl. (5.17) und (5.18) auf identische Geraden führen, es gibt also beliebig viele Schnittpunkte. Man sagt in diesem Fall, die Gleichungen des LGS sind *linear abhängig*. Damit wird zum Ausdruck gebracht, dass die Vektoren, die aus den Koeffizienten gebildet werden, linear abhängig sind. Hier sind dies die Vektoren

$$\begin{pmatrix} 1 & 2 & 3 \end{pmatrix} \qquad \text{und} \qquad \begin{pmatrix} 2 & 4 & 6 \end{pmatrix},$$

wobei die dritte Komponente jeweils für die rechte Seite der Gl. (5.17) und (5.18) steht.

5.3.2 Lösungsverfahren für lineare Gleichungssysteme

In diesem Kapitel untersuchen wir zwei Verfahren, um lineare Gleichungssysteme zu lösen.

Zunächst betrachten wir das **Gaußsche Eliminationsverfahren**. Die Idee ist, durch sukzessives Eliminieren von Variablen das LGS in eine Form zu bringen, bei der in der letzten Gleichung nur eine Variable vorkommt, in der vorletzten Gleichung noch zwei Variable, in der ersten Gleichung bleiben dabei alle Variablen erhalten. Wir betrachten dazu ein Beispiel eines linearen Gleichungssystems mit drei Variablen und drei Gleichungen:

$$2x_1 + 4x_2 - 2x_3 = 20 \tag{5.19}$$

$$x_1 + 3x_2 - 2x_3 = 13 \tag{5.20}$$

$$-x_1 + x_2 + x_3 = 5. \tag{5.21}$$

In einem ersten Schritt eliminieren wir die Variable x_1 aus allen Gleichungen außer der ersten. Dabei ist darauf zu achten, dass die übrigen Gleichungen mindestens einmal verwendet werden. Durch Subtraktion der Gl. (5.19)–(5.20) und Addition von Gl. (5.20) und (5.21) erhalten wir das äquivalente LGS:[5]

$$\tfrac{1}{2} \cdot (5.19): \quad x_1 + 2x_2 - x_3 = 10 \tag{5.22}$$

$$(5.19) - (5.20): \quad - x_2 + x_3 = -3 \tag{5.23}$$

$$(5.20) + (5.21): \quad 4x_2 - x_3 = 18. \tag{5.24}$$

Im nächsten Schritt wollen wir erreichen, dass aus (5.24) eine Gleichung wird, in der nur noch die Variable x_3 vorkommt. Weiterhin ist es wünschenswert, dass die ersten Variablen in den entsprechenden Gleichungen den Koeffizienten 1 haben. Dies erreichen wir durch:

$$(5.22): \quad x_1 + 2x_2 - x_3 = 10 \tag{5.25}$$

$$-(5.23): \quad x_2 - x_3 = 3 \tag{5.26}$$

$$\tfrac{1}{3}(4 \cdot (5.23) + (5.24)): \quad x_3 = 2. \tag{5.27}$$

---

[5]Bei den nachfolgenden Transformationen der linearen Gleichungssysteme handelt es sich um äquivalente Umformungen, die wir in Abschn. 1.4 untersucht haben, solche Transformationen ändern die Lösungsmenge nicht.

Die Lösung des ursprünglichen LGS lässt sich nun von unten her schrittweise bestimmen:

aus (5.27) : $\quad\quad x_3 = 2$

damit und (5.26) : $\quad x_2 = 3 + x_3 = 5$

damit und (5.25) : $\quad x_1 = 10 - 2x_2 + x_3 = 2.$

Damit ist der Lösungsvektor

$$\mathbf{x}_L = \begin{pmatrix} 2 \\ 5 \\ 2 \end{pmatrix}.$$

Im Gaußschen Lösungsverfahren werden die Variablen schrittweise eliminiert und man erhält dadurch eine ‚Dreiecksform' des linearen Gleichungssystems (das sind Gl. (5.25)–(5.27)), aus der die Lösung in wenigen elementaren Rechenschritten bestimmt werden kann.[6]

Ein zweites Verfahren, das wir hier näher betrachten wollen, hat große Ähnlichkeit mit dem Gaußschen Verfahren, zielt jedoch auf eine etwas andere Form der Darstellung des LGS ab, um die Lösung zu bestimmen. In diesem Verfahren, das **Pivot-Verfahren** oder **Verfahren der vollständigen Elimination von Variablen** genannt wird,[7] wird das LGS in die sogenannte **Diagonalform** gebracht. Hieraus kann die Lösung des ursprünglichen LGS direkt abgelesen werden. Betrachten wir die Koeffizienten des LGS als Spaltenvektoren, dann werden in diesem Verfahren schrittweise Einheitsvektoren generiert. Zur Illustration dieses Verfahrens betrachten wir das gleiche Beispiel wie zuvor, um die Unterschiede deutlich zu machen.

$$2x_1 + 4x_2 - 2x_3 = 20 \tag{5.28}$$

$$x_1 + 3x_2 - 2x_3 = 13 \tag{5.29}$$

$$-x_1 + x_2 + x_3 = 5. \tag{5.30}$$

Zunächst wird der Einheitsvektor in Spalte 1 (Koeffizienten der Variablen x_1) generiert. Bei der Umformung wird in diesem Verfahren grundsätzlich nur die Gleichung verwendet,

---

[6]Siehe auch Arens et al. (2018), Kapitel 14.2.

[7]Das Pivot-Verfahren findet insbesondere Anwendung im Simplex-Verfahren zur Lösung Linearer Programme. Siehe dazu die Literatur über Operations Research, A. Koop und Moock (2018), W. Domschke et al. (2015) oder Hillier und Lieberman (2010).

bei der die 1 als Koeffizient stehen soll und die Gleichung, bei der sich im jeweiligen Schritt die 0 als Koeffizient ergeben soll.

$$\tfrac{1}{2} \cdot (5.28): \qquad 1 \cdot x_1 + 2 \cdot x_2 - \quad x_3 = 10 \tag{5.31}$$

$$(5.29) - (5.31): \qquad 0 \cdot x_1 + \quad x_2 - \quad x_3 = 3 \tag{5.32}$$

$$(5.30) + (5.31): \qquad 0 \cdot x_1 + 3 \cdot x_2 - 0 \cdot x_3 = 15. \tag{5.33}$$

Im nächsten Schritt kommt es uns darauf an, den Spaltenvektor

$$\mathbf{e}_2 = \begin{pmatrix} 0 \\ 1 \\ 0 \end{pmatrix}$$

zu erzeugen, wobei natürlich der Einheitsvektor

$$\mathbf{e}_1 = \begin{pmatrix} 1 \\ 0 \\ 0 \end{pmatrix}$$

erhalten bleiben soll. Dies wird erreicht durch:

$$(5.31) - 2 \cdot (5.32): \qquad 1 \cdot x_1 + 0 \cdot x_2 + \quad x_3 = 4 \tag{5.34}$$

$$(5.32): \qquad 0 \cdot x_1 + 1 \cdot x_2 - \quad x_3 = 3 \tag{5.35}$$

$$(5.33) - 3 \cdot (5.32): \qquad 0 \cdot x_1 + 0 \cdot x_2 + 3 \cdot x_3 = 6. \tag{5.36}$$

Den letzten Einheitsvektor

$$\mathbf{e}_3 = \begin{pmatrix} 0 \\ 0 \\ 1 \end{pmatrix}$$

erhalten wir durch die Umformung:

$$(5.34) - \tfrac{1}{3} \cdot (5.36) : \qquad 1 \cdot x_1 + 0 \cdot x_2 + 0 \cdot x_3 = 2 \qquad (5.37)$$

$$(5.35) + \tfrac{1}{3} \cdot (5.36) : \qquad 0 \cdot x_1 + 1 \cdot x_2 + 0 \cdot x_3 = 5 \qquad (5.38)$$

$$\tfrac{1}{3} \cdot (5.36) : \qquad 0 \cdot x_1 + 0 \cdot x_2 + 1 \cdot x_3 = 2. \qquad (5.39)$$

Bei diesem Verfahren können wir die Lösung

$$\mathbf{x}_L = \begin{pmatrix} 2 \\ 5 \\ 2 \end{pmatrix}$$

direkt ablesen.

Wir wollen dieses Verfahren, das Pivot-Verfahren, nochmals unter dem Gesichtspunkt der Schematisierung betrachten. Die Koeffizienten schreiben wir hierzu in eine Tabelle und führen das Rechenverfahren durch analog zu den Umformungen des LGS oben.

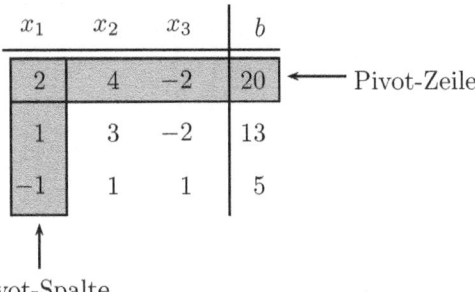

Die Spalte, für die der Einheitsvektor generiert werden soll, legt die **Pivot-Spalte** fest. Die Zeile, in der die 1 stehen soll, legt die **Pivot-Zeile** fest. Das Element, das im Schnitt von Pivot-Spalte und Pivot-Zeile steht, wird **Pivot-Element** genannt. Alle übrigen Elemente der Pivot-Spalte bezeichnen wir als **Pivot-Spaltenkoeffizienten** (PSK) einer Zeile. Die Transformation des LGS erfolgt zeilenweise in zwei Schritten:

▶ **Definition (Pivot-Schritt)**

1. Transformation der Pivot-Zeile:

$$\text{Neue Pivot-Zeile} = \frac{\text{Alte Pivot-Zeile}}{\text{Pivot-Element}}.$$

2. Transformation aller übrigen Zeilen:

$$\text{Neue Zeile} = \text{Alte Zeile} - \text{PSK} \cdot \text{Neue Pivot-Zeile}.$$

Diese Transformation der Tabelle entspricht genau den Umformungen am LGS.

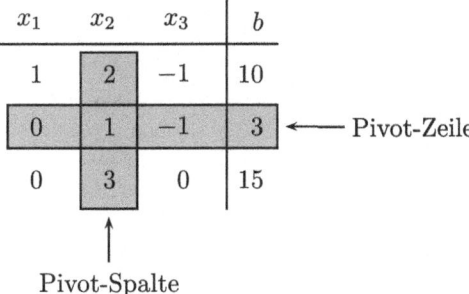

In dieser Tabelle werden erneut Pivot-Spalte und -Zeile definiert und ein weiterer Transformationsschritt ausgeführt:

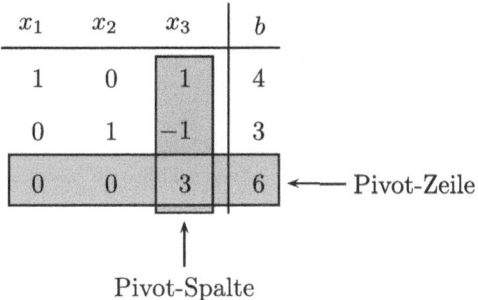

Im letzten Schritt erhalten wir die Diagonalform des LGS:

x_1	x_2	x_3	b
1	0	0	2
0	1	0	5
0	0	1	2

Eine äquivalente Formulierung der Transformationsregel ergibt sich allgemein durch die Verwendung einer Schreibweise des LGS in Indexform:

$$
\begin{array}{ccccccccc|c}
x_1 & x_2 & \cdots & x_k & \cdots & x_p & \cdots & x_n & & \mathbf{b} \\
\hline
a_{11} & a_{12} & \cdots & a_{1k} & \cdots & a_{1p} & \cdots & a_{1n} & & b_1 \\
a_{21} & a_{22} & \cdots & a_{2k} & \cdots & a_{2p} & \cdots & a_{2n} & & b_2 \\
\vdots & \vdots & \vdots & \vdots & \vdots & \vdots & \vdots & \vdots & & \vdots \\
a_{i1} & a_{i2} & \cdots & \boxed{a_{ik}} & \cdots & a_{ip} & \cdots & a_{in} & & b_i \\
\vdots & \vdots & \vdots & \vdots & \vdots & \vdots & \vdots & \vdots & & \vdots \\
a_{j1} & a_{j2} & \cdots & a_{jk} & \cdots & a_{jp} & \cdots & a_{jn} & & b_j \\
a_{m1} & a_{m2} & \cdots & a_{mk} & \cdots & a_{mp} & \cdots & a_{mn} & & b_m.
\end{array}
$$

Die k-te Spalte sei die Pivot-Spalte, die i-te Zeile der Tabelle sei die Pivot-Zeile; a_{ik} ist dann das Pivot-Element. Für die Transformation der Elemente in der Pivot-Zeile gilt die Umrechnung:

$$
a_{ip}^{\text{neu}} = \frac{a_{ip}}{a_{ik}}, \tag{5.40}
$$

$$
b_i^{\text{neu}} = \frac{b_i}{a_{ik}}. \tag{5.41}
$$

Damit in den Zeilen $j \neq i$, die nicht Pivot-Zeilen sind, eine 0 in der Pivot-Spalte generiert wird, muss a_{jk} transformiert werden unter Verwendung von a_{jk} und a_{ik} gemäß:

$$
a_{jk}^{\text{neu}} \overset{!}{=} 0 = a_{jk} - \frac{a_{jk}}{a_{ik}} \cdot a_{ik}, \quad \text{für } j \neq i.
$$

Eine analoge Transformation muss daher für alle Zeilenelemente a_{jp} vorgenommen werden, die nicht in der Pivot-Spalte stehen $p \neq k$:

$$
a_{jp}^{\text{neu}} = a_{jp} - \frac{a_{jk}}{a_{ik}} \cdot a_{ip}, \quad p = 1, 2, \dots, n \tag{5.42}
$$

$$
b_j^{\text{neu}} = b_j - \frac{a_{jk}}{a_{ik}} \cdot b_i, \tag{5.43}
$$

mit

$$
j = 1, 2, \dots, m; \quad p = 1, 2, \dots, n; \quad j \neq i; \, p \neq k.
$$

Wie sich die Fälle unlösbarer und nicht eindeutig lösbarer LGS im Pivot-Verfahren darstellen, betrachten wir nun zunächst an zwei Beispielen.

x_1	x_2	x_3	b
1	2	−1	10
1	3	−2	13
−1	−4	3	−12

x_1	x_2	x_3	b
1	2	−1	10
0	1	−1	3
0	−2	2	−2

x_1	x_2	x_3	b
1	0	1	4
0	1	−1	3
0	0	0	4

Betrachten wir die letzte Tabelle, so stellen wir fest, dass kein weiterer Pivot-Schritt mehr möglich ist, da das in Frage kommende Pivot-Element den Wert 0 hat. Das Verfahren muss an dieser Stelle abgebrochen werden. Als Gleichung ausgeschrieben wird deutlich, dass die letzte Zeile eine falsche Aussage darstellt:

$$0 \cdot x_1 + 0 \cdot x_2 + 0 \cdot x_3 = 4$$

$$0 = 4.$$

Somit ist das LGS unlösbar.

In entsprechender Weise stellt sich der Fall nicht eindeutig lösbarer LGS dar, wie das folgende Beispiel zeigt:

x_1	x_2	x_3	b
1	2	−1	10
1	3	−2	13
−1	−4	3	−16

x_1	x_2	x_3	b
1	2	−1	10
0	1	−1	3
0	−2	2	−6

x_1	x_2	x_3	b
1	0	1	4
0	1	−1	3
0	0	0	0

Auch hier ist kein weiterer Schritt möglich, aber die letzte Zeile beinhaltet eine wahre Aussage. Schreiben wir hierfür $0 = x_3 - x_3$, so erhalten wir als allgemeine Lösung:

$$x_1 + x_3 = 4$$
$$x_2 - x_3 = 3$$
$$0 = x_3 - x_3$$

bzw.:

$$\begin{pmatrix} x_1 \\ x_2 \\ x_3 \end{pmatrix} = \begin{pmatrix} 4 - x_3 \\ 3 + x_3 \\ x_3 \end{pmatrix}$$

mit $x_3 \in \mathbb{R}$ als beliebigen Parameter.

5.3.3   Standardisierte Form von linearen Gleichungssystemen

Wir betrachten das allgemeine LGS

$$\mathbf{A} \cdot \mathbf{x} = \mathbf{b}$$

mit:

$$\mathbf{x} = \begin{pmatrix} x_1 \\ x_2 \\ \vdots \\ x_n \end{pmatrix} \text{ und } \mathbf{b} = \begin{pmatrix} b_1 \\ b_2 \\ \vdots \\ b_m \end{pmatrix}.$$

Wir können in einem Pivot-Verfahren solange Einheitsvektoren einführen, bis die Tabelle nach k Schritten die folgende Form annimmt:[8]

x_1	x_2	...	x_k	x_{k+1}	...	x_n	b
1	0	...	0				$\tilde{b}_1$
0	1	...	0				$\tilde{b}_2$
$\vdots$	$\vdots$	$\vdots$	$\vdots$		Ω		$\vdots$
0	0	...	1				$\tilde{b}_k$
0	0	...	0	0	...	0	$\tilde{b}_{k+1}$
$\vdots$	$\vdots$	$\vdots$	$\vdots$		$\vdots$		$\vdots$
0	0	...	0	0	...	0	$\tilde{b}_m$

Der linke Teil der Tabelle $(x_1, x_2, \ldots, x_k)$ enthält die im Verfahren generierten Einheitsvektoren. Im Feld unten rechts müssen alle Elemente Null sein, sonst wäre ein weiterer Pivot-Schritt möglich. In der mit Ω bezeichneten Teiltabelle stehen beliebige Koeffizienten, die sich im Laufe der Transformation ergeben.

Das Lösungsverhalten eines linearen Gleichungssystems lässt sich nun an der Tabelle ablesen:

1. Das LGS ist unlösbar, wenn einer der Werte $\tilde{b}_{k+1}, \tilde{b}_{k+2}, \ldots, \tilde{b}_m$ von Null verschieden ist.
2. Das LGS ist eindeutig lösbar, wenn $k = m = n$ ist.
3. Für $\tilde{b}_{k+1} = \tilde{b}_{k+2} = \ldots = \tilde{b}_m = 0$ ist das LGS mehrdeutig lösbar, es können $(m - k)$ freie Lösungsparameter eingeführt werden.

In den beiden zuletzt betrachteten Beispielen ist jeweils $k = 2$. Einmal ergab sich $\tilde{b}_3 = 4$. Das LGS ist demnach unlösbar, im letzten Fall $\tilde{b}_3 = 0$, und damit eine Lösungsmenge, die einen freien Parameter hat.

---

[8]Unter Umständen ergibt sich diese Form erst nach dem Vertauschen von Zeilen, was aber die Lösung des LGS nicht verändert, da eine Vertauschung der Zeilen nur die Reihenfolge der Gleichungen ändert.

5.3.4   Matrixinvertierung

Mit dem im vorigen Abschnitt behandelten Pivot-Verfahren zur Lösung linearer Gleichungssysteme steht ein effizientes Verfahren zur Verfügung, die Inverse $\mathbf{A}^{-1}$ einer Matrix
$\mathbf{A}$ zu bestimmen. Wir erinnern uns an die Definition der inversen Matrix:

$$\mathbf{A} \cdot \mathbf{A}^{-1} = \mathbb{1}_{n \times n}. \tag{5.44}$$

Die Matrizenmultiplikation können wir als Skalarprodukt der Zeilenvektoren von $\mathbf{A}$ mit
den Spaltenvektoren von $\mathbf{A}^{-1}$ auffassen. Der erste Spaltenvektor der Einheitsmatrix ergibt
sich somit als Produkt der Matrix $\mathbf{A}$ mit dem ersten Spaltenvektor von $\mathbf{A}^{-1}$.
Dies wird im Folgenden genauer betrachtet. Die Matrix $\mathbf{A}$ sei gegeben durch:

$$\mathbf{A} = \begin{pmatrix} a_{11} & a_{12} & \ldots & a_{1n} \\ a_{21} & a_{22} & \ldots & a_{2n} \\ \vdots & \vdots & \ldots & \vdots \\ a_{n1} & a_{n2} & \ldots & a_{nn} \end{pmatrix}.$$

Für die Koeffizienten der zu bestimmenden Matrix $\mathbf{A}^{-1}$ führen wir die Unbekannten x_{ij}
ein:

$$\mathbf{A}^{-1} = \begin{pmatrix} x_{11} & x_{12} & \ldots & x_{1n} \\ x_{21} & x_{22} & \ldots & x_{2n} \\ \vdots & \vdots & \ldots & \vdots \\ x_{n1} & x_{n2} & \ldots & x_{nn} \end{pmatrix} = \begin{pmatrix} \mathbf{x}_1 & \mathbf{x}_2 & \ldots & \mathbf{x}_n \end{pmatrix}.$$

Die Einheitsmatrix schreiben wir in der Form:

$$\mathbb{1}_{n \times n} = \begin{pmatrix} 1 & 0 & \cdots & 0 \\ 0 & 1 & \cdots & 0 \\ \vdots & \vdots & \vdots & \vdots \\ 0 & 0 & \cdots & 1 \end{pmatrix} = \begin{pmatrix} \mathbf{e}_1 & \mathbf{e_2} & \cdots & \mathbf{e}_n \end{pmatrix}.$$

Mit diesen Umformungen lässt sich die Gl. (5.44) in n lineare Gleichungssysteme
separieren. Für jeden Spaltenvektor $\mathbf{x}_i$ von $\mathbf{A}^{-1}$ ist ein lineares Gleichungssystem der
folgenden Form zu lösen:

$$\mathbf{A} \cdot \mathbf{x}_i = \mathbf{e}_i, \quad i = 1, 2, \ldots, n.$$

Diese Gleichungssysteme haben alle die gleiche Koeffizientenmatrix $\mathbf{A}$ und unterscheiden sich nur in den Gliedern auf der rechten Seite. Das Pivot-Verfahren läuft also für alle n LGS nahezu gleich ab, lediglich die rechte Seite der Tabelle ist verschieden.

Beispiel Wir berechnen die inverse Matrix zu:

$$\mathbf{A} = \begin{pmatrix} 1 & 2 \\ 2 & 1 \end{pmatrix}.$$

Es ist zu lösen:

$$\begin{pmatrix} 1 & 2 \\ 2 & 1 \end{pmatrix} \cdot \begin{pmatrix} x_{11} & x_{12} \\ x_{21} & x_{22} \end{pmatrix} = \begin{pmatrix} 1 & 0 \\ 0 & 1 \end{pmatrix}.$$

Dieser Gleichung entspricht den beiden linearen Gleichungssystemen:

$$x_{11} + 2x_{21} = 1$$
$$2x_{11} + x_{21} = 0$$

und

$$x_{12} + 2x_{22} = 0$$
$$2x_{12} + x_{22} = 1.$$

Das erste LGS lösen wir in der Form:

x_{11}	x_{21}	b	x_{11}	x_{21}	b	x_{11}	x_{21}	b
1	2	1	1	2	1	1	0	$-\frac{1}{3}$
2	1	0	0	-3	-2	0	1	$\frac{2}{3}$

Das zweite LGS entsprechend:

x_{12}	x_{22}	b	x_{12}	x_{22}	b	x_{12}	x_{22}	b
1	2	0	1	2	0	1	0	$\frac{2}{3}$
2	1	1	0	-3	1	0	1	$-\frac{1}{3}$

Die Koeffizienten im linken Teil der Tabellen werden also gemäß dem Pivot-Verfahren identisch transformiert (auch wenn die zugehörigen Variablen verschieden sind). Lediglich die rechten Spalten sind bei der Lösung verschieden. Wir fassen nun die Lösung der beiden LGS in einer Tabelle zusammen und schreiben links die Matrix **A**, rechts ergibt sich die Einheitsmatrix.

A		**E**							**E**		**A**$^{-1}$	
$\boxed{1}$	2	1	0		1	2	1	0	1	0	$-\frac{1}{3}$	$\frac{2}{3}$
2	1	0	1		0	$\boxed{-3}$	-2	1	0	1	$\frac{2}{3}$	$-\frac{1}{3}$

Das eingerahmte Element $\boxed{}$ bezeichnet in dem jeweiligen Schritt das Pivot-Element. Im letzten Schritt ergibt sich die gesuchte Inverse der Matrix **A**.

Die Existenz der Inversen **A**$^{-1}$ ergibt sich im Laufe des Pivot-Verfahrens. Das Pivot-Verfahren bricht ab, wenn im Verlauf des Verfahrens kein Pivot-Element $\neq 0$ mehr existiert. Dann ist die Matrix nicht invertierbar. Hierzu betrachten wir das folgende Beispiel:

A			**E**									
$\boxed{1}$	2	2	1	0	0		1	2	2	1	0	0
2	1	1	0	1	0	$\longrightarrow$	0	$\boxed{-3}$	-3	-2	1	0
1	1	1	0	0	1		0	-1	-1	-1	0	-1

	1	0	0	$-\frac{2}{3}$	$\frac{2}{3}$	0
$\longrightarrow$	0	1	1	$\frac{2}{3}$	$-\frac{1}{3}$	0
	0	0	0	$-\frac{1}{3}$	$-\frac{1}{3}$	0

Es gelingt nicht, den dritten erforderlichen Einheitsvektor zu generieren. Dies hängt natürlich nicht von der Reihenfolge ab, in der die Einheitsvektoren im Pivot-Verfahren generiert werden. Der Leser überzeugt sich leicht davon, dass das Verfahren genauso abbricht, wenn der Einheitsvektor $\mathbf{e}_3 = \begin{pmatrix} 0 \\ 0 \\ 1 \end{pmatrix}$ zuerst generiert wird.

Die Existenz einer inversen Matrix ist im Zusammenhang mit linearen Gleichungssystemen von Interesse. Betrachten wir dazu das LGS:

$$\mathbf{A} \cdot \mathbf{x} = \mathbf{b}$$

und multiplizieren diese Gleichung mit $\mathbf{A}^{-1}$ von links, so erhalten wir:

$$\underbrace{\mathbf{A}^{-1} \cdot \mathbf{A}}_{\mathbb{1}_{n \times n}} \mathbf{x} = \mathbf{A}^{-1} \mathbf{b}$$

$$\mathbf{x} = \mathbf{A}^{-1} \mathbf{b}.$$

(5.45)

Die letzte Umformung setzt voraus, dass $n = m$ ist, also die Zahl der Gleichungen gleich der Zahl der Unbekannten ist. Sie zeigt, dass die Existenz einer Matrix $\mathbf{A}^{-1}$ mit der eindeutigen Lösbarkeit des LGS verknüpft ist. Sowohl bei der Lösung des LGS als auch beim Invertieren der Matrix $\mathbf{A}$ lässt sich keine vollständige Diagonalisierung durchführen. Für die Existenz einer inversen Matrix gibt es eine Kenngröße, die wir abschließend betrachten wollen: Die **Determinante** einer Matrix.

▶ **Definition (Determinate einer 2×2-Matrix)** Die Determinante einer quadratischen 2×2-Matrix ist definiert durch

$$\det \mathbf{A} = \det \begin{pmatrix} a_{11} \ a_{12} \\ a_{21} \ a_{22} \end{pmatrix} = a_{11}a_{22} - a_{12}a_{21} \in \mathbb{R}.$$

(5.46)

Die Determinante einer Matrix ist also eine reelle Zahl. Bei der Inversion der Matrix $\mathbf{A}$ zeigt sich, dass die Inverse genau dann existiert, wenn $\det \mathbf{A} \neq 0$. Die Determinante der Koeffizientenmatrix eines LGS kann wegen Gl. (5.45) auch herangezogen werden, um zu entscheiden, ob es eine eindeutige Lösung des LGSs gibt:

Ein lineares Gleichungssystem der Form $\mathbf{Ax} = \mathbf{b}$ ist eindeutig lösbar, wenn $\det \mathbf{A} \neq 0$.

Diese Aussage lässt sich auf $n \times n$-Matrizen verallgemeinern, wie hier ohne Beweis angegeben ist.[9] Mit der Determinanten einer Matrix $\mathbf{A}$ lässt sich also leicht die Existenz der inversen Matrix prüfen. Für 3×3-Matrizen lässt sich die Determinante nach folgendem Schema berechnen:

---

[9]Siehe zum Beispiel Goebbels und Ritter (2011), Kap. 1.8.

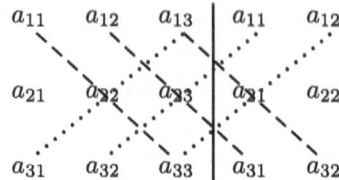

Wir schreiben die ersten beiden Spalten der Matrix nochmals rechts an die Spalten der Matrix und bilden dann die Differenz aus der Summe von Produkten, die auf den entsprechenden Diagonalen stehen.

$$\det \mathbf{A} = (a_{11}a_{22}a_{33} + a_{12}a_{23}a_{31} + a_{13}a_{21}a_{32})$$
$$- (a_{13}a_{22}a_{31} + a_{11}a_{23}a_{32} + a_{12}a_{21}a_{33}). \tag{5.47}$$

Determinanten von $n \times n$-Matrizen werden nach dem Laplaceschen Entwicklungssatz auf Determinanten von $(n-1) \times (n-1)$-Matrizen zurückgeführt und lassen sich somit iterativ berechnen.[10]

5.3.5   Betriebswirtschaftliche Anwendungen

Produktionsverflechtung

Bei komplexen Produktionsprozessen, die beispielsweise in der chemischen Industrie auftreten, stellt sich die Problematik, dass Zwischenprodukte einerseits direkt auf den Markt gebracht werden, andererseits aber auch als weiter zu verarbeitendes Produkt innerhalb des Produktionsprozesses eingesetzt werden. Eine solche Verflechtung von Produkten über mehrere Produktionsstufen wird häufig im sogenannten **Gozinto-Graphen**[11] dargestellt. Wir betrachten zwei Produktionsknoten i und j von denen die Mengen x_i bzw. x_j zu produzieren sind. Die Größe a_i gibt an, welche Menge des Produktes i ausgeliefert wird. Der Koeffizient k_{ij} gibt an, wieviele Einheiten des Produktes i für die Produktion einer Einheit des Produktes j benötigt werden.

---

[10]Siehe dazu Bronstein (2005) oder Goebbels und Ritter (2011), Kap. 1.8.

[11]Nach A. Vazsonyi, der in humorvoller Absicht diese Betrachtungen auf den ‚italienischen Mathematiker' *Zepartzat Gozinto* zurückführte. Ausgesprochen *The part that goes into* wird der Zusammenhang klar.

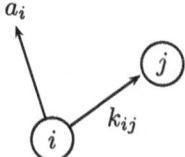

Für die Berechnung von x_i gilt also:

$$x_i = a_i + \sum_j k_{ij} \cdot x_j.$$

Bei gegebenen Auslieferungen a_i und Verflechtungskoeffizienten k_{ij} ergibt sich für den Vektor der Produktionsmengen $\mathbf{x}^\top = (x_1, x_2, \ldots, x_n)$ ein lineares Gleichungssystem. Dies betrachten wir an einem Beispiel, das durch folgenden Gozinto-Graphen beschrieben wird:

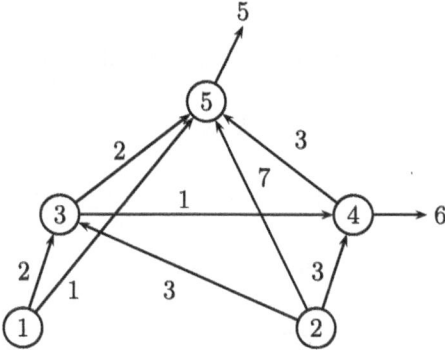

Diese Verflechtung wird durch das folgende LGS beschrieben:

$$x_1 = 2x_3 + x_5$$

$$x_2 = 3x_3 + 3x_4 + 7x_5$$

$$x_3 = x_4 + 2x_5$$

$$x_4 = 3x_5 + 6$$

$$x_5 = 5.$$

Aufgrund der speziellen Form des LGS ist die Lösung hier leicht abzulesen:

$$x_5 = 5$$

$$x_4 = 3 \cdot 5 + 6 = 21$$

$$x_3 = 21 + 2 \cdot 5 = 31$$

$$x_2 = 3 \cdot 31 + 3 \cdot 21 + 7 \cdot 5 = 191$$

$$x_1 = 2 \cdot 31 + 5 = 67.$$

Technologiematrix und Leontief-Inverse

Wir verallgemeinern die oben angeführte Betrachtung auf eine Verflechtung von verschiedenen produzierenden Sektoren, wie sie z. B. auch in der Volkswirtschaft gegeben ist.[12] Die Produktionskoeffizienten a_{ij} geben an, wieviele Einheiten des i-ten Produktes zur Herstellung einer Einheit des j-ten Produktes benötigt werden. Man nennt dies den **endogenen Input**. Zur Berechnung der Gesamtproduktion aller $i = 1, 2, \ldots, n$ Produkte kommt noch der Endverbrauch b_i der einzelnen Produkte hinzu.

Für die Gesamtproduktion ergibt sich in Matrixschreibweise:

$$\mathbf{x} = \mathbf{A} \cdot \mathbf{x} + \mathbf{b}.$$

Ist die Produktion $\mathbf{x}$ fest vorgegeben, so lässt sich der Endverbrauch berechnen nach

$$\mathbf{b} = \left(\mathbf{E} - \mathbf{A} \right) \cdot \mathbf{x}. \tag{5.48}$$

Die Matrix $\mathbf{E} - \mathbf{A}$ heißt **Technologiematrix**.

Geht man dagegen davon aus, dass der Endverbrauch $\mathbf{b}$ gegeben ist, dann wird die Produktion berechnet nach:

$$\mathbf{x} = \left(\mathbf{E} - \mathbf{A} \right)^{-1} \cdot \mathbf{b}. \tag{5.49}$$

Die Matrix $\left(\mathbf{E} - \mathbf{A} \right)^{-1}$ heißt **Leontief-Inverse**. Aus diesem Zusammenhang erkennt man, dass für einen beliebigen, vorgegebenen Endverbrauch $\mathbf{b}$ die Produktion $\mathbf{x}$ nur berechnet werden kann, wenn die Technologiematrix invertierbar ist (d. h. die Leontief-Inverse existiert) und alle Elemente von $(\mathbf{E} - \mathbf{A})^{-1}$ positiv oder Null sind.

---

[12]Wassily Leontief (1905–1999), Nobelpreis für Wirtschaftswissenschaften 1973.

Innerbetriebliche Leistungsverrechnung

Betriebliche Leistungen werden erbracht, um Produkte oder Dienstleistungen zu erstellen. Dazu ist es in der Regel erforderlich, dass einige Abteilungen auch gegenseitig füreinander Leistungen erbringen. Beispiele hierfür sind Personalleistungen oder die Energiebereitstellung. Für eine Ermittelung adäquater Verrechnungspreise führt man die **innerbetriebliche Leistungsverrechnung** durch. Dabei setzt sich der Wert der produzierten Leistung zusammen aus den **primären Kosten**, die für die Leistungserbringung entstehen und den **sekundären Kosten**, die aus den jeweils empfangenen Leistungen resultieren. Für die Preiskalkulation werden Verrechnungspreise eingeführt, die gleichzeitig in die sekundären Kosten und den Wert der Leistung eingehen. Es gilt also der Zusammenhang:

$$\text{Primäre Kosten} + \text{Sekundäre Kosten} = \text{Wert der Leistung,}$$

mit

$$\text{sekundäre Kosten} = \text{empfangene Leistung} \times \text{Verrechnungspreis}$$

und

$$\text{Wert der Leistung} = \text{Gesamtleistung} \times \text{Verrechnungspreis.}$$

Zur Berechnung der Verrechnungspreise wird daher ein lineares Gleichungssystem benötigt.

Beispiel Wir betrachten drei Kostenstellen, die untereinander Leistungen erbringen und empfangen, Leistungen exportieren und primäre Kosten verursachen.

Lieferung Empfang $\downarrow \quad \longrightarrow$	K_1	K_2	K_3	Export	Gesamt- leistung	Primäre Kosten
K_1	0	10	0	20	30	100
K_2	8	0	0	40	50	150
K_3	4	5	20	20	40	200

Für die Verrechnungspreise ergibt sich das folgende LGS aus der Betrachtung der Kosten und Lieferung für jede Kostenstelle:

$$K_1: \quad 100 + 0 \cdot p_1 + 8 \cdot p_2 + 4 \cdot p_3 = 30 \cdot p_1$$

$$K_2: \quad 150 + 10 \cdot p_1 + 0 \cdot p_2 + 5 \cdot p_3 = 50 \cdot p_2$$

$$K_3: \quad 200 + 0 \cdot p_1 + 0 \cdot p_2 + 20 \cdot p_3 = 40 \cdot p_3.$$

Die Lösung ergibt sich hier zu:

$$p_3 = 10; \quad p_2 = \frac{740}{142} \approx 5{,}21; \quad p_1 \approx 6{,}05.$$

5.3.6 Eigenwerte einer Matrix

Die folgende Betrachtung führt auf einen weiteren wichtigen Begriff für die Anwendung von Matrizen. Die Multiplikation einer Matrix mit einem Vektor transformiert diesen Vektor:

$$\mathbf{A} \cdot \mathbf{x} = \mathbf{x}'.$$

Die Abb. 5.8 zeigt eine solche Transformation eines Vektors für das Beispiel:

$$\begin{pmatrix} 2 & 1 \\ 0 & -1 \end{pmatrix} \cdot \begin{pmatrix} 1 \\ 2 \end{pmatrix} = \begin{pmatrix} 4 \\ -2 \end{pmatrix}.$$

Gibt es für eine Matrix $\mathbf{A}$ spezielle Vektoren $\mathbf{x}_e$, die bei der Multiplikation mit $\mathbf{A}$ in eine Vielfaches λ_e von sich selbst übergehen, so nennen wir diese Vektoren $\mathbf{x}_e$ **Eigenvektoren** und λ_e **Eigenwerte** der Matrix $\mathbf{A}$. Sie müssen folgende Gleichung erfüllen:

$$\mathbf{A} \cdot \mathbf{x}_e = \lambda_e \mathbf{x}_e \tag{5.50}$$

oder

$$\left(\mathbf{A} - \lambda_e \cdot \mathbb{1}_{n \times n} \right) \cdot \mathbf{x}_e = \mathbf{0}. \tag{5.51}$$

Die **Eigenwertgleichung** (5.50) stellt ein lineares Gleichungssystem dar, für das wir eine sogenannte triviale Lösung sofort angeben können: $\mathbf{x}_e = \mathbf{0}$. Weitere Lösungen kann es nur geben, falls das LGS nicht eindeutig lösbar ist. Ein Kriterium für die Existenz mehrdeutiger Lösungen haben wir in Abschn. 5.3.4 kennengelernt. Die Determinate der Koeffizientenmatrix muss gleich Null sein. Die Gleichung für die Bestimmung der Eigenwerte lautet somit:

▶ **Definition (Eigenwert einer Matrix)**   Eigenwerte einer Matrix $\mathbf{A}$ sind Lösungen λ_e der Gleichung:

$$\det \left(\mathbf{A} - \lambda_e \cdot \mathbb{1}_{n \times n} \right) = 0. \tag{5.52}$$

Die Gl. (5.52) nennt man auch **charakteristische Gleichung**.

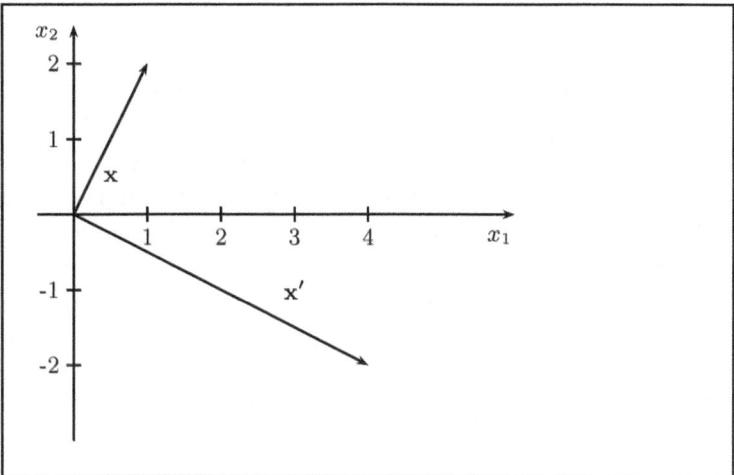

Abb. 5.8 Matrizenmultiplikation als Transformation eines Vektors

Hierzu betrachten wir das obige Beispiel. Die Eigenwerte der Matrix

$$\mathbf{A} = \begin{pmatrix} 2 & 1 \\ 0 & -1 \end{pmatrix}$$

führen auf die charakteristische Gleichung:

$$\det \begin{pmatrix} 2 - \lambda_e & 1 \\ 0 & -1 - \lambda_e \end{pmatrix} = 0$$

oder

$$(2 - \lambda_e)(-1 - \lambda_e) - 0 = 0$$

mit den beiden Lösungen:

$$\lambda_{e1} = 2, \qquad \lambda_{e2} = -1.$$

Mit den Eigenwerten lassen sich dann aus der Gl. (5.50) die Eigenvektoren bestimmen.

Im Rahmen dieses Buches finden Eigenwerte Eingang in die Formulierung hinreichender Bedingungen für die Existenz lokaler Extrema für Funktionen mit mehreren Veränderlichen, Eigenvektoren werden nicht weiter behandelt.[13]

---

[13] Siehe auch Arens et al. (2018), Kapitel 18, oder Goebbels und Ritter (2011), Kapitel 3.6.

5.4   Übungen

Kurzlösungen zu den folgenden Übungen befinden sich im Anhang.

5.1 In einem Produktionsbetrieb werden zwei Endprodukte aus drei Zwischenprodukten gefertigt. Zur Herstellung der Zwischenprodukte werden zwei Rohstoffe eingesetzt.

Der jeweilige Mengenbedarf ist durch folgende Produktionskoeffizienten beschrieben:

	ZP1	ZP2	ZP3
RS1	1	2	2
RS2	1	2	1

	EP1	EP2
ZP1	2	2
ZP2	1	1
ZP3	1	2

Zur Fertigung werden 124 Einheiten RS1 und 98 Einheiten RS2 eingesetzt. Wieviele Einheiten der Endprodukte können bei vollständigem Rohstoffverbrauch gefertigt werden?

5.2 Gegeben sind die beiden Matrizen

$$\mathbf{A} = \begin{pmatrix} 1 & 2 & 3 \\ 0 & 3 & -1 \\ -4 & 1 & 0 \end{pmatrix} \qquad \mathbf{B} = \begin{pmatrix} 2 & 2 & 1 \\ -1 & 0 & 4 \end{pmatrix}.$$

Berechnen Sie:

(a) $\mathbf{A} \cdot \mathbf{B}$

(b) $\mathbf{B} \cdot \mathbf{A}$

(c) $\mathbf{A}^\top \cdot \mathbf{B}$

(d) $\mathbf{A} \cdot \mathbf{B}^\top$

(e) $\mathbf{A}^2$

(f) $\mathbf{B}^2$

(g) $(\mathbf{B}^\top)^2$.

5.3 Multiplizieren Sie die Matrizen, wenn dies möglich ist:

(a)

$$\mathbf{A} = \begin{pmatrix} 1 & 5 & 7 \\ 3 & -2 & 1 \\ 0 & 2 & 6 \end{pmatrix}, \quad \mathbf{B} = \begin{pmatrix} 1 & 0 \\ 2 & 2 \\ -1 & 5 \end{pmatrix}.$$

(b)

$$\mathbf{A} = \begin{pmatrix} 2 & 3 & 7 \\ 4 & 1 & -8 \end{pmatrix}, \quad \mathbf{B} = \begin{pmatrix} 1 & 3 & -2 \\ 2 & 7 & 0 \end{pmatrix}.$$

(c)

$$\mathbf{A} = \begin{pmatrix} 2 & 0 \\ 0 & 1 \end{pmatrix}, \quad \mathbf{B} = \begin{pmatrix} -2 & 1 \\ 0 & -1 \end{pmatrix}.$$

(d)

$$\mathbf{A} = \begin{pmatrix} 1 & 5 & 7 \\ 3 & -2 & 1 \end{pmatrix}, \quad \mathbf{B} = \begin{pmatrix} 2 & 1 \\ 6 & -1 \\ 8 & 0 \end{pmatrix}.$$

5.4 Vereinfachen Sie die folgenden Matrizenprodukte:

(a) $\mathbf{B}^\top \cdot (\mathbf{A} \cdot \mathbf{B}^\top)^{-1}$.
(b) $\mathbf{A}^\top \cdot (\mathbf{A} \cdot \mathbf{B})^\top) \cdot (\mathbf{A}^{-1})^\top$.

5.5 Zeigen Sie die Rechenregeln für inverse Matrizen, Gl. (5.10) bis (5.12).

5.6 Invertieren Sie die folgende 2×2-Matrix $\mathbf{A}$. Unter welcher Bedingung existiert die Inverse?

$$\mathbf{A} = \begin{pmatrix} a & b \\ c & d \end{pmatrix}.$$

5.7 Untersuchen Sie, ob das folgende Gleichungssystem lösbar ist. Wie lautet ggf. die Lösung?

$$\begin{pmatrix} 2 & 1 & -2 & 3 \\ 3 & 2 & -1 & 2 \\ 3 & 3 & 3 & -3 \end{pmatrix} \cdot \begin{pmatrix} x_1 \\ x_2 \\ x_3 \\ x_4 \end{pmatrix} = \begin{pmatrix} 1 \\ 4 \\ 5 \end{pmatrix}.$$

5.8 Wie müssen die Parameter a, b, c gewählt werden, damit das folgende LGS lösbar wird?

$$\begin{pmatrix} 1 & 2 & -3 \\ 2 & 6 & -11 \\ 1 & -2 & 7 \end{pmatrix} \cdot \begin{pmatrix} x_1 \\ x_2 \\ x_3 \end{pmatrix} = \begin{pmatrix} a \\ b \\ c \end{pmatrix}.$$

Kann es eine eindeutige Lösung geben?

5.9 Invertieren Sie die folgenden Matrizen, falls die Inversen existieren:

(a) $\begin{pmatrix} 1 & 2 & -1 \\ 2 & 4 & 2 \\ 1 & 1 & 1 \end{pmatrix}$.

(b) $\begin{pmatrix} 1 & 2 & -1 \\ 2 & 4 & 2 \\ -4 & -8 & -8 \end{pmatrix}$.

5.10 Bestimmen Sie die Eigenwerte der Matrix

$$\mathbf{A} = \begin{pmatrix} 2 & 4 & -2 \\ 4 & 2 & -2 \\ -2 & -2 & -1 \end{pmatrix}.$$

5.11 Die Determinante hat die Eigenschaft:

$$\det(\mathbf{A} \cdot \mathbf{B}) = \det(\mathbf{A}) \cdot \det(\mathbf{B}).$$

Zeigen Sie diese Eigenschaft der Determinante explizit für beliebige 2×2-Matrizen $\mathbf{A}$, $\mathbf{B}$.

5.12 Ein Hersteller von Multivitaminpräparaten wirbt damit, dass sein Präparat die optimale Menge an Vitaminen A, B und C mit den Mengeneinheiten $A = 16$, $B = 20$ und $C = 18$ ME enthält. Kann das auch durch eine entsprechende Mischung aus Obst

sichergestellt werden, wenn die ME der Vitamine im Obst folgendermaßen gegeben
sind:

	A	B	C
Apfel	2	2	2
Banane	3	2	1
Ananas	1	4	3

Wenn ja, zu welchen Anteilen muss das Obst gemischt werden?

5.13 In der Preismatrix **P** sind die Preise dreier Produkte von verschiedenen Lieferanten
erfasst.

	P_1	P_2	P_3
L_1	5	5	3
L_2	4	4	4
L_3	3	5	4

Die Bedarfsmatrix **B** gibt an, wieviele Einheiten der drei Produkte in verschiedenen
Werken bezogen werden.

	W_1	W_2	W_3	W_4
P_1	100	20	20	200
P_2	70	50	40	100
P_3	100	100	40	100

Berechnen Sie das Matrixprodukt $\mathbf{K} = \mathbf{P} \cdot \mathbf{B}$ und interpretieren Sie die Koeffizienten
der Produktmatrix.

5.14 In einem Unternehmen sind die Produktionsfaktoren über folgende Produktionskoeffizienten miteinander verflochten:

	p_1	p_2	p_3
p_1	0,5	0,1	0,1
p_2	0,2	0,5	0
p_3	0,1	0,1	0,2

Pro Tag werden die Mengen $x_1 = 100$, $x_2 = 200$, $x_3 = 300$ der Produkte p_1, p_2, p_3
hergestellt. Wieviel Produkteinheiten können an den Markt ausgeliefert werden?

5.15 Gegeben seien die Produktionskoeffizienten einer sektoral verflochtenen Produktion durch die Matrix:

$$A = \begin{pmatrix} a & 0{,}5 \\ 0{,}2 & 0{,}5 \end{pmatrix} \qquad (a > 0).$$

(a) Welche Bedingung muss a erfüllen, dass jede beliebige Nachfrage am Markt auch befriedigt werden kann?
(b) Berechnen Sie die zu produzierende Menge für die Nachfrage $b_1 = 20$, $b_2 = 30$ bei einem Wert von $a = 2\big/5$.

5.16 Fünf Produktionssektoren $P_1, P_2, \ldots, P_5$ sind gemäß unten stehendem Gozinto-Graphen untereinander verflochten. Außerdem werden einzelne Produkte wie angegeben auch extern ausgeliefert.

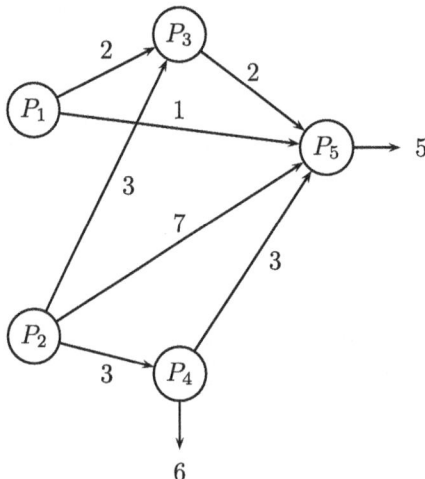

Stellen Sie ein LGS auf für die zu produzierenden Mengen und lösen Sie das LGS.

5.17 Welche der folgenden Produkte aus den Matrizen **A** und **B**, sowie deren transponierten Matrizen existieren?

$$A \cdot B, \; A^\top \cdot B, \; A \, B^\top, \; A^\top \cdot B^\top, \; B \cdot A, \; B^\top \cdot A, \; B \, A^\top, \; B^\top \cdot A^\top.$$

Die Matrizen sind:

$$A = \begin{pmatrix} 2 & -2 \\ 0 & 3 \end{pmatrix}, \qquad \text{und} \qquad B = \begin{pmatrix} 1 & -1 & 0 \\ 0 & 2 & -1 \end{pmatrix}.$$

Funktionen mit mehreren Veränderlichen

6

Lernziele (Dieses Kapitel vermittelt)

- die Bedeutung von Funktionen mit mehreren Veränderlichen
- die Erweiterung der Differentialrechnung auf Funktionen mit mehreren Variablen
- wie Extremwerte mit und ohne Randbedingungen zu behandeln sind
- die Anwendung des Gradientenverfahrens
- eine Einführung in die Lagrange Methode

6.1 Einführung und Darstellung

Im Kap. 2 haben wir den Zusammenhang einer unabhängigen Variable x und einer abhängigen Variable y in der Form $y = f(x)$ eingeführt. In vielen Fällen hängt die Größe y aber nicht nur von einer Einflussvariablen x ab, sondern von mehreren Variablen x_1, x_2, ..., x_n.[1] Wir schreiben hierfür:

Elektronisches Zusatzmaterial Die elektronische Version dieses Kapitels enthält Zusatzmaterial, das berechtigten Benutzern zur Verfügung steht. https://doi.org/10.1007/978-3-662-63681-7_6

---

[1] Eine umfassende Darstellung von Funktionen mehrerer Variablen und deren Eigenschaften findet man u. a. in Arens et al. (2018) Kapitel 24, Dyke (2018) oder Marsden und Weinstein, Band III (1985).

$$y = f(\mathbf{x}) \quad \text{mit} \quad \mathbf{x} = \begin{pmatrix} x_1 \\ x_2 \\ \vdots \\ x_n \end{pmatrix}.$$

Diese Abhängigkeit wird als **Funktion** bezeichnet, wenn die in Kap. 2 beschriebene Eindeutigkeit erfüllt ist.

Anstelle von

$$f : \mathbb{R} \longrightarrow \mathbb{R},$$

$$x \longmapsto y = f(x)$$

betrachten wir nun die Verallgemeinerung:

$$f : \mathbb{R}^n \longrightarrow \mathbb{R},$$

$$\mathbf{x} \longmapsto y = f(\mathbf{x}) \quad \text{mit} \quad \mathbf{x} = \begin{pmatrix} x_1 \\ x_2 \\ \vdots \\ x_n \end{pmatrix}.$$

Für den Fall $n = 2$ ergibt sich die Abbildung:

$$f : \mathbb{R}^2 = \mathbb{R} \times \mathbb{R} \longrightarrow \mathbb{R},$$

$$(x_1, x_2) \longmapsto y = f(x_1, x_2).$$

In diesem Fall kann man den funktionalen Zusammenhang graphisch veranschaulichen durch die drei Koordinatenachsen x_1, x_2 und y. Die Funktion $y = f(x_1, x_2)$ stellt eine gekrümmte Fläche im Raum dar, siehe Abb. 6.1.

Hierzu betrachten wir das Beispiel

$$y = f(x_1, x_2) = 1 - x_1^2 - x_2^2$$

mit der graphischen Darstellung in der Abb. 6.2.

Eine weitere Darstellungsmöglichkeit solcher Funktionen ergibt sich bei der Betrachtung von Schnittebenen parallel zu den Koordinatenebenen. Setzen wir $x_1 = const.$, so erhalten wir für jede Ebene ein Bild der Funktion. In der Projektion auf die $y - x_2$-Ebene ergibt sich mit $x_1 = c_1 = const.$ die folgende Darstellung (vgl. Abb. 6.3):

$$y = 1 - c_1^2 - x_2^2.$$

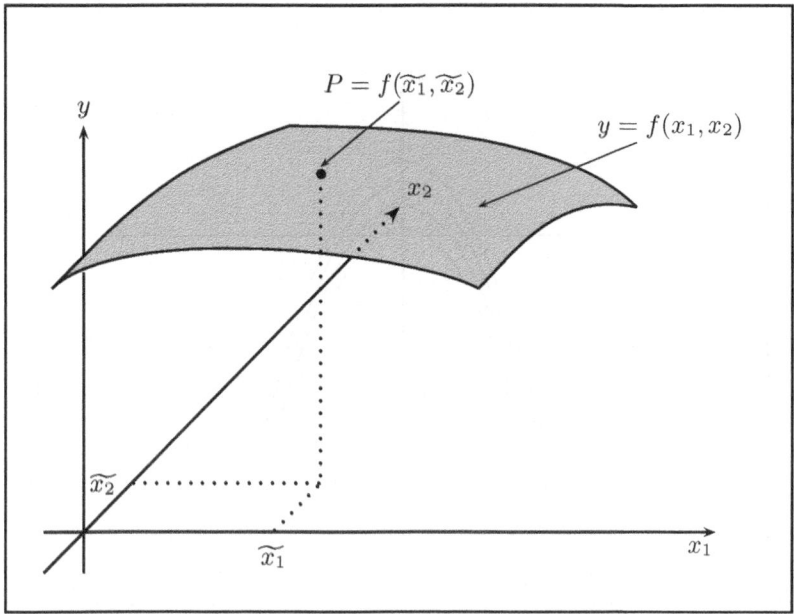

Abb. 6.1 Graphische Darstellung einer Funktion mit zwei Variablen $f(x_1, x_2)$ als Fläche in einem dreidimensionalen Raum mit Koordinaten x_1, x_2, y

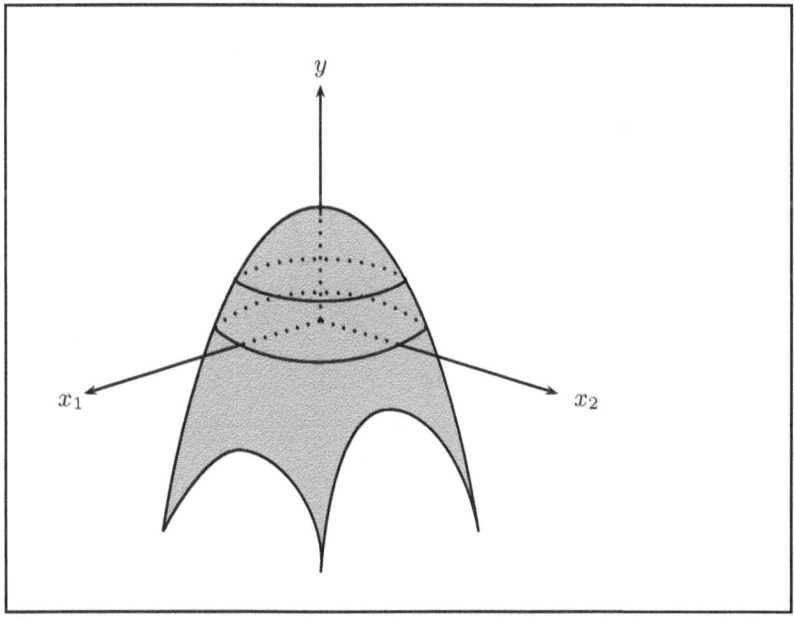

Abb. 6.2 Darstellung der Funktion $y = f(x_1, x_2) = 1 - x_1^2 - x_2^2$

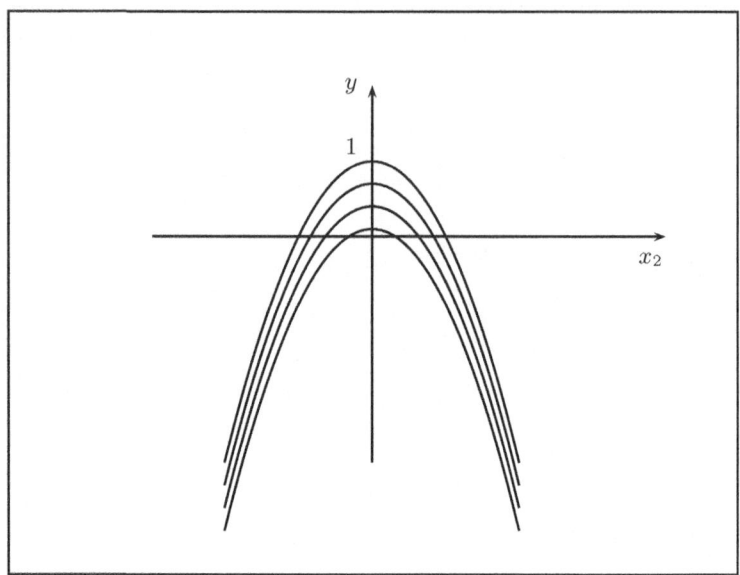

Abb. 6.3 Projektionsdarstellung der Funktion $y = 1 - x_1^2 - x_2^2$ auf die y-x_2 -Ebene

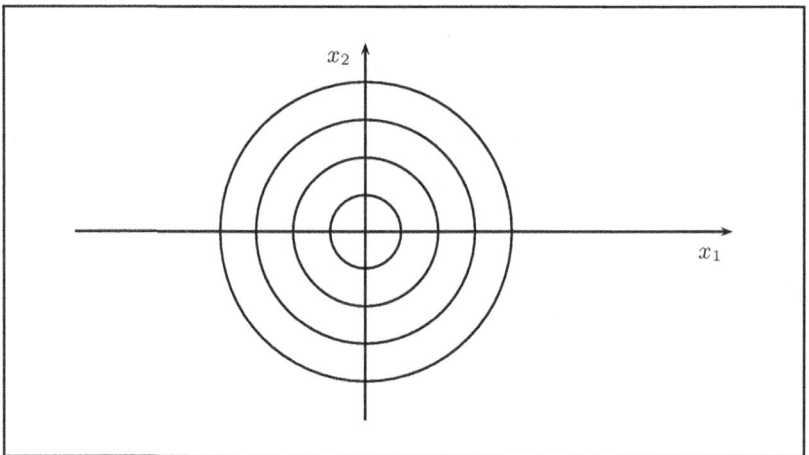

Abb. 6.4 Höhenlinien der Funktion $y = 1 - x_1^2 - x_2^2$

Eine analoge Darstellung finden wir in der Projektion auf die $y - x_1$-Ebene.

Setzen wir $y = const.$, so entsteht eine Darstellung der gekrümmten Fläche im Raum, die aus topographischen Karten bekannt ist: Der Verlauf des Profiles von y über der $x_1 - x_2$-Ebene wird durch **Höhenlinien** beschrieben.

Setzen wir in unserem Beispiel $y = c_2 = const.$, dann folgt:

$$c_2 = 1 - x_1^2 - x_2^2 \quad \text{oder} \quad x_1^2 + x_2^2 = 1 - c_2.$$

Die Höhenlinien sind in diesem Beispiel also konzentrische Kreise, siehe Abb. 6.4.

Bei der Formulierung wirtschaftlicher Zusammenhänge treten Funktionen mit mehreren Veränderlichen häufig auf. Die **Produktionsfunktion** beschreibt die Produktionsmenge – also den Output – in Abhängigkeit von eingesetzten Produktionsfaktoren r_i, wie Arbeit, Energie und Rohstoffe.

$$x = x(\mathbf{r})$$

Betrachten wir hier die Höhenlinien, also die Linien konstanter Produktionsmengen, dann spricht man von **Isoquanten**.

Beispiel Eine Produktionsfunktion sei gegeben durch:

$$x(\mathbf{r}) = a \cdot r_1^\alpha \cdot r_2^\beta, \quad \alpha, \beta > 0.$$

Die Isoquanten ergeben sich durch die Bedingung $x(\mathbf{r}) = const. = c$, also

$$c = a \cdot r_1^\alpha \cdot r_2^\beta,$$

oder

$$r_2 = \left(\frac{c}{a \cdot r_1^\alpha} \right)^{1/\beta}.$$

In der Abb. 6.5 sind drei Isoquanten dieser Produktionsfunktion mit drei Konstanten c_1, c_2 und c_3 dargestellt.

Anmerkung:
Produktionsfunktionen dieser Form werden als **Cobb-Douglas Produktionsfunktion** bezeichnet.[2]

---

[2]Diese Funktionen sind benannt nach den beiden US-amerikanischen Ökonomen Charles Wiggins Cobb (1875–1949) und Paul Howard Douglas (1892–1976).

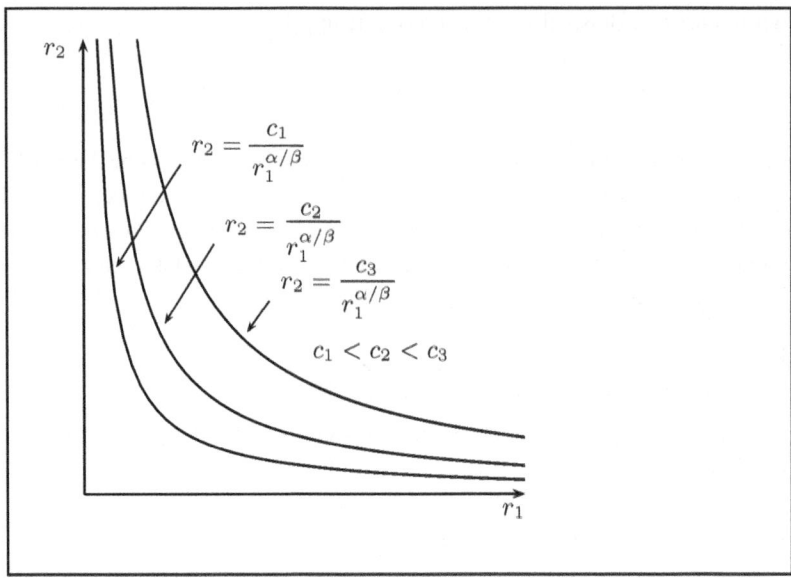

Abb. 6.5 Isoquanten der Cobb-Douglas Produktionsfunktion

6.2   Differentialrechnung für Funktionen mit mehreren Veränderlichen

Um das Steigungsverhalten von Funktionen mit mehreren Veränderlichen zu untersuchen, knüpfen wir an die Definition der Ableitung einer Funktion mit einer Veränderlichen an. Die Modifikationen, die hierfür erforderlich sind, hängen nicht von der Anzahl der Variablen ab, sondern sind konzeptioneller Natur. Die graphische Veranschaulichung für den Fall zweier Variable ist dabei überaus hilfreich (Abb. 6.6).

6.2.1   Partielle Ableitung

Die Steigung einer Funktion mit mehreren Veränderlichen in Richtung einer Koordinatenachse x_i ergibt sich, wenn wir Veränderungen nur für diese Koordinate zulassen und alle anderen Koordinaten konstant halten. Dementsprechend definieren wir die **partielle Ableitung**:

▶ **Definition (Partielle Ableitung)** Die partielle Ableitung der Funktion $f(\mathbf{x}) = f(x_1, x_2, \ldots, x_n)$ nach der Variablen x_i ist die Ableitung der Funktion $f(\mathbf{x})$ nach der Variablen x_i, wobei alle Variablen x_j mit $j \neq i$ als konstante Größen betrachtet werden.

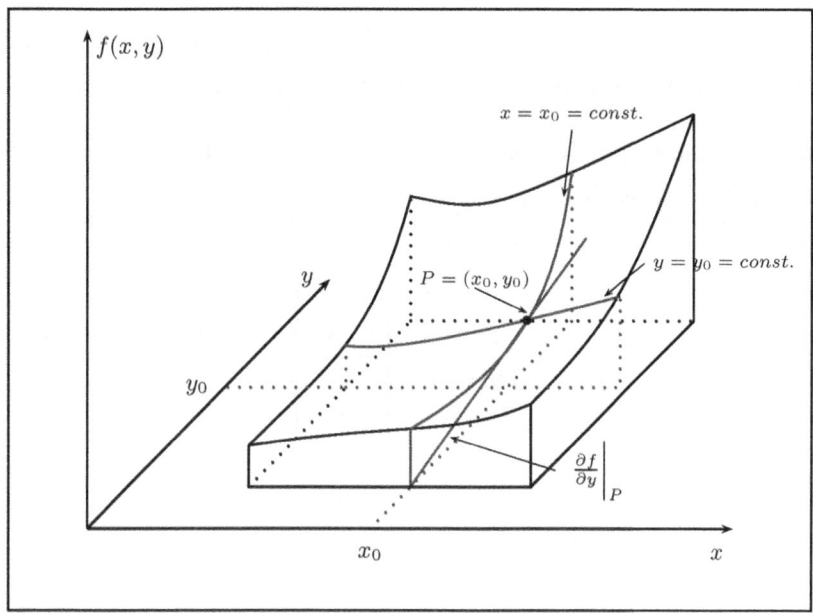

Abb. 6.6 Veranschaulichung der partiellen Ableitung

Für die partielle Ableitung benutzen wir die Schreibweise: $\dfrac{\partial f}{\partial x_i}$.

Beispiel Für die Funktion:

$$f(\mathbf{x}) = x_1^2 + 2x_1 x_2 - 3x_2^2$$

ergeben sich die folgenden partiellen Ableitungen:

$$\frac{\partial f}{\partial x_1} = 2x_1 + 2x_2, \qquad \frac{\partial f}{\partial x_2} = 2x_1 - 6x_2.$$

Für

$$f(\mathbf{x}) = x_1 \cdot e^{ax_2}$$

erhalten wir:

$$\frac{\partial f}{\partial x_1} = e^{ax_2}, \qquad \frac{\partial f}{\partial x_2} = ax_1 e^{ax_2}.$$

Es gibt n partielle Ableitungen $\dfrac{\partial f}{\partial x_i}$; $i = 1, 2, \ldots, n$ einer Funktion $f(\mathbf{x})$. Sie lassen sich in einem Vektor, dem **Gradienten der Funktion** f zusammenfassen.

▶ **Definition (Gradient)** Existieren für eine Funktion $f(\mathbf{x})$ mit $\mathbf{x} \in \mathbb{R}^n$ die partiellen Ableitungen $\dfrac{\partial f(\mathbf{x})}{\partial x_i}$ an der Stelle $\mathbf{x}$, so heißt

$$\mathbf{grad}\, f(\mathbf{x}) = \begin{pmatrix} \dfrac{\partial f(\mathbf{x})}{\partial x_1} \\ \dfrac{\partial f(\mathbf{x})}{\partial x_2} \\ \vdots \\ \dfrac{\partial f(\mathbf{x})}{\partial x_n} \end{pmatrix}$$

Gradient von f an der Stelle $\mathbf{x}$.

Der Gradient einer Funktion mehrerer Veränderlicher gibt die Richtung des steilsten Anstieges der Funktion $f(\mathbf{x})$ an,[3] der Betrag des Gradienten $\mid \mathbf{grad}\, f(\mathbf{x}) \mid$ ist ein Maß für die Größe dieses Anstiegs.

Beispiel Wir betrachten die Funktion:

$$f(x_1, x_2) = 1 - x_1^2 - x_2^2.$$

Der Gradient ist der Vektor

$$\mathbf{grad}\, f(\mathbf{x}) = \begin{pmatrix} -2x_1 \\ -2x_2 \end{pmatrix}.$$

Für Funktionen, die partiell differenzierbar sind, können wir auch höhere partielle Ableitungen betrachten. Für praktische Anwendungen sind insbesondere die 2. partiellen Ableitungen von Interesse. Für eine partielle Ableitung $\partial f / \partial x_i$ kann die 2. Ableitung nach jeder möglichen Variable x_j betrachtet werden. Sofern diese Ableitungen an der Stelle $\mathbf{x}$ existieren, entsteht auf diese Weise die sogenannte **Hesse-Matrix**:[4]

---

[3]Man zeigt diese Eigenschaft, indem man zunächst die Steigung in einer beliebigen Richtung betrachtet und dann prüft, in welcher Richtung die Steigung maximal wird.

[4]Benannt nach dem deutschen Mathematiker Ludwig Otto Hesse (1811–1874) (siehe Dieudonné (1985)).

▶ **Definition (Hesse-Matrix)**

$$\mathbf{H}(\mathbf{x}) = \left(\frac{\partial^2 f(\mathbf{x})}{\partial x_i \partial x_j} \right) = \begin{pmatrix} \dfrac{\partial^2 f(\mathbf{x})}{\partial x_1 \partial x_1} & \dfrac{\partial^2 f(\mathbf{x})}{\partial x_1 \partial x_2} & \cdots & \dfrac{\partial^2 f(\mathbf{x})}{\partial x_1 \partial x_n} \\[2mm] \dfrac{\partial^2 f(\mathbf{x})}{\partial x_2 \partial x_1} & \dfrac{\partial^2 f(\mathbf{x})}{\partial x_2 \partial x_2} & \cdots & \dfrac{\partial^2 f(\mathbf{x})}{\partial x_2 \partial x_n} \\[2mm] \vdots & \vdots & \vdots & \vdots \\[2mm] \dfrac{\partial^2 f(\mathbf{x})}{\partial x_n \partial x_1} & \dfrac{\partial^2 f(\mathbf{x})}{\partial x_n \partial x_2} & \cdots & \dfrac{\partial^2 f(\mathbf{x})}{\partial x_n \partial x_n} \end{pmatrix} .$$

Die Hesse-Matrix ist quadratisch und wegen

$$\frac{\partial^2 f(\mathbf{x})}{\partial x_i \partial x_j} = \frac{\partial^2 f(\mathbf{x})}{\partial x_j \partial x_i}$$

auch symmetrisch. Mit Hilfe der Hesse-Matrix wird die **Konvexität** einer Funktion $f(\mathbf{x})$ untersucht. Dies spielt wie bei Funktionen einer Veränderlichen eine Rolle bei der Formulierung hinreichender Bedingungen für lokale Extrema (vgl. Abschn. 6.3).

6.2.2 Das totale Differential

Aus der Betrachtung von Funktionen mit einer Veränderlichen wissen wir, dass die Änderung Δf der Funktion f in dem Punkt x beschrieben wird durch:

$$\Delta f \approx f'(x) \cdot \Delta x.$$

Im Grenzfall $\Delta x \to 0$ ergibt sich das Differential

$$\mathrm{d}f = f'(x)\mathrm{d}x.$$

Einen entsprechenden Ausdruck wollen wir nun für Funktionen mit mehreren Veränderlichen betrachten.
Die totale Änderung $\mathrm{d}f$ einer Funktion $y = f(\mathbf{x})$ setzt sich zusammen aus den Änderungen, die sich in jeder Koordinatenrichtung ergeben:

$$\mathrm{d}f = \sum_{i=1}^{n} \mathrm{d}f_{x_i}.$$

Für die Änderung $\mathrm{d}f_{x_i}$ in Koordinatenrichtung x_i, können wir mit der partiellen Ableitung schreiben:

$$\mathrm{d}f_{x_i} = \frac{\partial f}{\partial x_i}\mathrm{d}x_i,$$

dies wird als **partielles Differential** bezeichnet. Somit ergibt sich für die totale Änderung (das totale Differential) die folgende Definition:

▶ **Definition (Totales Differential)** Das totale Differential ist die Summe aller partiellen Differentiale.

$$\mathrm{d}f = \sum_{i=1}^{n} \frac{\partial f}{\partial x_i}\mathrm{d}x_i. \tag{6.1}$$

Beispiel Eine Produktionsfunktion ist gegeben durch:

$$\mathbf{x}(r_1, r_2) = 15 \cdot r_1^{\frac{1}{2}} \cdot r_2^2$$

mit den beiden Inputfaktoren r_1 und r_2 und dem Output $\mathbf{x}$.

Die partielle Veränderung der Produktionsfaktoren ergibt sich durch Veränderung von r_1 um $\mathrm{d}r_1$ bzw. von r_2 um $\mathrm{d}r_2$. Das vollständige Differential der Funktion $x(r_1, r_2)$ beschreibt nun die Veränderung des Outputs bei gleichzeitiger Veränderung beider Inputfaktoren:

$$\mathrm{d}x = \frac{\partial x}{\partial r_1}\mathrm{d}r_1 + \frac{\partial x}{\partial r_2}\mathrm{d}r_2$$
$$= \frac{15}{2}r_1^{-\frac{1}{2}}r_2^2\mathrm{d}r_1 + 30r_1^{\frac{1}{2}}r_2\mathrm{d}r_2.$$

Eine weitere Anwendung für das totale Differential ergibt sich für **implizite Funktionen**. Eine implizite Funktion hat die Form $f(\mathbf{x}) = 0$, beispielsweise:

$$f(x_1, x_2) = x_1^2 e^{x_2} - x_1 x_2^2 = 0.$$

Das totale Differential liefert eine Möglichkeit, Ableitungen von impliziten Funktionen zu bilden, auch wenn die Funktion nicht in explizite Form umgeformt werden kann. Für solche impliziten Funktionen

$$f(\mathbf{x}) = f(x_1, x_2) = 0 \tag{6.2}$$

betrachten wir das totale Differential:

$$\mathrm{d}f = \frac{\partial f}{\partial x_1}\mathrm{d}x_1 + \frac{\partial f}{\partial x_2}\mathrm{d}x_2$$

oder:

$$\frac{df}{dx_1} = \frac{\partial f}{\partial x_1} + \frac{\partial f}{\partial x_2}\frac{dx_2}{dx_1}.$$

Wegen $f(\mathbf{x}) = 0$ folgt

$$\frac{df}{dx_1} = 0$$

und somit:

$$\frac{dx_2}{dx_1} = -\frac{\dfrac{\partial f}{\partial x_1}}{\dfrac{\partial f}{\partial x_2}}, \qquad \text{falls } \frac{\partial f}{\partial x_2} \neq 0. \tag{6.3}$$

Beispiel Für

$$f(x_1, x_2) = x_1^2 e^{x_2} - x_1 x_2^2 = 0$$

erhält man die Ableitung:

$$\frac{dx_2}{dx_1} = -\frac{\dfrac{\partial f}{\partial x_1}}{\dfrac{\partial f}{\partial x_2}} = -\frac{2x_1 e^{x_2} - x_2^2}{x_1^2 e^{x_2} - 2x_1 x_2}.$$

In der Ökonomie findet dieses Verfahren Anwendung bei substituierbaren Produktionsfaktoren. Dieser Fall liegt vor, wenn ein Produktionsniveau konstant bleibt unter der Variation zweier Produktionsfaktoren, wie dies zum Beispiel durch Arbeitskraft und Maschineneinsatz oder im Fall verschiedener Energiequellen gegeben ist.
Betrachten wir hierzu das vorige Beispiel mit der Produktionsfunktion:

$$x(r_1, r_2) = 15 \cdot r_1^{\frac{1}{2}} \cdot r_2^2.$$

Wir fragen, wie die Ressource r_1 durch die Ressource r_2 ersetzt werden kann, um eine Produktion x_0 zu gewährleisten. Der Zusammenhang wird gegeben durch die Steigung der Isoquanten von

$$x(r_1, r_2) = 15 \cdot r_1^{\frac{1}{2}} \cdot r_2^2 = x_0$$

und ist abhängig von einem bestimmten Punkt $(\tilde{r}_1, \tilde{r}_2)$. Gemäß Gl. (6.3) bilden wir für die Funktion

$$f(r_1, r_2) = 15 \cdot r_1^{\frac{1}{2}} \cdot r_2^2 - x_0 = 0$$

die Ableitung:

$$\frac{dr_2}{dr_1} = -\frac{\dfrac{\partial f}{\partial r_1}}{\dfrac{\partial f}{\partial r_2}} = -\frac{\dfrac{15}{2}r_1^{-\frac{1}{2}} \cdot r_2^2}{15r_1^{\frac{1}{2}} \cdot 2r_2} = -\frac{1}{4} \cdot \frac{r_2}{r_1}.$$

Im Punkt $(\tilde{r}_1, \tilde{r}_2)$ erhalten wir also für die Substitution von r_1 durch r_2 den Zusammenhang

$$dr_2 = -\frac{1}{4} \cdot \frac{\tilde{r}_2}{\tilde{r}_1} \cdot dr_1.$$

6.3 Extremwerte von Funktionen mit mehreren Variablen

Bei der Behandlung von Extremwertaufgaben von Funktionen mit mehreren Variablen können wir auf die Konzepte, die wir bei der Betrachtung von Funktionen mit einer Veränderlichen eingeführt haben, zurückgreifen, müssen nun aber die in Abschn. 6.2 betrachteten Begriffe verwenden. Zunächst ist wieder zu unterscheiden zwischen Extremwertaufgaben ohne (Abb. 6.7) und mit Randbedingungen (Abb. 6.8).

6.3.1 Extremwerte ohne Randbedingungen

Wie in Abschn. 3.5 suchen wir relative Maxima und Minima, ohne dabei Randwerte zu berücksichtigen. Für die Funktion $y = f(\mathbf{x})$ suchen wie die Vektoren $\mathbf{x}_E$, in denen $y_E = f(\mathbf{x}_E)$ lokal maximal oder minimal wird. Die notwendige Bedingung hierfür ist, dass die Steigung in allen Richtungen Null ist, d. h. dass alle partiellen Ableitungen Null sind. Mit Hilfe des Gradientenvektors lässt sich dies folgendermaßen formulieren:

Notwendige Bedingung für die Existenz lokaler Extrema:

Wenn $y = f(\mathbf{x})$ im Punkt $\mathbf{x} = \mathbf{x}_E \in \mathbb{R}^n$ ein lokales Extremum hat, dann muss gelten:

$$\mathbf{grad}\, f(\mathbf{x}_E) = \mathbf{0}. \tag{6.4}$$

Die Bedingung:

$$\mathbf{grad}\, f(\mathbf{x}_E) = \mathbf{0}$$

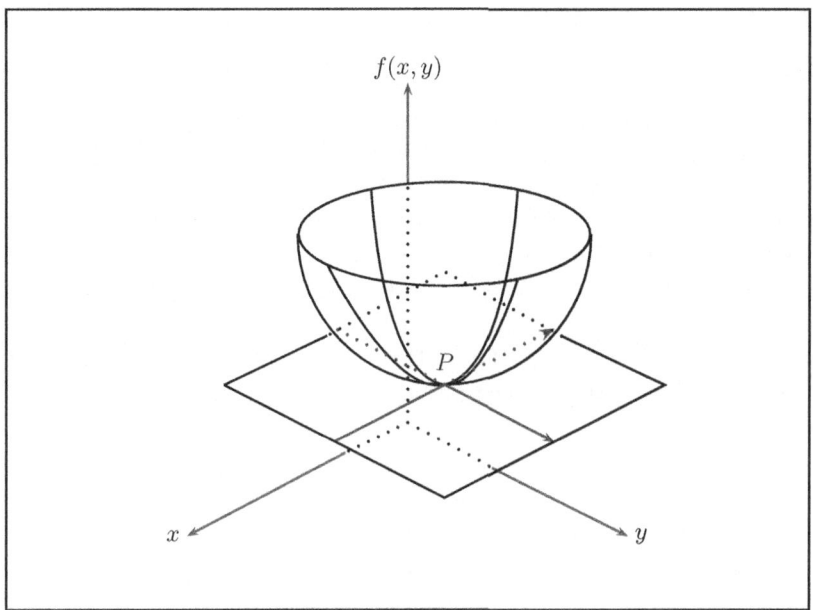

Abb. 6.7 Lokales Minimum einer Funktion mit zwei Veränderlichen

stellt ein System von n gekoppelten Gleichungen dar. Solange die Funktion $y = f(\mathbf{x})$ nur quadratische Terme enthält, handelt es sich bei Gl. (6.4) um ein lineares Gleichungssystem. Effiziente Lösungsverfahren hierfür haben wir in Abschn. 5.3.2 ausführlich betrachtet.

Beispiel Wir betrachten die Funktion:

$$f(x_1, x_2) = x_1^2 - 2x_1 x_2.$$

Der Gradientenvektor dieser Funktion ist:

$$\mathbf{grad}\, f(x_1, x_2) = \begin{pmatrix} \dfrac{\partial f(x_1, x_2)}{\partial x_1} \\ \dfrac{\partial f(x_1, x_2)}{\partial x_2} \end{pmatrix} = \begin{pmatrix} 2x_1 - 2x_2 \\ -2x_1 \end{pmatrix}.$$

Die notwendige Bedingung für Extrema, $\mathbf{grad}\, f(x_1, x_2) \overset{!}{=} \mathbf{0}$, führt auf das lineare Gleichungssystem:

$$2x_1 - 2x_2 = 0$$

$$-2x_1 = 0$$

mit der Lösung:

$$x_1 = 0, x_2 = 0.$$

Im allgemeinen Fall – wenn also die Funktion $f(\mathbf{x})$ höhere Terme als quadratische enthält – steht mit dem sogenannten **Gradientenverfahren** eine effiziente Methode zur Verfügung. Anschaulich lässt sich das Gradientverfahren folgendermaßen beschreiben (für die Suche nach einem lokalen Maximum): Ausgehend von einem beliebigen Startpunkt sucht man in einer Gebirgslandschaft den nächstgelegenen lokalen Gipfel. Man ermittelt im Startpunkt die Richtung des steilsten Anstiegs und bewegt sich solange in diese Richtung, bis es nicht weiter bergauf geht. Dann bewegt man sich ausgehend von diesem Punkt wieder in Richtung des steilsten Anstiegs, solange es bergauf geht. Dies wiederholt man solange, bis es in keiner Richtung mehr nennenswert ansteigt. Man befindet sich dann (näherungsweise) auf dem lokalen Gipfel. Wie beim Newton-Verfahren zur Nullstellenbestimmung (vgl. Abschn. 3.6.2) handelt es sich bei dem Gradientenverfahren um ein **iteratives Näherungsverfahren**. Wir benötigen eine Zählvariable k, die die Iterationen des Verfahrens zählt und eine Abbruchschranke ϵ, $\epsilon > 0$, mit der das Verfahren beendet wird, wenn die Steigung entsprechend klein ist.

Algorithmus Gradientenverfahren
Maximiere $z = f(\mathbf{x})$, $\mathbf{x} \in \mathbb{R}^n$

1 *Initialisierung*:
   Setze $k = 0$, wähle $\mathbf{x} = \mathbf{x}^{(k)}$ als Startlösung und eine Abbruchschranke ϵ, ($\epsilon > 0$).
   In diesem ersten Schritt des Verfahrens muss also ein Startwert angenommen und die Genauigkeit des Verfahrens vorgegeben werden.
2 *Terminierung*:
   Falls

$$| \operatorname{\mathbf{grad}} f(\mathbf{x}^{(k)}) | < \epsilon,$$

   bricht das Verfahren ab. Der Vektor $\mathbf{x}^{(k)}$ ist das gesuchte Maximum. Sonst weiter mit Schritt [3].
3 *Bestimmung des Anstiegs in steilster Richtung*:
   Bestimme $\mu^{(k)} = \mu_{\mathrm{opt}}^{(k)}$, so dass die Funktion

$$g(\mu^{(k)}) = f\left(\mathbf{x}^{(k)} + \mu^{(k)} \operatorname{\mathbf{grad}} f(\mathbf{x}^{(k)})\right)$$

   maximal wird.
   In diesem Schritt wird festgelegt, dass gerade soweit in die Richtung des steilsten Anstiegs gegangen wird, bis die Funktionswerte wieder abnehmen. Das Problem ist dabei reduziert auf die Ermittlung eines Extremums für eine Veränderliche ($\mu^{(k)}$) der Funktion $g(\mu^{(k)})$.

4 *Erhöhung des Iterationsschrittes*:
Setze $k = k + 1$ und

$$\mathbf{x}^{(k)} = \mathbf{x}^{(k-1)} + \mu_{\text{opt}}^{(k-1)} \, \mathbf{grad} \, f(\mathbf{x}^{(k-1)}).$$

In diesem Schritt wird die neue Näherung für $\mathbf{x}_E$ ermittelt, die sich ergibt, wenn man von der letzten Näherung aus in Richtung des steilsten Anstieges um die optimale Schrittweite geht.
Gehe zu Schritt [2].

Für die Bestimmung lokaler Minima ist zu beachten, dass bei stetig differenzierbaren Funktionen $-\mathbf{grad}\, f(\mathbf{x})$ die Richtung des steilsten Gefälles angibt. Zur Ermittelung eines lokalen Minimums ist also $\mathbf{grad}\, f(\mathbf{x})$ zu ersetzen durch $-\mathbf{grad}\, f(\mathbf{x})$.

Beispiel Die Funktion

$$f(x, y) = x^4 + xy + (1 + y)^2 \tag{6.5}$$

hat ein lokales Minimum. Der Gradient dieser Funktion (6.5) ist der Vektor

$$\mathbf{grad}\, f(x, y) = \begin{pmatrix} 4x^3 + y \\ x + 2(1 + y) \end{pmatrix}. \tag{6.6}$$

Ausgehend von einer Startlösung ergeben sich die folgenden Iterationen für die numerische Suche nach dem lokalen Minimum:

- Startlösung:

$$\mathbf{x}^{(0)} = \begin{pmatrix} 0 \\ 0 \end{pmatrix}.$$

- 1. Iteration:
  Mit der Startlösung erhalten wir den Gradienten (6.6) an der Stelle $\mathbf{x}^{(0)}$ zu:

$$\mathbf{grad}\, f(\mathbf{x}^{(0)}) = \begin{pmatrix} 0 \\ 2 \end{pmatrix}$$

und

$$|\, \mathbf{grad}\, f(\mathbf{x}^{(0)}) \,| = 2.$$

Damit berechnen wir die Funktion g:

$$g(\mu^{(0)}) = f\left(\mathbf{x}^{(0)} - \mu^{(0)} \,\mathbf{grad}\, f(\mathbf{x}^{(0)})\right)$$

$$= f\left(\begin{pmatrix} 0 \\ 0 \end{pmatrix} - \mu^{(0)} \begin{pmatrix} 0 \\ 2 \end{pmatrix}\right)$$

$$= f\left(\begin{pmatrix} 0 \\ -2\mu^{(0)} \end{pmatrix}\right)$$

$$= \left(1 - 2\mu^{(0)}\right)^2.$$

Diese Funktion wird minimal bei:

$$\frac{\mathrm{d}g(\mu^{(0)})}{\mathrm{d}\mu^{(0)}} = 2(1 - 2\mu^{(0)}) \overset{!}{=} 0$$

oder:

$$\mu_{\mathrm{opt}}^{(0)} = \frac{1}{2}.$$

Erste Näherung:

$$\mathbf{x}^{(1)} = \mathbf{x}^{(0)} - \mu_{\mathrm{opt}}^{(0)} \,\mathbf{grad}\, f(\mathbf{x}^{(0)})$$

$$= \begin{pmatrix} 0 \\ 0 \end{pmatrix} - \frac{1}{2} \begin{pmatrix} 0 \\ 2 \end{pmatrix}$$

$$= \begin{pmatrix} 0 \\ -1 \end{pmatrix}.$$

• 2. Iteration: Einsetzen der ersten Näherung in Gl. (6.6) liefert:

$$\mathbf{grad}\, f(\mathbf{x}^{(1)}) = \begin{pmatrix} -1 \\ 0 \end{pmatrix}$$

mit:

$$|\,\mathbf{grad}\, f(\mathbf{x}^{(1)})\,| = 1.$$

Damit berechnen wir die Funktion g in der zweiten Iteration:

$$g(\mu^{(1)}) = f\left(\mathbf{x}^{(1)} - \mu^{(1)} \, \mathbf{grad} \, f(\mathbf{x}^{(1)})\right)$$

$$= f\left(\begin{pmatrix} 0 \\ -1 \end{pmatrix} - \mu^{(1)} \begin{pmatrix} -1 \\ 0 \end{pmatrix}\right)$$

$$= f\left(\begin{pmatrix} \mu^{(1)} \\ -1 \end{pmatrix}\right)$$

$$= (\mu^{(1)})^4 - \mu^{(1)}.$$

Die notwendige Bedingung für ein Minimum ist:

$$\frac{\mathrm{d}g(\mu^{(1)})}{\mathrm{d}\mu^{(0)}} = 4(\mu^{(1)})^3 - 1 \overset{!}{=} 0 \qquad \Longleftrightarrow \qquad \mu_{\text{opt}}^{(1)} = \sqrt[3]{\frac{1}{4}}.$$

Zweite Näherung:

$$\mathbf{x}^{(2)} = \mathbf{x}^{(1)} - \mu_{\text{opt}}^{(1)} \, \mathbf{grad} \, f(\mathbf{x}^{(1)})$$

$$= \begin{pmatrix} 0 \\ -1 \end{pmatrix} - \sqrt[3]{\frac{1}{4}} \begin{pmatrix} -1 \\ 0 \end{pmatrix}$$

$$= \begin{pmatrix} \sqrt[3]{\frac{1}{4}} \\ -1 \end{pmatrix}.$$

Einsetzen dieser Näherung in Gl. (6.6) liefert:

$$\mathbf{grad} \, f(\mathbf{x}^{(2)}) = \begin{pmatrix} 0 \\ \sqrt[3]{\frac{1}{4}} \end{pmatrix}$$

und

$$\mid \mathbf{grad} \, f(\mathbf{x}^{(1)}) \mid = \sqrt[3]{\frac{1}{4}} \approx 0{,}63.$$

Das Verfahren konvergiert, da $\mid \mathbf{grad} \, f(\mathbf{x}) \mid$ abnimmt, wenn auch nicht sehr schnell. Für akzeptable Näherungen ($\epsilon < 0{,}05$) wären hier noch einige Schritte erforderlich.

Analog zu den Funktionen einer Veränderlichen ist die Bedingung

$$\mathbf{grad} \, f(\mathbf{x}) = \mathbf{0}$$

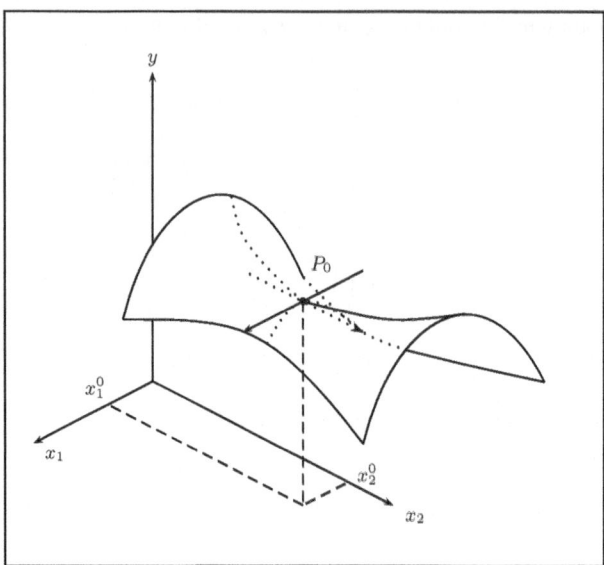

Abb. 6.8 Sattelpunkt

nur eine notwendige Bedingung. Für Funktionen von mehreren Veränderlichen ist diese Bedingung auch für Sattelpunkte erfüllt, die keine lokalen Extrema darstellen. Wie in der Abb. 6.8 angedeutet, haben Sattelpunkte die Eigenschaft, dass sie in alle Richtungen waagrechte Tangenten haben. Wandert man jedoch in verschiedenen Richtungen von dem Punkt weg, erhält man je nach Richtung größere oder kleinere Funktionswerte. Daher kann hier weder ein Maximum noch ein Minimum vorliegen. Zusammenfassend bezeichnet man lokale Extrema und Sattelpunkte auch als **stationäre Punkte**.

Als **hinreichende Bedingung** für die Existenz eines lokalen Extremums müssen wir das Krümmungsverhalten bzw. die Konvexität der Funktion $z = f(\mathbf{x})$ hinzuziehen. Dadurch können Sattelpunkte und Extrema voneinander unterschieden werden. Hierzu betrachten wir die zweiten (partiellen) Ableitungen von $z = f(\mathbf{x})$ und geben die hinreichenden Bedingungen ohne Beweis an (siehe dazu Tietze (2015)). Zunächst betrachten wir den Sonderfall von Funktionen mit zwei Variablen

$$y = f(x_1, x_2).$$

Eine differenzierbare Funktion $y = f(x_1, x_2)$ hat im Punkt $P = (\widetilde{x}_1, \widetilde{x}_2) \in \mathbb{R}^2$ einen stationären Punkt, wenn gilt:

$$\left. \frac{\partial f}{\partial x_1} \right|_P = \left. \frac{\partial f}{\partial x_2} \right|_P = 0.$$

Es handelt sich um ein **lokales Maximum**, wenn in P folgende Bedingungen erfüllt sind:

$$\frac{\partial^2 f}{\partial x_1^2} < 0, \frac{\partial^2 f}{\partial x_2^2} < 0 \quad \text{und} \quad \frac{\partial^2 f}{\partial x_1^2} \cdot \frac{\partial^2 f}{\partial x_2^2} - \left(\frac{\partial^2 f}{\partial x_1 \partial x_2}\right)^2 > 0, \tag{6.7}$$

und um ein **lokales Minimum**, wenn in P gilt:

$$\frac{\partial^2 f}{\partial x_1^2} > 0, \frac{\partial^2 f}{\partial x_2^2} > 0 \quad \text{und} \quad \frac{\partial^2 f}{\partial x_1^2} \cdot \frac{\partial^2 f}{\partial x_2^2} - \left(\frac{\partial^2 f}{\partial x_1 \partial x_2}\right)^2 > 0. \tag{6.8}$$

Ist der Ausdruck

$$\frac{\partial^2 f}{\partial x_1^2} \cdot \frac{\partial^2 f}{\partial x_2^2} - \left(\frac{\partial^2 f}{\partial x_1 \partial x_2}\right)^2 < 0,$$

dann liegt ein Sattelpunkt vor. Falls

$$\left.\frac{\partial^2 f}{\partial x_1^2}\frac{\partial^2 f}{\partial x_2^2} - \left(\frac{\partial^2 f}{\partial x_1 \partial x_2}\right)^2\right|_P = 0,$$

kann der stationäre Punkt P mit Hilfe der 2. Ableitungen nicht näher charakterisiert werden.

Beispiel Wir betrachten die Funktion

$$f(x_1, x_2) = x_1^2 - \frac{1}{2}x_1 x_2 + x_2^2.$$

Die notwendige Bedingung $\partial f/\partial x_i = 0$; $i = 1, 2$ liefert das Gleichungssystem

$$2x_1 - \frac{1}{2}x_2 = 0$$

$$2x_2 - \frac{1}{2}x_1 = 0,$$

was auf den stationären Punkt $P = (0,0)$ führt. Um zu entscheiden, ob in P ein lokales Minimum, ein Maximum oder ein Sattelpunkt vorliegt, bilden wir die zweiten Ableitungen:

$$\frac{\partial^2 f}{\partial x_1^2} = 2, \quad \frac{\partial^2 f}{\partial x_2^2} = 2, \quad \frac{\partial^2 f}{\partial x_1 \partial x_2} = -\frac{1}{2}.$$

Da

$$\frac{\partial^2 f}{\partial x_1^2} > 0, \quad \frac{\partial^2 f}{\partial x_2^2} > 0$$

und

$$\frac{\partial^2 f}{\partial x_1^2} \cdot \frac{\partial^2 f}{\partial x_2^2} - \left(\frac{\partial^2 f}{\partial x_1 \partial x_2} \right)^2 = \frac{15}{4} > 0$$

hat die Funktion f in $P = (0,0)$ ein lokales Minimum.

Für Funktionen mit mehr als zwei Veränderlichen lässt sich die hinreichende Bedingung mit Hilfe der **Hesse-Matrix** in folgender Form formulieren:[5]

Ein stationärer Punkt P ist:

Relatives Maximum, wenn in P alle Eigenwerte der Hesse-Matrix negativ sind.
Relatives Minimum, wenn in P alle Eigenwerte der Hesse-Matrix positiv sind.
Haben die Eigenwerte der Hesse-Matrix verschiedene Vorzeichen, dann liegt in P ein
   Sattelpunkt vor.

Die oben formulierten Bedingungen für Funktionen mit zwei Variablen stellen einen Sonderfall dieser allgemein gültigen Bedingungen dar.
Zusammenfassend stellen wir notwendige und hinreichende Bedingungen für lokale Extrema gegenüber für Funktionen mit einer und mehreren Veränderlichen.[6]

	$y = f(x)$	$y = f(\mathbf{x})$
notwendige Bedingung	$f'(x) = 0$	$\mathbf{grad}\, f(\mathbf{x}) = \mathbf{0}$
hinreichende Bedingung	$f''(x) > 0$ Minimum	Alle Eigenwerte $\mathbf{H}(\mathbf{x}) > 0$
		$f(\mathbf{x})$ konvex von oben
	$f''(x) < 0$ Maximum	Alle Eigenwerte $\mathbf{H}(\mathbf{x}) < 0$
		$f(\mathbf{x})$ konkav von oben

---

[5]Siehe beispielsweise Arens et al. (2018), Kapitel 24.6, Goebbels und Ritter (2011), Kapitel 4.3 oder Stoeppler (1982).
[6]Wie in dem in Abschn. 3.5 angegebenen Beispiel $y = x^6$ gibt es auch im Fall mehrerer Veränderlichen spezielle Funktionen, bei denen die Betrachtung der 2. Ableitung nicht ausreicht. Man hat dann die Umgebung von f in dem stationären Punkt zu untersuchen.

6.3.2 Extremwerte mit Nebenbedingungen

Die Berücksichtigung des Randes stellt für Funktionen mit einer Variablen keine prinzipiellen Schwierigkeiten dar. Man hat lediglich die beiden Funktionswerte am Rand des Definitionsbereichs zu berechnen und diese mit den Funktionswerten der lokalen Extrema zu vergleichen.

Die allgemeine Behandlung von Extremwertaufgaben mit Nebenbedingungen sprengt den Rahmen dieser Einführung.[7] Wir beschränken uns hier auf den Fall, dass die Randbedingungen als Gleichungen vorliegen (im allgemeinen Fall hat man es mit Ungleichungen zu tun) und formulieren hierfür die notwendigen Bedingungen. Wir beschränken uns zunächst auf zwei Variablen und betrachten die Funktion:

$$y = f(x_1, x_2)$$

mit der **Randbedingung**

$$g(x_1, x_2) = 0.$$

In der Abb. 6.9 ist die geometrische Interpretation der Berücksichtigung der Randbedingung dargestellt. Für den Sonderfall, dass sich die Randbedingung als explizite Funktion $x_2 = x_2(x_1)$ schreiben lässt, hilft auch eine Variablensubstitution weiter (Eliminationsverfahren). Wir wollen im Folgenden den allgemeinen Ansatz der **Lagrange-Multiplikatoren** betrachten.

Methode der Lagrange-Multiplikatoren
Die Idee, die der Methode der Lagrange-Multiplikatoren zu Grunde liegt, ist in der Abb. 6.10 dargestellt. Ohne Randbedingung hat die Funktion $f(x_1, x_2)$ das Maximum in einem Punkt P_{max}. Durch die Randbedingung

$$g(x_1, x_2) = 0$$

wird die betrachtete Fläche

$$y = f(x_1, x_2)$$

auf eine Raumkurve K reduziert, deren Projektion in die $x_1 - x_2$-Ebene die Kurve G ist (G ist gerade die Nebenbedingung $g(x_1, x_2) = 0$). Gesucht ist nun das Maximum der Raumkurve K. In der Abb. 6.10 ist dies der Punkt P_0. P_0 ist der Berührungspunkt der Raumkurve K und einer Höhenlinie H, die sich durch

---

[7]Siehe Arens et al. (2018), Kapitel 35.2 oder Goebbels und Ritter (2011), Kapitel 4.3.2.

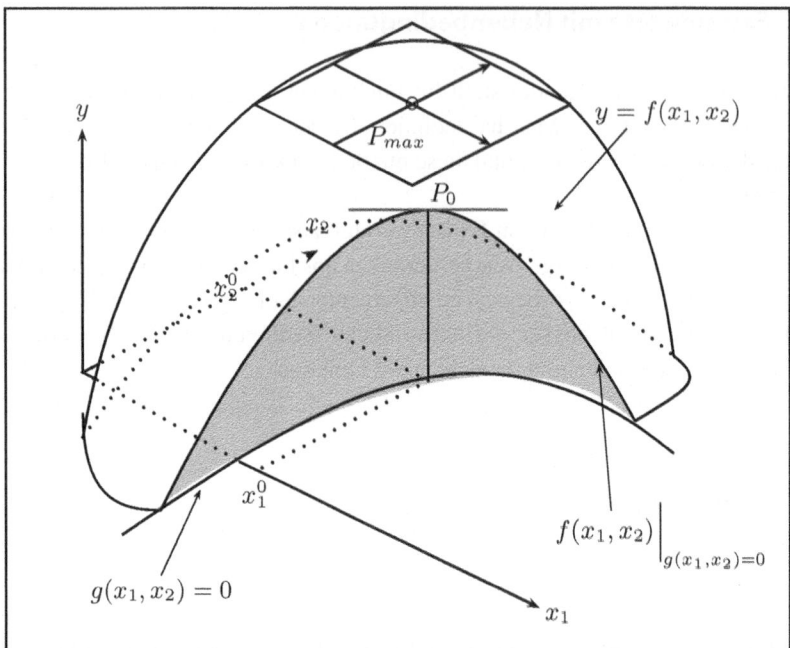

Abb. 6.9 Geometrische Veranschaulichung einer Funktion mit zwei Variablen und der Randbedingung $g(x_1, x_2) = 0$. Ohne Randbedingung hat die Funktion $f(x_1, x_2)$ ein Maximum im Punkt P_{max}. Die Berücksichtigung der Randbedingung $g = 0$ schränkt die Fläche $y = f(x_1, x_2)$ auf die Kurve $f(x_1, x_2)|_{g=0}$ ein. Auf dieser Kurve liegt das Maximum im Punkt P_0

$$H : \quad f(x_1, x_2) = c$$

beschreiben lässt. Die gesuchten Koordinaten des Maximums P_0 (unter der Nebenbedingung $g = 0$) ergeben aus dem Punkt P_1 in der $x_1 - x_2$-Ebene. P_1 ist – wie die Abbildung zeigt – wiederum der Berührungspunkt der Kurven G und H'. Die Kurve H' beschreibt die Projektion der Höhenlinie H in die $x_1 - x_2$-Ebene. Das Berühren der beiden Kurven im Punkt P_1 bedeutet, dass die Steigungen beider Kurven in diesem Punkt übereinstimmen. Die Steigungen dieser Kurven erhalten wir aus den Ableitungen und diese wiederum aus der impliziten Form der Funktionen

$$g(x_1, x_2) = 0 \qquad \text{bzw.} \qquad f(x_1, x_2) - c = 0$$

gemäß Gl. (6.3):

$$\frac{dx_2}{dx_1} = -\frac{\dfrac{\partial g}{\partial x_1}}{\dfrac{\partial g}{\partial x_2}} = -\frac{\dfrac{\partial f}{\partial x_1}}{\dfrac{\partial f}{\partial x_2}}. \tag{6.9}$$

Die Gl. (6.9) bedeutet, dass die partiellen Ableitungen von f und g proportional zueinander sind. Mit dem Proportionalitätsfaktor $(-\lambda)$ muss also gelten:

$$\frac{\partial f}{\partial x_1} = -\lambda \frac{\partial g}{\partial x_1} \quad \text{und} \quad \frac{\partial f}{\partial x_2} = -\lambda \frac{\partial g}{\partial x_2}$$

oder

$$\frac{\partial f}{\partial x_1} + \lambda \frac{\partial g}{\partial x_1} = 0 \tag{6.10}$$

und

$$\frac{\partial f}{\partial x_2} + \lambda \frac{\partial g}{\partial x_2} = 0. \tag{6.11}$$

Der Faktor λ heißt **Lagrange-Multiplikator**.[8]

Genau diese Gleichungen kann man auch erhalten, wenn man aus f und g die sogenannte **Langrange-Funktion** in der Form:

$$\mathcal{L}(x_1, x_2, \lambda) = f(x_1, x_2) + \lambda \cdot g(x_1, x_2) \tag{6.12}$$

bildet. Die notwendigen Bedingungen lassen sich aus dieser Lagrange-Funktion bilden durch die partiellen Ableitungen:

$$\frac{\partial \mathcal{L}}{\partial x_1} = 0 \quad \text{und} \quad \frac{\partial \mathcal{L}}{\partial x_2} = 0. \tag{6.13}$$

Die Ableitung der Langrange-Funktion nach dem Parameter λ reproduziert die Nebenbedingung:

$$\frac{\partial \mathcal{L}}{\partial \lambda} = 0 \quad \Longleftrightarrow \quad g(x_1, x_2) = 0. \tag{6.14}$$

Aus den Gl. (6.12) und (6.14) lassen sich die Koordinaten des Punktes P_0 bestimmen, bei dem die Funktion $f(x_1, x_2)$ unter der Nebenbedingung $g(x_1, x_2) = 0$ ein Extremum hat.

---

[8]Benannt nach dem italienisch-französischen Mathematiker Joseph Louis Lagrange (1736–1813).

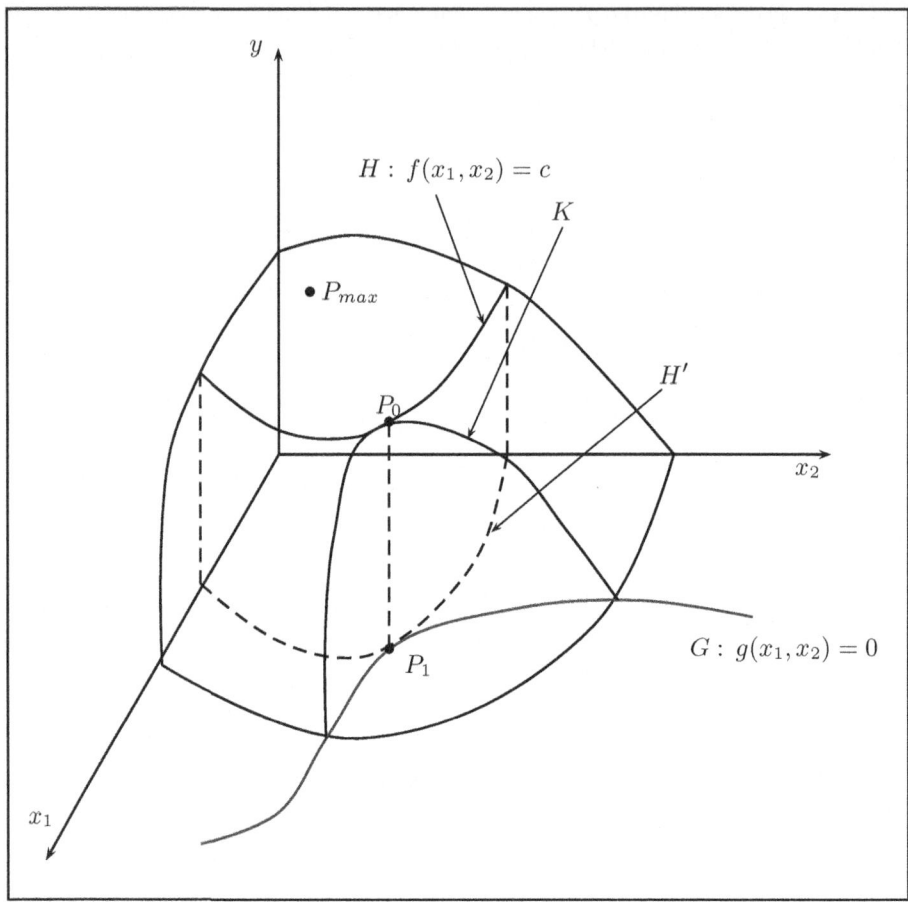

Abb. 6.10 Zur Herleitung der Methode der Lagrange-Multiplikatoren

Beispiele

1. Wir betrachten die Funktion

$$f(x_1, x_2) = x_1^2 - 2x_1 x_2 \tag{6.15}$$

mit der Nebenbedingung

$$x_2 = 2x_1 - 6. \tag{6.16}$$

Gesucht ist nun der Punkt (oder die Punkte) aus $\mathbb{R}^2$, an dem die Funktion (6.15) ein Extremum hat, wobei die Nebenbedingung (6.16) berücksichtigt ist. Dazu betrachten wir die Lagrange-Funktion (vgl. Gl. (6.12)):

$$\mathcal{L} = f(x_1, x_2) + \lambda g(x_1, x_2)$$
$$= x_1^2 - 2x_1 x_2 + \lambda(x_2 - 2x_1 + 6).$$

Wir bilden die partiellen Ableitungen:

$$\frac{\partial \mathcal{L}}{\partial x_1} = 2x_1 - 2x_2 - 2\lambda \overset{!}{=} 0 \tag{6.17}$$

$$\frac{\partial \mathcal{L}}{\partial x_2} = -2x_1 + \lambda \overset{!}{=} 0 \tag{6.18}$$

$$\frac{\partial \mathcal{L}}{\partial \lambda} = x_2 - 2x_1 + 6 \overset{!}{=} 0 \tag{6.19}$$

Die Gl. (6.17) – (6.19) bilden ein LGS. Aus den Gl. (6.18) und (6.19) folgt:

$$\lambda = 2x_1 \qquad \text{und} \qquad x_2 = 2x_1 - 6$$

Einsetzen in (6.17) liefert:

$$x_1 = 2$$

und damit: $x_2 = -2$. Damit ist der Punkt $P = (2, -2) \in \mathbb{R}^2$ Extremwert der Funktion (6.15) unter der Nebenbedingung (6.16).

2. Bestimmung der **Minimalkostenkombination**

Es liegt eine Produktionsfunktion $x(\mathbf{r})$ vor. Die Kosten ergeben sich aus den Preisen der Einsatzfaktoren $\mathbf{r}$, gesucht ist die Kombination der Einsatzfaktoren, mit der ein vorgegebener Output zu minimalen Kosten generiert werden kann. Für eine Cobb-Douglas Produktionsfunktion

$$x(r_1, r_2) = c \cdot r_1^\alpha \cdot r_2^\beta$$

mit der Kostenfunktion

$$K(r_1, r_2) = p_1 \cdot r_1 + p_2 \cdot r_2$$

ergibt sich mit der Outputmenge x_0: Minimiere $K(r_1, r_2)$ unter der Bedingung $c \cdot r_1^\alpha \cdot r_2^\beta = x_0$.

Die Lagrange-Funktion lautet

$$\mathcal{L}(r_1, r_2, \lambda) = p_1 \cdot r_1 + p_2 \cdot r_2 + \lambda \cdot \left(x_0 - c \cdot r_1^{\alpha} \cdot r_2^{\beta}\right).$$

Damit:

$$\frac{\partial \mathcal{L}}{\partial r_1} = p_1 - \lambda \cdot c \cdot \alpha \cdot r_1^{\alpha-1} \cdot r_2^{\beta} \overset{!}{=} 0, \tag{6.20}$$

$$\frac{\partial \mathcal{L}}{\partial r_2} = p_2 - \lambda \cdot c \cdot \beta \cdot r_1^{\alpha} \cdot r_2^{\beta-1} \overset{!}{=} 0, \tag{6.21}$$

$$\frac{\partial \mathcal{L}}{\partial \lambda} = x_0 - c \cdot r_1^{\alpha} \cdot r_2^{\beta} \overset{!}{=} 0. \tag{6.22}$$

Die Gl. (6.20) und (6.21) werden nach λ aufgelöst und gleich gesetzt. Damit ergibt sich

$$r_2 = \frac{p_1 \cdot \beta}{p_2 \cdot \alpha} \cdot r_1.$$

Im $r_1 - r_2$-Diagramm liegen die kostenminimalen Einsatzfaktoren für eine Cobb-Douglas Produktionsfunktion auf einer Geraden (siehe Abb. 6.11). Für r_1 ergibt sich unter Verwendung der Gl. (6.22):

$$r_1 = \left(\frac{x_0}{c}\right)^{1/(\alpha+\beta)} \cdot \left(\frac{p_2 \cdot \alpha}{p_1 \cdot \beta}\right)^{\beta/(\alpha+\beta)}.$$

Die Methode der Lagrange Multiplikatoren lässt sich verallgemeinern auf n Variable und m Nebenbedingungen: Für eine Funktion $y = f(\mathbf{x})$ mit $\mathbf{x} \in \mathbb{R}^n$ mit den Nebenbedingungen

$$g_j(\mathbf{x}) = 0, \qquad j = 1, 2, \ldots, m$$

erfüllen die relativen Extrema die notwendigen Bedingungen

$$\frac{\partial \mathcal{L}}{\partial x_i} = 0 \qquad \text{für } i = 1, 2, \ldots, n$$

$$\frac{\partial \mathcal{L}}{\partial \lambda_j} = 0 \qquad \text{für } j = 1, 2, \ldots, m$$

mit der Lagrange-Funktion

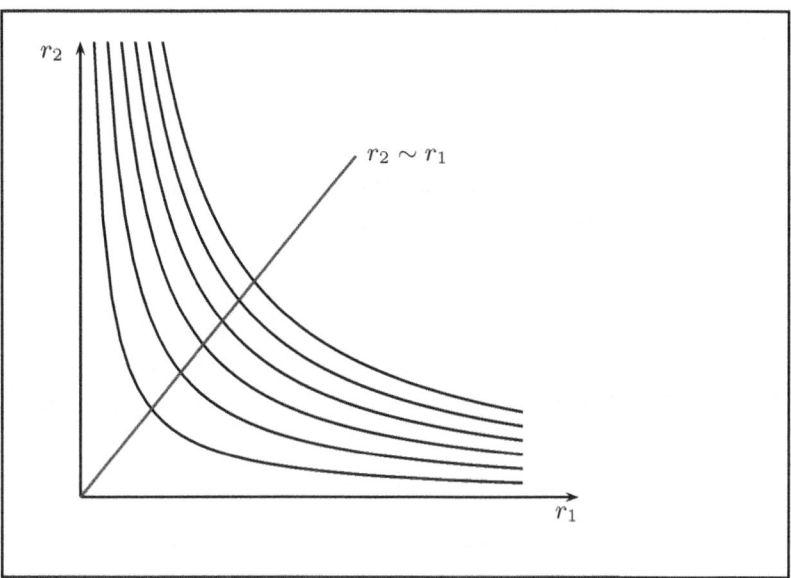

Abb. 6.11 Isoquanten der Cobb-Douglas Produktionsfunktion und die Bestimmung der kostenminimalen Einsatzfaktoren

$$\mathcal{L} = \mathcal{L}(\mathbf{x}, \lambda) = f(\mathbf{x}) + \sum_{j=1}^{m} \lambda_j g_j(\mathbf{x}).$$

Interessante Anwendungen ergeben sich hier vor allen Dingen, wenn die Nebenbedingungen in Form von **Ungleichungen** vorliegen. Hier verweisen wir auf die einschlägige Literatur zum Thema Operations Research (vgl. Domschke et al. (2015) oder Arens et al. (2018), Kap. 35).

6.4 Übungen

Kurzlösungen zu den folgenden Übungen befinden sich im Anhang.

6.1 Berechnen Sie die partiellen Ableitungen der folgenden Funktionen:

(a) $f(\mathbf{x}) = x_1^3 + x_1 e^{x_2} + x_2^2 \cdot x_3$
(b) $f(\mathbf{x}) = x_1 \cdot \ln(x_2 x_3) - \ln(x_1 + x_2)$

6.2 Bilden Sie den Gradienten der Funktion

$$f(x, y) = 16 - (x - 1)^2 - \left(y - \frac{1}{2}\right)^2.$$

Zeichnen Sie für $f(x, y)$ ein Höhenlinienbild ($x - y$-Diagramm mit $f(x, y) = const.$). Tragen Sie den Gradienten ein für

$$\begin{pmatrix} x_1 \\ y_1 \end{pmatrix} = \begin{pmatrix} 0 \\ 0 \end{pmatrix} \quad \text{und} \quad \begin{pmatrix} x_2 \\ y_2 \end{pmatrix} = \begin{pmatrix} 1 \\ 0 \end{pmatrix}.$$

6.3 Gegeben ist die Outputfunktion

$$x(r_1, r_2, r_3) = 3r_1^2 \cdot \sqrt{r_2} + 5r_1 r_2 r_3^{\frac{1}{3}}.$$

Berechnen Sie das totale Differential von $x(r_1, r_2, r_3)$. Wie wirkt sich eine Veränderung der Inputfunktion an der Stelle $(1, 1, 1)$ aus, wenn r_1 und r_2 um $0{,}1$ Einheiten erhöht und r_3 um $0{,}2$ Einheiten vermindert wird?

6.4 Gegeben sei die Produktionsfunktion

$$x(r_1, r_2) = 2\sqrt{r_1} \cdot \sqrt[3]{r_2}.$$

(a) Wie groß muss der Faktoreinsatz von r_1 sein, um eine Produktion von $x_0 = 216$ Einheiten sicherzustellen, wenn $r_2 = 27$ beträgt?
(b) Wie kann dabei eine Reduktion des ersten Faktors um eine Einheit durch den zweiten Faktor kompensiert werden?

6.5 Zeigen Sie, dass die hinreichende Bedingung für Extrema von Funktionen für zwei Variablen aus der allgemeinen Bedingung für die Eigenwerte der Hesse-Matrix folgt.

6.6 Gegeben ist die Funktion

$$f(x, y) = 4x - 2x^2 + 2y - 6y^2 + 2xy$$

(a) Prüfen Sie, ob $f(x, y)$ eine von oben konkave Funktion ist.
(b) Ermitteln Sie näherungsweise ein Maximum der Funktion mit dem Gradienten-verfahren.

Hinweis: Starten Sie im Punkt $\mathbf{x} = \begin{pmatrix} 0 \\ 0 \end{pmatrix}$ und brechen Sie das Verfahren ab, wenn $\left| \mathbf{grad}\ (f\ (\mathbf{x}) \right| < 0{,}5$ ist.

(c) Vergleichen Sie die näherungsweise ermittelte Lösung mit der exakten Lösung, die sich hier leicht finden lässt, wenn das LGS grad $f(\mathbf{x}) = \mathbf{0}$ gelöst wird.

(d) Es ist nun die Randbedingung $y = x + 3$ zusätzlich zu berücksichtigen. Berechnen Sie das Maximum von $f(x, y)$, das sich mit dieser Randbedingung ergibt, zunächst durch die Substitution einer Variablen. Betrachten Sie dann, wie sich das Maximum unter Verwendung des Lagrange-Formalismus ergibt.

6.7 Gegeben sei die implizite Funktion

$$f(x, y) = x^{-2}e^{-y} + x^2 y^3 = 0.$$

Wie lautet die Ableitung $y'(x)$?

6.8 Gegeben ist die Funktion

$$f(x) = x^2 - 3x + 3.$$

Gesucht ist derjenige Punkt P der Kurve, der dem Koordinatenursprung am nächsten liegt.

6.9 Die Funktion

$$f(x, y) = x^2 + 2xy$$

unterliegt der Nebenbedingung

$$g(x, y) = -\frac{3}{2}x + 3y + 6 = 0.$$

Bestimmen Sie die Extremwerte der Funktion $f(x, y)$ unter der obigen Nebenbedingung

(a) durch das Eliminationsverfahren
(b) durch Anwendung der Methode der Lagrange Multiplikatoren.

6.10 Der Output x sei in Abhängigkeit der Inputfaktoren r_1 und r_2 durch eine Cobb-Douglas Produktionsfunktion gegeben:

$$x(r_1, r_2) = c \cdot r_1^{\alpha} \cdot r_2^{\beta}.$$

Wie sind die Ressourcen anzusetzen, damit der Output maximal wird, wenn die Kosten des Ressourceneinsatzes fest vorgegeben sind in der Form:

$$K(r_1, r_2) = h_1 r_1 + h_2 r_2 = b?$$

6.11 In einem metallverarbeitendem Betrieb werden zylindrische Behälter aus Blech hergestellt. Diese Behälter sind beidseitig verschlossen, da sie zum Transport von Flüssigkeiten dienen.

(a) Berechnen Sie die Höhe h und den Radius r, damit das Volumen maximal wird. Für jeden Behälter stehen 2 m^2 Blech zur Verfügung.
(b) Zeigen Sie, dass die Lösung eindeutig ist und berechnen Sie das maximale Volumen.
(c) Wie groß müssen h und r sein bei einem Volumen von 1 m^3 Inhalt und minimalem Blechverbrauch?
(d) Welcher geometrische Körper hat bei gleichem Volumen von 1 m^3 einen geringeren, optimalen Blechverbrauch?

  • Welche Maße hat dieser Körper?
  • Wieviele Quadratmeter Blech sind notwendig?
  • Wieviel Prozent Einsparung ist dies gegenüber dem oben betrachteten Zylinder?

Finanzmathematik

7

Lernziele (Dieses Kapitel vermittelt)

- die wichtigsten Begriffe der Finanzmathematik
- eine Betrachtung der Zins- und Zineszinsrechnung
- wie Nominal- und Effektivzins zu unterscheiden sind
- einige Betrachtungen im Zusammenhang mit Annuitätendarlehen

7.1 Zinsrechnung

Im Rahmen der Zinsrechnung betrachten wir folgende Größen:

1. K_n heißt **Endwert** und bezeichnet das nach Ablauf des Zinszeitraums angesammelte Kapital.
2. K_0 heißt **Barwert**, das ist das eingesetzte Kapital zu Beginn der Anlage.
3. p heißt **Zinsfuß** in Prozent pro Zinsperiode.
4. n ist die Anzahl von Zinsperioden.
5. Die Größe Z_n gibt den **Zinsbetrag** nach n Zinsperioden an.

Elektronisches Zusatzmaterial Die elektronische Version dieses Kapitels enthält Zusatzmaterial, das berechtigten Benutzern zur Verfügung steht. https://doi.org/10.1007/978-3-662-63681-7_7

7.1.1　Einfache Verzinsung

Bei der einfachen Verzinsung – man spricht auch von **linearer Verzinsung** – erfolgt innerhalb des Kapitalüberlassungszeitraumes kein Zinszuschlag.

▶ **Definition (Lineare Verzinsung)** Steht ein Kapital K_0 € bei p % Verzinsung (pro Zinsperiode) insgesamt n Perioden lang aus, so gilt für den Gesamtbetrag der am Ende der Periode n auszuzahlenden Zinsen:

$$Z_n = \frac{K_0 \cdot p \cdot n}{100}. \tag{7.1}$$

Für den Barwert ergibt sich:

$$
\begin{aligned}
K_n &= K_0 + Z_n \\
&= K_0 \cdot \left(1 + \frac{p \cdot n}{100}\right) \\
&= K_0 \cdot (1 + i \cdot n)
\end{aligned}
$$

mit dem **Prozentsatz**:

$$i = \frac{p}{100}.$$

In der Finanzmathematik wird mit folgenden **Perioden** gerechnet: Das Jahr unterteilt sich in 12 gleich lange Monate mit je 30 Tagen. Damit hat das Zinsjahr also 360 Tage. Darüber hinaus gelten in Deutschland folgende Konventionen:

- Falls der Zinszuschlag Ende Februar erfolgt, wird mit 28 bzw. 29 Tagen gerechnet.
- Bei der Ermittlung von Laufzeiten wird der erste Tag nicht gezählt, der letzte Tag zählt.
- Fehlt bei dem Zinssatz p eine Zeitangabe, dann bezieht sich die Angabe stets auf ein Jahr.

Beispiel Eine Anwendung der linearen Zinsrechnung aus der betriebswirtschaftlichen Praxis ist der sogenannte **Lieferantenkredit**. Dabei geht es um folgende Fragestellung: Für die Bezahlung einer Warenlieferung gelten die Zahlungsbedingungen:

3 % Skontoabzug bei Zahlung innerhalb von 10 Tagen, andernfalls Zahlung des vollen Rechnungsbetrags innerhalb von 30 Tagen.

Der Einfachheit halber nehmen wir an, es handelt sich um einen Rechnungsbetrag von 100,– €. Die Zahlungsverhältnisse sind in der Abb. 7.1 dargestellt.

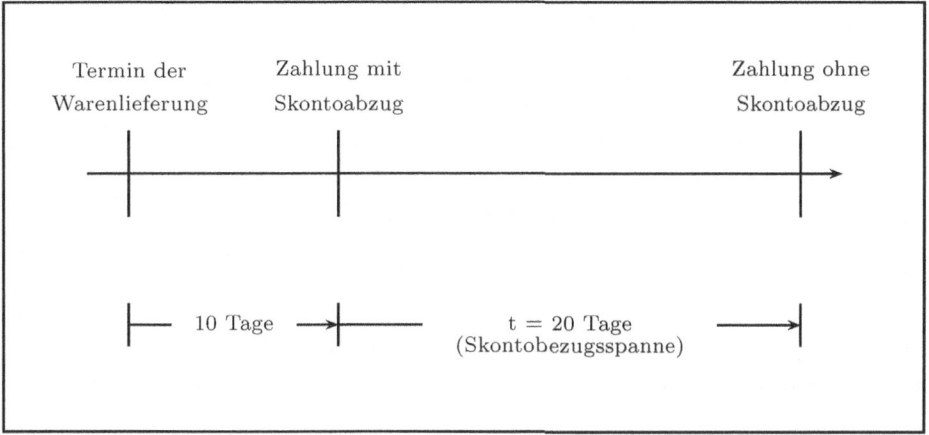

Abb. 7.1 Das Prinzip des Skontos

Nimmt der Kunde des Lieferanten das Angebot *Zahlung unter Skontoabzug zum früheren Termin* **nicht** wahr, so gewährt ihm der Lieferant der Ware gewissermaßen ein Kredit in Höhe des um das Skonto verminderten Rechnungsbetrags – hier 97,– € – den der Kunde 20 Tage später in Höhe von 100,– € zurückzahlen muss.

Angenommen, der Kunde zahlt zum früheren Termin und fremdfinanziert die frühere Zahlung von 97,– € zu 18 % p.a. für die Dauer der Skontobezugsspanne 20 Tage. Dann belaufen sich seine Schulden nach 20 Tagen auf

$$97 \cdot \left(1 + 0,18 \cdot \frac{20}{360}\right) \ € = 97,97 \ €.$$

Diesen Betrag müsste jetzt der Käufer seiner Kreditbank zurückgeben. Hätte er dagegen den Lieferantenkredit in Anspruch genommen und zum späteren Zeitpunkt gezahlt, so wären 100,– € fällig gewesen. Noch deutlicher wird dieser Umstand, wenn man sich vergegenwärtigt, welchem Jahreszins der Lieferantenkredit eigentlich entspricht.

Gesucht ist also derjenige Zinsfuß p, bei dem 97,– € in 20 Tagen auf 100,– € anwachsen. Die entsprechende Gleichung liefert:

$$97 \cdot \left(1 + i \cdot \frac{20}{360}\right) = 100.$$

Löst man diese Gleichung nach p auf, dann folgt:

$$i = \left(\frac{100}{97} - 1\right) \cdot \frac{360}{20} = 0,5567.$$

Hochgerechnet auf ein Jahr entspricht der Lieferantenkredit einer Verzinsung von $p = 55,67\,\%$.

7.1.2 Zinseszinsen

Kennzeichen der linearen Verzinsung ist es, dass innerhalb der betrachteten Verzinsungs-spanne keine Zinsverrechnung vorgenommen wird. Ist daher eine lineare Verzinsung vereinbart, wird erst am Ende des Betrachtungszeitraums das Kapital und die entstandenen Zinsen verrechnet.

Ein anderes Prinzip liegt der **Zinseszinsrechnung** zu Grunde. Innerhalb der Kapital-überlassungsfrist existieren ein oder mehrere Zinsverrechnungstermine, in denen die bis zu diesem Zeitpunkt aufgelaufenen Zinsen dem Kapital zugeschlagen werden. Dieser Betrag bildet das weiterhin zu verzinsende Kapital. Dieses Verfahren der Zineszinsrechnung findet in vielen Bereichen wie der **Investitionsrechnung**, der **Finanzierung** und im **Versicherungswesen** Anwendung.

Ist der Zinsfuß p %, dann beträgt der einfache Jahreszins $\frac{k \cdot p}{100}$. Das Grundkapital von K_0 wächst dann im Laufe eines Jahres auf K_1 an:

$$K_1 = K_0 \left(1 + \frac{p}{100}\right)$$

mit dem **Zinsfaktor** q:

$$q = 1 + \frac{p}{100} = 1 + i.$$

Damit erhält man:

$$\text{nach 1 Jahr}: \quad K_1 = K_0 \cdot q$$

$$\text{nach 2 Jahren}: \quad K_2 = K_1 \cdot q = K_0 \cdot q^2$$

$$\text{nach 3 Jahren}: \quad K_3 = K_2 \cdot q = K_0 \cdot q^3$$

$$\vdots \qquad \vdots$$

$$\text{nach n Jahren}: \quad K_n = K_{n-1} \cdot q = K_0 \cdot q^n.$$

Daraus resultiert, dass das Grundkapital K_0 in n Jahren auf den Betrag K_n anwächst, wenn die jährlich anfallenden Zinsen zum Kapital addiert werden.

Die **Zinseszinsformel** lautet:

▶ **Definition (Zinseszinsformel)**

$$K_n = K_0 \cdot q^n. \tag{7.2}$$

Der Faktor q^n heißt **Aufzinsungsfaktor**.

Die Zinseszinsrechnung ist ein Beispiel für **exponentielles Wachstum**. Bei exponentiellem Wachstum gilt der Zusammenhang

$$\frac{K_n}{K_{n-1}} = q = const.$$

Exponentielles Wachstum liegt beispielsweise auch beim Wachstum von Lebewesen vor, solange keine einschränkenden Faktoren begrenzend wirken.
Die Zinseszinsformel verknüpft die vier Größen K_n, K_0, q und n durch

$$K_n = K_0 \cdot q^n.$$

Auflösen nach dem Barwert ergibt:

$$K_0 = \frac{K_n}{q^n}. \tag{7.3}$$

Für den Zinsfaktor q ergibt sich:

$$q = \sqrt[n]{\frac{K_n}{K_0}}. \tag{7.4}$$

Die Anzahl der Zinsperioden berechnet sich nach:

$$n = \frac{\ln\left(\frac{K_n}{K_0}\right)}{\ln q}. \tag{7.5}$$

7.1.3 Rentenrechnung

Im Folgenden betrachten wir den Fall, dass über eine Laufzeit von n Perioden eine regelmäßige Zahlung einer Rate r erfolgt. Wir berechnen den Endwert der Kapitalanlage bei einer Verzinsung von p Prozent, wenn der Zinszuschlag jeweils am Ende einer Periode erfolgt. Dies ist beispielsweise bei Kapital-Lebensversicherungen oder dem Ansparen von Bausparverträgen der Fall. Mit $q = 1 + p/100$ folgt:

Nach der ersten Periode und direkt nach der zweiten Zahlung beträgt das Guthaben $r + r \cdot q$, denn das Guthaben setzt sich zusammen aus der ersten Zahlung, dem Zinsertrag aus der ersten Zahlung und der zweiten Zahlung.

Nach der zweiten Periode und direkt nach der dritten Zahlung beträgt das Guthaben $r + r \cdot q + r \cdot q^2$.

Nach der dritten Periode und direkt nach der vierten Zahlung beträgt das Guthaben
$r + r \cdot q + r \cdot q^2 + r \cdot q^3$.
$$\vdots$$

Nach der n-ten Periode und unmittelbar nach der $n + 1$-ten Zahlung beträgt das Guthaben:
$r + r \cdot q + \cdots + r \cdot q^n$.

Damit ist der Gesamtwert bei der n-ten Zahlung durch folgende Summe, die sogenannte Rentenformel, gegeben:

$$G_n = r + qr + q^2 r + \cdots + q^{n-1} r$$

$$= r \cdot \sum_{j=1}^{n} q^{j-1}$$

$$= r \cdot \frac{q^n - 1}{q - 1}.$$

▶ **Definition (Rentenformel)** Die Rentenformel

$$G_n = r \cdot \frac{q^n - 1}{q - 1} \tag{7.6}$$

gibt das Kapital an, das sich nach n-maliger Zahlung einer Rate r, bei einer Verzinsung von $q = 1 + \frac{p}{100}$ aufsummiert.

Für die Herleitung der Rentenformel haben wir von der Summenformel der **geometrischen Reihe** Gebrauch gemacht, siehe dazu die Herleitung der Gl. (2.12).

Beispiel Nach wievielen Jahren erreicht ein Sparer mit der letzten Zahlung ein Guthaben von 100.000 €, wenn jährlich 9600 € eingezahlt werden und ein Guthabenzins von 1 % bezahlt wird?
Nach der Rentenformel Gl. (7.6)

$$G_n = r \cdot \frac{q^n - 1}{q - 1}$$

erhalten wir

$$\frac{G_n}{r} \cdot (q - 1) = q^n - 1$$

bzw.

$$\frac{G_n}{r} \cdot (q - 1) + 1 = q^n.$$

Logarithmieren dieser Gleichung liefert:

$$\frac{\ln \left(\dfrac{G_n}{r} \cdot (q - 1) + 1 \right)}{\ln q} = n.$$

Einsetzen der Werte $G_n = 100.000 \, \text{€}$; $r = 9600 \, \text{€}$, $q = 1 + p/100 = 1,01$ führt auf

$$n \approx 9,95 \text{ Jahre}.$$

7.1.4 Unterjährige Verzinsung

Häufig kommt es vor – z. B. bei Wertpapieren – dass Zinsen nicht am Ende eines Jahres, sondern halbjährlich, vierteljährlich oder in anderen Zeitabschnitten berechnet und zum Kapital geschlagen werden. In diesem Fall spricht man von einer **unterjährigen Zinsverrechnung** oder **unterjährigen Verzinsung**. Auch beim Zurückzahlen eines Darlehens erfolgt die Zinsverrechnung üblicherweise nicht am Jahresende sondern unterjährig, dementsprechend wird die Zinsschuld zum Darlehen addiert.

Bei einem festen Zinsfuß und einer Unterteilung des Jahres in m gleiche Abschnitte ist die Zinseszinsformel Gl. (7.2)

$$K_n = K_0(1 + i)^n$$

folgendermaßen zu modifizieren:

$$K_n = K_0(1 + \frac{i}{m})^{n \cdot m}.$$

Mit dieser Änderung wird der Tatsache Rechnung getragen, dass die Anzahl der Zinszuschläge um den Faktor m pro Jahr erhöht wird, mit einem Zins, der um den Faktor m reduziert ist. Bei der unterjährigen Verzinsung wird p/m **relativer Zinsfuß** oder **relativer unterjähriger Zins** genannt. i wird als **nomineller Jahreszins** bezeichnet.

Beispiel Ein Anfangskapital von $k = 6000 \, \text{€}$ wird mit einer Laufzeit von 5 Jahren mit 6 % verzinst. Man berechne das Endkapital jeweils bei monatlicher und jährlicher Zinsverrechnung.

Für die monatliche Zinsverrechnung folgt:

Jahreszinsfuß: 6 %
Anzahl der Abschnitte: $m = 12$
relativer unterjähriger Zins p/m: 6 % / 12 = 0,5 %.
Gesamtzahl der Abschnitte: $5 \cdot 12 = 60$

Endkapital:

$$K_5 = K_0(1 + \frac{p/m}{100})^{mn} = 6000 \; \text{\euro} \cdot (1{,}005)^{60} = 8093 \; \text{\euro}.$$

Bei einer jährlichen Zinsverrechnung ergibt sich folgendes Endkapital:

$$K_5 = K_0 \cdot q^5 = 6000 \; \text{\euro} \cdot (1{,}06)^5 = 8029 \; \text{\euro}$$

Allgemein lässt sich sagen, bei einer fortgesetzten Erhöhung der Anzahl der Jahresabschnitte steigt der Zins.

Um verschiedene Zinsbedingungen für eine Anlage oder ein Darlehen konsistent vergleichen zu können, wird in der Finanzmathematik der Begriff des **Effektivzinses** eingeführt.

Im Fall der unterjährigen Verzinsung beschreibt der **effektive Jahreszins** i_{eff} den Zinssatz, der im ersten Jahr gelten würde, wenn keine unterjährige Verzinsung vorläge.

▶ **Definition (Effektivzins bei unterjähriger Verzinsung)** Der Zusammenhang zwischen dem Nominalzins i und dem effektiven Jahreszins ist gegeben durch

$$\left(1 + \frac{i}{m}\right)^m = 1 + i_{\text{eff}}, \tag{7.7}$$

wenn m die Anzahl der Perioden ist, in die das Zinsjahr unterteilt wird.

Beispiel Für ein Darlehen wird ein jährlicher Nominalzins von 2 % bei monatlicher Zinsabschlagsrechnung vereinbart. Wie groß ist der effektive Jahreszins im ersten Jahr? Aus

$$\left(1 + \frac{i}{m}\right)^m = 1 + i_{\text{eff}}$$

folgt:

$$i_{\text{eff}} = \left(1 + \frac{i}{m}\right)^m - 1$$

$$= \left(1 + \frac{0{,}02}{12}\right)^{12} - 1$$

$$\approx 0{,}0201.$$

Der effektive Jahreszins liegt also bei 2,01 %.

Der Grenzfall $m \to \infty$ bedeutet eine kontinuierliche Verzinsung. Dies wird auch als **stetige Verzinsung** bezeichnet. Die Betrachtung ist ein gutes Beispiel dafür, welche Rolle die e-Funktion (vgl. Abschn. 2.2.8) bei Wachstumsprozessen spielt. Wir gehen aus von

$$K_n = K_0 \left(1 + \frac{i}{m}\right)^{m \cdot n} = K_0 \left(1 + \frac{1}{\frac{m}{i}}\right)^{\frac{m}{i} \cdot i \cdot n}$$

mit $\frac{m}{i} = x$:

$$K_n = K_0 \left(1 + \frac{1}{x}\right)^{x \cdot i \cdot n}.$$

Führen wir nun den Grenzübergang $m \to \infty$ bzw. $x \to \infty$ durch, so erhalten wir:

$$\lim_{x \to \infty} K_0 \left(1 + \frac{1}{x}\right)^{x \cdot i \cdot n} = K_0 \left(\underbrace{\lim_{x \to \infty} \left(1 + \frac{1}{x}\right)^x}_{e}\right)^{i \cdot n} = K_0 \cdot e^{i \cdot n}.$$

Im Grenzfall der stetigen Verzinsung ergibt sich K_n als:

$$K_n = K_0 \cdot e^{i \cdot n}.$$

7.2 Tilgungsrechnung

Die **Tilgungsrechnung** bildet die mathematische Grundlage für die Rückzahlung eines Kredites, Darlehens oder einer Hypothek. Sie findet daher Anwendung im Rahmen der **Investitionsrechnung**, ist aber auch für den privaten Schuldner von Interesse.

Bei allen Schuldtilgungsvorgängen stehen sich:

* Leistungen = Zahlungen des Kreditgebers (= Gläubiger)
* und Gegenleistungen (= Zahlungen) des Kreditnehmers (= Schuldners)

gegenüber.

Ein Charakteristikum der Tilgungsrechnung besteht darin, dass die Zahlungen des Schuldners zerlegt werden in einen **Zinsanteil** und einen **Tilgungsanteil**. Unter dem Zinsanteil versteht man die am Ende jeder Periode fälligen Zinsen auf die am Beginn der Periode noch bestehende **Restschuld**. Der Tilgungsanteil umfasst die am Periodenende über die fälligen Zinsen hinausgehende Rückzahlungssumme. Die Summe aller im Zeitablauf gezahlten Tilgungsanteile ergibt genau die Kreditsumme. Die Summe aus den zu zahlenden Zinsen und der gezahlten Tilgung einer Periode nennt man **Annuität**.

▶ **Definition (Annuität)** Bezeichnet man mit T_t, Z_t und A_t jeweils Tilgungsanteil, Zinsanteil und Annuität – fällig jeweils am Ende einer Periode t – so gilt für jede Periode die grundlegende Beziehung:

$$Z_t + T_t = A_t. \tag{7.8}$$

Je nach Höhe und/oder der zeitlichen Verteilung der Tilgungsraten oder Annuitäten unterscheidet man verschiedene **Tilgungsarten** bzw. **Schuldtypen**:

1. **Allgemeine Tilgungsschuld**
   Bei dieser Kreditform erfolgen Leistungen und Gegenleistungen in unregelmäßiger Weise.
2. **Gesamtfällige Schuld ohne vollständige Zinsansammlung**
   Bei dieser Tilgungsart erfolgt die gesamte Tilgung der Kreditsumme K_0 in einer einzigen Zahlung am Ende der Laufzeit. Während der Laufzeit werden nur die jeweils fälligen Zinsen gezahlt, jedoch keine zusätzlichen Tilgungzahlungen geleistet.

   Beispiel Bundesschatzbrief Typ A.

3. **Gesamtfällige Schuld mit vollständiger Zinsansammlung**
   Bei dieser Kreditform werden am Ende der Laufzeit neben dem Gesamtkapital K_0 auch die angesammelten Zinsen fällig (eher Zinseszinsen). Während der Laufzeitdes Kredites erfolgen weder Zins- noch Tilgungszahlungen. Daher sind hier sämtliche Annuitäten – bis auf die letzte – 0.

   Beispiel Bundesschatzbrief Typ B.

4. **Ratentilgung**
   Bei dieser Form erfolgt die Tilgung am Ende jeder Periode in gleich hohen Tilgungsraten. Hier gilt demnach:

   $$T_1 = T_2 = \cdots = T_n = T.$$

   Bei einer Laufzeit von n Jahren wird demnach die ursprüngliche Kreditsumme K_0 jährlich getilgt mit

   $$T = \frac{K_0}{n}.$$

   Da auf Grund der fortschreitenden Tilgung im Ablauf auch die Zinszahlungen abnehmen, müssen bei konstanter Tilgungsrate auch die Annuitäten abnehmen.
5. **Annuitätentilgung**
   Charakteristisch für diese Form ist die **konstante Annuität** während der Laufzeit.

Anmerkungen

1. Es wird angenommen, dass alle Zahlungen zu Zinszuschlagterminen erfolgen und sofort verrechnet werden.
2. Es wird mit sogenannten **nachschüssigen** Zinsen gerechnet, das bedeutet, der Zinsbetrag Z_t am Ende einer Zinsperiode richtet sich nach der Restschuld K_{t-1} zu Beginn dieser Zinsperiode:

$$Z_t = K_{t-1} \cdot p,$$

wobei p den Zinssatz bezeichnet.
3. Außer den Zinsen und Tilgungen kann die Annuität weitere Bestandteile wie Gebühren, Provisionen etc. enthalten. Dies wird nicht betrachtet.

Der sogenannte Standardfall des Annuitätenkredits liegt dann vor, wenn unter der Prämisse

$$\text{Zinsperiode} = \text{Zahlungsperiode}$$

eine Zahlungsstruktur wie in Abb. 7.2 vorliegt. Dies bedeutet, die Leistung des Gläubigers liegt in der Zurverfügungstellung der Kreditsumme, während die Gegenleistung des Kreditnehmers in der Zahlung gleich hoher Annuitäten A beginnend eine Periode nach der Kreditauszahlung liegt.

Mit diesen Annahmen stellen wir nun zunächst eine *rekursive* Form für die Restschuld nach t Perioden auf. K_0 bezeichnet die **Kreditsumme** zum Zeitpunkt $t = 0$, d. h. am Beginn der ersten Periode. K_t steht für die **Restschuld** zu Beginn der Folgeperiode $t + 1$ Die Restschuld K_t am Ende der Periode t bestimmt sich aus dem Aufzinsen der Restschuld K_{t-1} zu Beginn der Periode abzüglich der am Ende der Periode t gezahlten Annuität. Quantitativ bedeutet dies:

Rekursive Form des Tilgungsplans:

$$K_t = K_{t-1}(1 + i) - A_t, \qquad \text{mit } i = \frac{p}{100}. \tag{7.9}$$

Rekursiv bedeutet, dass die Schuld in Periode t aus der Vorgängerperiode $t - 1$ bestimmt wird.

Der komplette Ablauf eines Kreditvorgangs mit sämtlichen Zahlungen, der Ermittlung von Zins- und Tilgungsbeträgen sowie die Entwicklung der Restschuld wird in einem **Tilgungsplan** dargestellt.

Im Folgenden betrachten wir den sehr häufig vorliegenden Fall, dass die Annuität konstant ist, d. h.

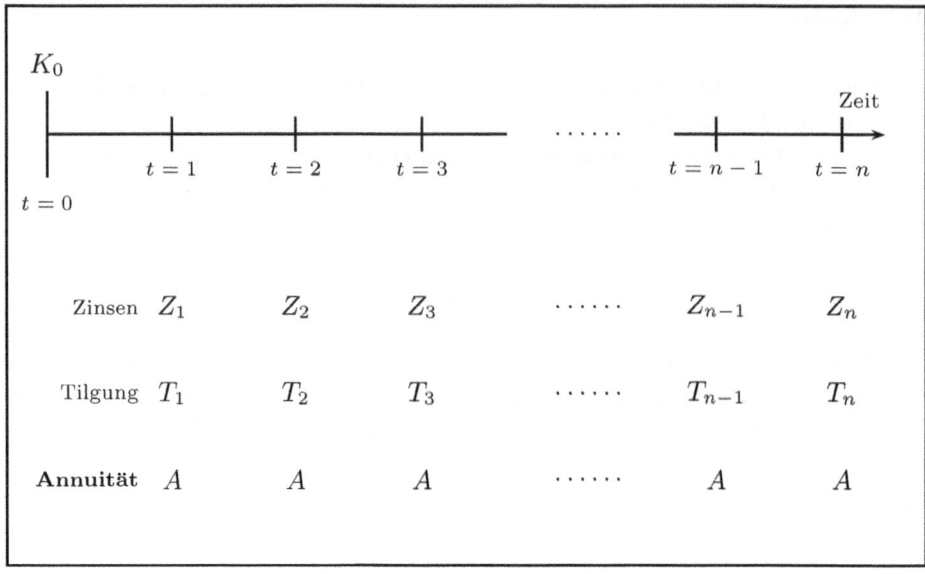

Abb. 7.2 Zeitlicher Ablauf einer Annuitätentilgung

$$A_t = A = const.$$

Das hat zur Folge, dass in jeder Periode die Summe aus Zins und Tilgung gleich groß ist. Die Zinszahlungen nehmen dann von Periode zu Periode ab, wogegen der Tilgungsanteil laufend steigt. Im Tilgungsplan wird dann für jede Periode aufgeführt:

• die Restschuld

$$K_t = K_{t-1}(1 + i) - A$$

• der Zins

$$Z_t = K_{t-1} \cdot i$$

• die Tilgung

$$T_t = A - Z_t.$$

Beispiel Für einen Kredit in Höhe von $K_0 = 350.000$ € ergibt sich bei einem Zinssatz von $p = 1,5\%$ und einer Annuität von $A = 20.000$ € im Jahr der in der Tab. 7.1 dargestellte Tilgungsplan.

Tab. 7.1 Tilgungsplan

Periode	Restschuld in €	Zins in €	Tilgung in €	Kosten in €
0	350.000,00	0	0	0
1	335.250,00	5250,00	14.750,00	20.000
2	320.278,75	5028,75	14.971,25	40.000
3	305.082,93	4804,18	15.195,82	60.000
4	289.659,18	4576,24	15.423,76	80.000
5	274.004,06	4344,89	15.655,11	100.000
6	258.114,12	4110,06	15.889,94	120.000
7	241.985,84	3871,71	16.128,29	140.000
8	225.615,62	3629,79	16.370,21	160.000
9	208.999,86	3384,23	16.615,77	180.000
10	192.134,86	3135,00	16.865,00	200.000
11	175.016,88	2882,02	17.117,98	220.000
12	157.642,13	2625,25	17.374,75	240.000
13	140.006,76	2364,63	17.635,37	260.000
14	122.106,86	2100,10	17.899,90	280.000
15	103.938,47	1831,60	18.168,40	300.000
16	85.497,54	1559,08	18.440,92	320.000
17	66.780,01	1282,46	18.717,54	340.000
18	47.781,71	1001,70	18.998,30	360.000
19	28.498,43	716,73	19.283,27	380.000
20	8925,91	427,48	19.572,52	400.000

Der Tilgungsplan gibt eine detaillierte Sicht auf den gesamten Ablauf der Tilgung eines Darlehens. Häufig ist man daran interessiert, wichtige Größen eines Annuitätendarlehens direkt zu ermitteln. Es wird daher nach einer geschlossenen Form für die Restschuld gesucht im Gegensatz zur rekursiven Form der Gl. (7.9).

Ausgehend von

$$K_t = K_{t-1}(1 + i) - A$$

erhalten wir mit $q = 1 + i$ die Form

$$K_t = K_{t-1} \cdot q - A.$$

Die Restschuld kann durch sukzessives Ersetzen durch den entsprechenden Ausdruck der Vorperiode umgeformt werden:

$$K_t = K_{t-1} \cdot q - A$$
$$= (K_{t-2} \cdot q - A) \cdot q - A$$
$$= K_{t-2} \cdot q^2 - A \cdot q - A.$$

Führt man dies genau t mal durch, so hat man für die Restschuld den folgenden Ausdruck:

$$K_t = K_0 \cdot q^t - A \sum_{i=1}^{t} q^{i-1}. \tag{7.10}$$

Unter Verwendung der geometrischen Reihe (siehe Gl. (2.12)) können wir eine geschlossene Form der Tilgungsformel angeben:

Geschlossene Form des Tilgungsplans:
Für eine konstante Annuität A gilt:

$$K_t = K_0 \cdot q^t - A \cdot \frac{q^t - 1}{q - 1}. \tag{7.11}$$

Beispiel Die Kreditsumme beträgt 400.000,– €, $p = 1{,}5\,\%$ p.a. und $A = 12.000,-$ € pro Jahr. Die Restschuld K_9 nach Zahlung der 9. Annuität ergibt sich dann zu:

$$K_9 = K_0 \cdot q^9 - A \frac{q^9 - 1}{q - 1}$$

$$= 400.000\ \text{€} \cdot 1015^9 - 12.000\ \text{€} \cdot \frac{1015^9 - 1}{1015 - 1}$$

$$= 342.622,01\ \text{€}.$$

Wegen der Beziehung

$$A = Z_{10} + T_{10} = K_9 \cdot i + T_{10}$$

ergibt sich die Tilgung T_{10} im 10. Jahr dann zu:

$$T_{10} = 12.000\ \text{€} - 342.644\ \text{€} \cdot 0{,}015 = 6860{,}34\ \text{€}.$$

Von besonderem Interesse ist die **Laufzeit** $t = n$ eines Annuitätendarlehens, also die Frage, wann die Restschuld Null ist ($K_n = 0$):

$$K_n = K_0 \cdot q^n - A \cdot \frac{q^n - 1}{q - 1} \stackrel{!}{=} 0.$$

Löst man diese Gleichung nach n auf, so folgt:

$$K_0 q^n (q - 1) - A(q^n - 1) = 0$$

$$q^n \big(A - K_0(q - 1) \big) = A.$$

Laufzeit eines Annuitätendarlehens:

$$n = \frac{\ln \left(\dfrac{A}{A - K_0(q - 1)} \right)}{\ln q}. \tag{7.12}$$

Bei Annuitätendarlehen wird häufig ein **prozentualer Tilgungssatz** τ des Darlehens K_0 für die erste Periode veranschlagt, also $T_1 = \tau \cdot K_0$. Die Annuität ist in diesem Fall gegeben durch:

$$A = T_1 + Z_1$$

$$= \tau \cdot K_0 + i \cdot K_0$$

$$= K_0 \cdot (\tau + i).$$

Wir fragen nun, wie sich die Restschuld K_{m_r} mit der Laufzeit des Kredites verringert. (K_{m_r}: Restschuld nach m_r Zahlungsperioden). Es sei

$$K_{m_r} = r \cdot K_0 \qquad (0 \leq r \leq 1).$$

Aus Gl. (7.11)

$$K_{m_r} = K_0 \cdot q^{m_r} - A \cdot \frac{q^{m_r} - 1}{q - 1}$$

folgt mit $A = K_0(\tau + i)$:

$$r \cdot K_0 = K_0 \cdot q^{m_r} - K_0(\tau + i)\frac{q^{m_r} - 1}{q - 1}. \tag{7.13}$$

Wir lösen Gl. (7.13) nach m_r auf, setzen $q = 1 + i$ und erhalten:

$$m_r = \frac{1}{\ln(1 + i)} \cdot \ln\frac{\tau + i(1 - r)}{\tau} = \frac{\ln\left(1 + \dfrac{i}{\tau}(1 - r)\right)}{\ln(1 + i)}. \tag{7.14}$$

Diese Zeit ist unter den gegebenen Voraussetzungen unabhängig von der Höhe des Darlehens. Für $r = 0$ erhalten wir die Zeit, nach der die Schuld vollständig getilgt ist.

Beispiel Für ein Darlehen wird ein Zinssatz von 1,5 % pro Jahr vereinbart, die anfängliche Tilgung beträgt 2,5 % der Darlehenssumme. Nach welcher Zeit sind 60 % des Darlehens getilgt?
Die Restschuld beträgt dann noch 40 %, d. h. $K_m = 0,4 \cdot K_0$. Für die gesuchte Zeit erhalten wir nach Gl. (7.14):

$$m_{0,4} = \frac{\ln\left(1 + \dfrac{0,015}{0,025}(1 - 0,4)\right)}{\ln(1 + 0,0125)} = 43,11 \text{ Jahre.}$$

Vollständig getilgt ist das Darlehen nach der Zeit m_0:

$$m_0 = \frac{1}{\ln 1,0125} \cdot \ln\left(\frac{0,025 + 0,015}{0,025}\right) = 61,54 \text{ Jahre.}$$

Aus dieser Betrachtung folgt, dass bei Annuitätenschulden die Tilgung anfangs nur langsam einsetzt. Generell kann das Zeitverhalten der Restschuld durch eine Diskussion der Funktion

$$r(m) = q^m - (p + \tau) \cdot \frac{q^m - 1}{q - 1} = q^m - \left(1 + \frac{\tau}{p}\right) \cdot (q^m - 1)$$

untersucht werden. Der Graph dieser Funktion ist in der Abb. 7.3 dargestellt. Es wurden die Werte $p = 1,5\,\%$, $\tau = 2,5\,\%$ und $q = 1,015$ verwendet. Auf der y-Achse ist das Verhältnis Restschuld zu Gesamtschuld aufgetragen, die x-Achse entspricht der Zeit.

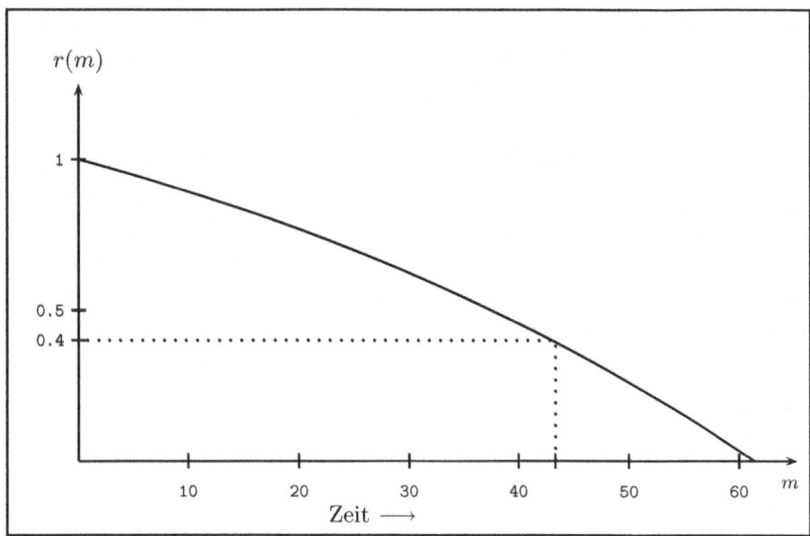

Abb. 7.3 Das Verhältnis der Restschuld zum Darlehen bis zur vollständigen Tilgung für den Zinssatz $p = 1,5\,\%$ und die Tilgungsrate $\tau = 2,5\,\%$

7.3 Übungen

Kurzlösungen zu den folgenden Übungen befinden sich im Anhang.

7.1 Ein Kapital K_0 von 5000,– € wird vom 13.1. bis 27.6. auf ein Sparbuch mit einer Verzinsung von 3 % gelegt. Wie hoch ist der Endwert der Anlage?

7.2 Eine am 7.3. fällige Forderung in Höhe von 7200,– € wird erst am 22.9. mit einem Betrag (incl. Verzugszinsen) von 7882,50 € bezahlt. Wie hoch ist der jährliche Zinssatz?

7.3 Welchen Betrag muss ein Sparer am 5.2. zu 3 % p.a. anlegen, damit er am Jahresende über 10.000,– € verfügt?

7.4 Wie lange muss ein Kapital von 10.000,– € zu 2 % p.a. angelegt werden, damit sich ein Endkapital von 11.000,– € ergibt? Berechnen Sie die Laufzeit

1. mit der linearen Verzinsung,
2. mit der Zinseszinsformel.

7.5 Auf welchen Betrag wachsen 8000 € in 10 Jahren an bei 1,5 % Zinseszins?

7.6 Ein Sparer zahlt 2000 € auf ein Konto ein, das auf die Dauer von 7 Jahren gesperrt ist. Die jährliche Verzinsung beträgt anfangs 1,5 %, nach drei Jahren 1,75 %. Berechnen Sie den Kontostand nach Aufhebung der Sperre.

7.7 Die Zinsrechnung findet ihre Anwendung nicht nur in der Finanzmathematik, was in der folgenden Aufgabe verdeutlicht wird. In welcher Zeit verdoppelt sich eine Bevölkerung bei einer jährlichen Wachstumsrate von 1,3 %?

7.8 Eine Schuld von 350.000,– € soll in 20 Jahren bei $p = 1,5$ % pro Jahr durch gleich hohe Annuitäten verzinst und getilgt werden. Es sind folgende Größen zu ermitteln:

- die Annuität,
- die Tilgung zum Ende des letzten Jahres,
- die Restschuld nach 10 Jahren,
- den Tilgungsplan,
- die Gesamtlaufzeit, wenn die Annuität vorgegeben ist mit 14.000 €/Jahr, 16.000 €/Jahr und 18.000 €/Jahr.

7.9 Für ‚Häuslebauer‘ waren die Darlehenskonditionen in den letzten Jahren sehr verschieden. Wie lange dauert die Tilgung eines Annuitätendarlehens, wenn 2,5 % der Darlehenssumme als anfängliche Tilgung vereinbart wird und der Zins pro Jahr 1,5 % beträgt? Wie ändert sich diese Zeit, wenn die Tilgung 1,5 % und der Zins 2,5 % beträgt?

7.10 Für ein Darlehen wird ein effektiver Jahreszins von $i_{eff} = 0{,}025$ vereinbart, der Zinszuschlag erfolgt monatlich. Wie hoch ist der nominelle Jahreszins?

7.11

(a) Ein Annuitätendarlehen von 350.000 € wird zu folgenden Konditionen getilgt: Der Zins beträgt 2 %, die Annuität 15.000 € im Jahr. Welchen Betrag zahlt der Darlehensnehmer an die Bank, bis die Schuld getilgt ist?
(b) Wie ändert sich dieser Betrag, wenn der Darlehensnehmer nach 10 Jahren eine Sondertilgung von 50.000 € vornimmt?

Anhang A

A.1 Lösungen zum Test

Lösungen zum Test aus Kap. 1.6

1.1

$$A \cup B = \{0, \ldots, 10, 12, 14, 16, 18, 20\}$$

$$A \cap B = \{0, 2, 4, 6, 8, 10\}$$

$$A \setminus B = \{1, 3, 5, 7, 9\}$$

1.2

a. Die beiden Aussagen $A(x)$ und $B(x)$ sind äquivalent, denn

$$x^2 = 16 \quad \Longleftrightarrow \quad x = 4 \ \vee \ x = -4.$$

  Somit ist $A(x) \Longleftrightarrow B(x)$.

b. Ja, denn:

$$A(x): \quad x^2 - y^2 = 0 \Longleftrightarrow (x - y)(x + y) = 0$$
$$\Longleftrightarrow x = y \ \vee x = -y$$

  und daher ist $A(x) \Longleftrightarrow B(x)$.

c. Nein, denn

$$x^2 \geq a \Longleftrightarrow \mid x \mid \geq \sqrt{a} \Longleftrightarrow x \geq \sqrt{a} \vee x \leq -\sqrt{a}.$$

  Aus diesem Grund ist $A(x) \not\Longleftarrow B(x)$.

© Springer-Verlag GmbH Deutschland, ein Teil von Springer Nature 2021
T. Holey, A. Wiedemann, *Analysis und Lineare Algebra*, BA KOMPAKT,
https://doi.org/10.1007/978-3-662-63681-7

1.3

a. Eine notwendige Bedingung für einen Gewinn im Lotto ist die Abgabe des Tippzettels. Eine hinreichende Bedingung für den Gewinn ist das Ankreuzen der richtigen Zahlen.

b. Nein, es gilt $B(x) \Longrightarrow A(x)$, aber $A(x) \not\Longrightarrow B(x)$.

1.4

a. $\dfrac{x+2}{x^2-4} + \dfrac{1}{x+2} = \dfrac{2x}{x^2-4}$.

b. Es gilt:

$$\frac{3x^n + 2x^{n+2}}{x^{n+1} + 3x^n} = \frac{x^n(3 + 2x^2)}{x^n(x+3)}$$

$$= \frac{3 + 2x^2}{x+3}.$$

Dieser Term ist definiert für $x \neq 0$, $x \neq -3$.

c. Wir führen folgende Vereinfachung durch:

$$\sqrt[3]{x^{6n-9}} = \left(x^{6n-9}\right)^{\frac{1}{3}}$$

$$= x^{2n-3}$$

$$= \frac{x^{2n}}{x^3}.$$

Dieser Term ist definiert für alle $x \neq 0$.

1.5 Auflösen von Gleichungen:

a.

$$2x - 7 = \tfrac{3}{2}x + \sqrt{3}$$
$$\Longleftrightarrow \qquad \tfrac{1}{2}x = \sqrt{3} + 7$$
$$\Longleftrightarrow \qquad x = 2(\sqrt{3} + 7) \approx 17,46.$$

b.

$$\frac{x-3}{2x+6} = 4 \qquad (x \neq 3)$$
$$\Longleftrightarrow \qquad x - 3 = 4(2x+6)$$
$$\Longleftrightarrow \qquad x - 3 = 8x + 24$$
$$\Longleftrightarrow \qquad 7x = -27$$
$$\Longleftrightarrow \qquad x = -\frac{27}{7}.$$

c. Die quadratische Gleichung

$$3x^2 + 2x - 1 = 0$$

hat die beiden Lösungen

$$x_{1/2} = \frac{-2 \pm \sqrt{4 + 12}}{6} = \frac{-1 \pm 2}{3},$$

also:

$$x_1 = -1, \quad x_2 = \frac{1}{3}.$$

d. Die Gleichung

$$x - 3 = \frac{1}{2 + x}$$

führt auf die quadratische Gleichung

$$x^2 - x - 7 = 0$$

mit den Lösungen:

$$x_{1/2} = \frac{1 \pm \sqrt{1 + 28}}{2} = \frac{1 \pm \sqrt{29}}{2}.$$

e. Quadrieren der Gleichung

$$\sqrt{x} = 1 - x$$

führt auf die quadratische Gleichung

$$x^2 - 3x + 1 = 0.$$

Von den beiden Lösungen ist nur $x = (3 - \sqrt{5})/2$ die Lösung der ursprünglichen Gleichung, da Quadrieren keine Äquivalenzumformung ist.

f.

$$x^5 - 12 = 3$$
$$x^5 = 15$$
$$x = \sqrt[5]{15} \approx 1,7187.$$

g. Zur Lösung der Gleichung

$$x^4 + 4x^2 - 8 = 0$$

substituieren wir: $x^2 = u$ bzw. $x = \pm\sqrt{u}$. Einsetzen liefert die quadratische Gleichung:

$$u^2 + 4u - 8 = 0$$

mit den beiden Lösungen:

$$u_{1/2} = -2 \pm 2 \cdot \sqrt{3}.$$

Resubstitution ergibt:

$$x_1 = \sqrt{-2 + 2\sqrt{3}}; \quad x_2 = -\sqrt{-2 + 2\sqrt{3}}.$$

Die Lösung $u_2 = -2 - 2\sqrt{3}$ liefert keine (reellen) Lösungen für x.

h.

$$3^x + 12 = 24$$

$$3^x = 12$$

$$x = \log_3 12$$

$$= \frac{\ln 12}{\ln 3}$$

$$\approx 2,261.$$

i.

$$3^x + 3^{x+2} = 110$$

$$3^x + 9 \cdot 3^x = 110$$

$$10 \cdot 3^x = 110$$

$$3^x = 11$$

$$x = \log_3 11$$

$$= \frac{\ln 11}{\ln 3}$$

$$\approx 2,18.$$

j. Zur Lösung der Gleichung

$$-2^x + 4 \cdot 2^{2x} = 128$$

substituieren wir:

$$2^x = u, \quad x = \log_2 u, \quad (u > 0), \qquad \text{mit } u^2 = (2^x)^2 = 2^{2x}$$

Einsetzen in die obige Gleichung liefert die quadratische Gleichung:

$$4u^2 - u - 128 = 0$$

mit den beiden Lösungen:

$$u_{1/2} = \frac{1 \pm \sqrt{2049}}{8}.$$

Da $u > 0$, ist die gesuchte Lösung

$$u_1 = \frac{1 + \sqrt{2049}}{2}.$$

Damit ist

$$x = \log_2\left(\frac{1 + \sqrt{2049}}{8}\right) \approx 2{,}531.$$

k.

$$\log_2 4x = 15$$
$$4x = 2^{15}$$
$$x = \frac{1}{4} \cdot 2^{15} = 2^{13} = 8192.$$

l.

$$\lg(x + 10) - \lg(2x + 5) = 3 \qquad (x > 3 \wedge x > \frac{5}{2})$$

$$\lg \frac{x + 10}{2x + 5} = 3$$

$$\frac{x + 10}{2x + 5} = 10^3$$

$$x + 10 = 2000x + 5000$$

$$x = -\frac{4990}{1999} \approx -2,496.$$

m.

$$\log_2 3x + \log_4 5x = 3$$

$$\log_2 3x + \frac{\log_2 5x}{\log_2 4} = 3$$

$$\log_2 3x + \frac{1}{2} \log_2 5x = 3$$

$$\log_2 3x + \log_2 \sqrt{5x} = 3$$

$$\log_2(3x\sqrt{5x}) = 3$$

$$3x\sqrt{5x} = 2^3$$

$$3\sqrt{5} \cdot x^{3/2} = 8$$

$$x = \left(\frac{8}{3\sqrt{5}}\right)^{2/3}.$$

1.6 Gesucht ist die positive reelle Zahl x, so dass $1/x$ um 1 kleiner ist als x. Das bedeutet, x ist Lösung der Gleichung:

$$\frac{1}{x} = x - 1$$

oder

$$x^2 - x - 1 = 0.$$

Diese quadratische Gleichung hat die beiden Lösungen

$$x_{1/2} = \frac{1 \pm \sqrt{5}}{2}.$$

Da die positive Lösung gesucht ist, folgt:

$$x_1 = \frac{1 + \sqrt{5}}{2} \approx 1{,}61803\ldots.$$

Aus der quadratische Gleichung geht hervor, dass das Quadrat dieser Zahl um 1 größer ist als x. Daher:

$$x = 1{,}61803\ldots$$

$$\frac{1}{x} = 0{,}61803\ldots$$

$$x^2 = 2{,}61803\ldots.$$

Die Zahl $x = 1{,}61803\ldots$ heißt auch Goldener Schnitt.

1.7 Gemäß der binomischen Formel Gl. (1.19) erhält man:

$$(a + b)^4 = \sum_{i=0}^{4} \binom{4}{i} a^i b^{4-i}$$

$$= a^4 + 4a^3b + 6a^2b^2 + 4ab^3 + b^4.$$

1.8 Eine Veranschaulichung der Beziehung

$$\binom{n}{k} = \binom{n-1}{k-1} + \binom{n-1}{k}$$

zwischen den Binomialkoeffizienten ist das Pascalsche Zahlendreieck. Diese Beziehung sagt aus, dass das k-te Element der n-ten Zeile die Summe ist aus den Elementen $k - 1$ und k der vorherigen Zeile.

$$
\begin{array}{ccccccccc}
 & & & & 1 & & & & \\
 & & & 1 & & 1 & & & \\
 & & 1 & & 2 & & 1 & & \\
 & 1 & & 3 & & 3 & & 1 & \\
1 & & 4 & & 6 & & 4 & & 1
\end{array}
\qquad
\begin{array}{ll}
n = 0 & k = 0 \\
n = 1 & k = 0, 1 \\
n = 2 & k = 0, 1, 2 \\
n = 3 & k = 0, 1, 2, 3 \\
n = 4 & k = 0, 1, 2, 3, 4.
\end{array}
$$

Für den formalen Beweis der Beziehung zwischen den Binomialkoeffizienten verwendet man die Gl. (1.20):

$$\binom{n-1}{k-1} + \binom{n-1}{k} = \frac{(n-1)!}{(k-1)!(n-1-k+1)!} + \frac{(n-1)!}{k!(n-1-k)!}$$

$$\stackrel{*}{=} \frac{n!k}{nk!(n-k)!} + \frac{n!(n-k)}{nk!(n-k)!}$$

$$= \frac{n!(k+n-k)}{nk!(n-k)!}$$

$$= \frac{n!n}{nk!(n-k)!}$$

$$= \frac{n!}{k!(n-k)!}$$

$$= \binom{n}{k}.$$

Im Schritt * verwenden wir die Definition der Fakultät in der Form:

$$(n-1)! = \frac{n!}{n}.$$

1.9

a.

$$3x + 5 \geq -2x - 3$$

$$5x \geq -8.$$

b.

$$x^5 > 125$$

$$x > \sqrt[5]{125}.$$

c.

$$-2x^2 + 3x - 1 < 0$$

$$2x^2 - 3x + 1 > 0.$$

Zunächst wird die zugehörige Gleichung gelöst; dies führt auf die Lösungen:

$$x_1 = 1, \quad x_2 = \frac{1}{2}.$$

Damit kann die Ungleichung geschrieben werden als:

$$(x - 1) \cdot (x - \frac{1}{2}) > 0.$$

Diese Ungleichung ist genau dann erfüllt, wenn beide Faktoren größer Null oder beide kleiner Null sind. Die Lösungsmenge der Ungleichung ergibt sich hieraus zu:

$$L = \{x \in \mathbb{R} \mid x > 1 \vee x < \frac{1}{2}\}.$$

1.10 Multipliziert man die Gleichung

$$x_1 + x_2 = p$$

mit x_1, ergibt sich

$$x_1^2 + x_1 \cdot x_2 = p \cdot x_1$$

oder mit $x_1 \cdot x_2 = q$:

$$x_1^2 - p \cdot x_1 + q = 0.$$

Mit anderen Worten, x_1 ist eine Lösung der quadratischen Gleichung $x^2 - px + q = 0$, aus Symmetriegründen gilt das gleiche für x_2.

Umgekehrt, sind x_1, x_2 Lösungen der quadratischen Gleichung

$$x^2 - px + q = 0,$$

dann ist

$$0 = (x - x_1)(x - x_2) = x^2 - (x_1 + x_2)x + x_1 \cdot x_2$$

und

$$x_1 + x_2 = p, \quad x_1 \cdot x_2 = q.$$

A.2 Lösungen der Übungsaufgaben

Hier sind die Lösungen der Übungsaufgaben angegeben oder kurz skizziert.

Kapitel 2

2.1

(a) $D_f^{\max} = \{x \in \mathbb{R} \mid x \geq 2 \ \lor \ x \leq 1\}$,
(b) $D_f^{\max} = \{x \in \mathbb{R} \mid -1 < x < +1 \ \land \ x \neq 0\}$.

2.2

$$(f \circ f)(x) = x^4 - 10x^2 + 20, \ (f \circ g)(x) = \frac{25x^2}{(x^2 - 2)^2} - 5,$$

$$(g \circ f)(x) = \frac{5x^2 - 25}{(x^2 - 5)^2 - 2}.$$

$$f(g(1)) = 20, \qquad g(f(1)) = -\frac{10}{7}.$$

2.3 $A = 2$, $b = 3\pi$, $x = 1/2$, Nullstellen: $x = \frac{1}{6} + \frac{n}{3}$, $n \in \mathbb{Z}$.

2.4 $W_f = \{y \in \mathbb{R} \mid -3 \leq y \leq +3\} \subset \mathbb{R}$

2.5

1. $D_{max} = \mathbb{R}$

2. $W_f = \begin{cases} \left\{ y \in \mathbb{R} \mid y \geq c - \dfrac{b^2}{4a} \right\}, a > 0, \\[2mm] \left\{ y \in \mathbb{R} \mid y \leq c - \dfrac{b^2}{4a} \right\}, a < 0. \end{cases}$

3. $\dfrac{b^2}{4a} + 1 \leq c$.

2.6

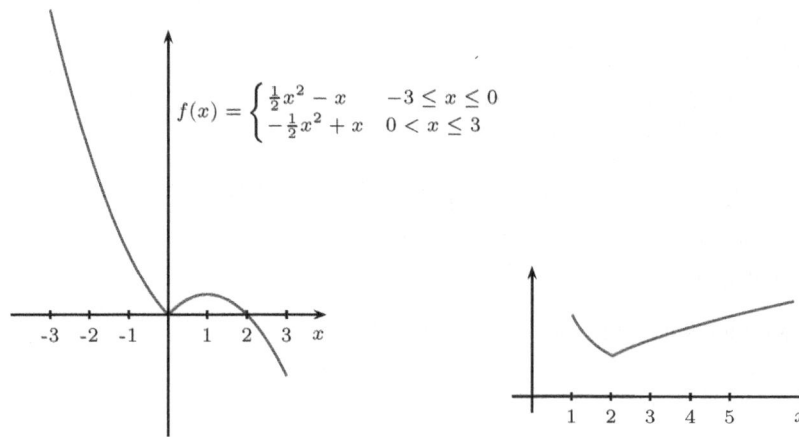

$$f(x) = \begin{cases} \frac{1}{2}x^2 - x & -3 \leq x \leq 0 \\ -\frac{1}{2}x^2 + x & 0 < x \leq 3 \end{cases}$$

2.7 $k \approx 0{,}025$, $x_D \approx 28{,}07$ Jahre.

2.8

(a) Wertebereich: $W_f = \{y \in \mathbb{R} \mid -2 \leq y \leq +8\}$,
Umkehrfunktion: $y = g(x) = 2x - 6$.
(b) Wertebereich: $W_f = \{y \in \mathbb{R} \mid y \geq 1\}$,
Umkehrfunktion: $g(x) = +\frac{1}{2}\sqrt{x - 1}$.

2.9 (a) nach oben beschränkt, (b) nach oben beschränkt, (c) nach unten beschränkt, (d) beschränkt.

2.10 Injektiv, nicht surjektiv, nicht bijektiv.

2.11 (a) Nicht injektiv, nicht surjektiv, nicht bijektiv. (b) Nicht injektiv, surjektiv, nicht bijektiv. (c) Injektiv, surjektiv und bijektiv. (d) Nicht injektiv, surjektiv, nicht bijektiv.

2.12 $f(x)$ ist stetig, falls $a = 3/e$.

2.13 (a) $D_f = \mathbb{R}$, $P_0 = (\ln 3^{1/3}, 0)$. (b) $D_f = \mathbb{R}$, keine Nullstelle. (c) $D_f = \mathbb{R}$, $P_0 = (0, 0)$. (d) $D_f = \mathbb{R}$, $P_{0,1} = (\pm 2, 0)$. (e) $D_f = \mathbb{R} \setminus \{-3\}$, keine Nullstellen.

2.14

(a) Definitionsbereich: $D_f = \mathbb{R}$, Umkehrabbildung existiert für $x \geq 0$.
Nullstellen: $P_0 = (0,0)$
Wertebereich: $W_f = \{y \in \mathbb{R} \mid y \geq 0\}$.
Umkehrabbildung: $g(x) = +\sqrt{exp\{2x\} - 1}$.

(b) Definitionsbereich: $D_g = \mathbb{R}_+$.

Nullstellen: $l = 2$.

Wertebereich: $W_g = \mathbb{R}$.

Umkehrabbildung: $l(y) = 2 \cdot e^y$.

(c) Definitionsbereich: $D_f = \mathbb{R}_+$.

Nullstellen: $x_0 = \frac{-1+\sqrt{5}}{2}$.

Umkehrabbildung: $g(x) = \frac{1}{2}(\sqrt{1+4e^x} - 1)$.

(d) Definitionsbereich: $D_h = \{b \in \mathbb{R} \mid b > 1\}$.

Nullstellen: $b_0 = \sqrt{\frac{1+\sqrt{5}}{2}}$.

Umkehrfunktion: $g(x) = +\sqrt{\frac{1}{2}(\sqrt{1+4e^{2x}} + 1)}$.

2.15 $f(x)$ gerade, dann ist $f(x) - f(-x) = 0$.

$$f(x) - f(-x) = \frac{x}{e^x - 1} + \frac{x}{2} + \frac{x}{e^{-x} - 1} + \frac{x}{2}$$

$$= x\left(\frac{e^{-x} - 1 + e^x - 1}{(e^x - 1)(e^{-x} - 1)} + 1\right)$$

$$= x\left(\frac{e^{-x} + e^x - 2}{-e^x - e^{-x} + 2} + 1\right)$$

$$= x(-1 + 1) = 0.$$

2.16 Da $f(x) = \sin x$ auf jedem Intervall

$$-\frac{\pi}{2} + n \cdot \pi \leq x \leq \frac{\pi}{2} + n \cdot \pi, \quad n \in \mathbb{Z}$$

streng monoton und stetig ist, gibt es zwei Mengen unendlich vieler Umkehrfunktionen

$$y = 2n\pi + \arcsin x \quad \text{und } y = (2n + 1)\pi - \arcsin x, \quad n \in \mathbb{Z}.$$

Daher erhalten wir die beiden Mengen von Umkehrfunktionen

$$x = \frac{1}{b}\left(\arcsin\left(\frac{d}{A}\right) + 2n\pi\right) - c, \quad n \in \mathbb{Z},$$

$$x = \frac{1}{b}\left((2n + 1) \cdot \pi - \arcsin\left(\frac{d}{A}\right)\right) - c, \quad n \in \mathbb{Z}.$$

2.17 $f(x) = \frac{U_{max}}{2}\left(\sin\left[\frac{\pi}{6}(x - 3)\right] + 1\right).$

2.18 Wendet man das Quotientenkriterium an, erhält man den Fall, dass die Quotienten gegen 1 konvergieren. Dafür macht das Kriterium keine Aussage. Die harmonische Reihe divergiert, die $1/n^2$ Reihe konvergiert.

2.19 (a) $R = 10$, (b) $R = 1$, (c) $R = \infty$, (d) $R = e$.

2.20 (a) 0, (b) 0, (c), (d) existiert nicht.

2.21 $c = 10$; $K_F = 1000$.

2.22 (a) $f_\infty = 32$, (b) $t_{50\%} = 2{,}77$, $t_{70\%} = 4.46$, $t_{90\%} = 7{,}16$.

2.23 $p(x_N) = \frac{x_0}{c} - \frac{1}{c} x_N(p)$, monoton fallend.

2.24 $p_{1/2} = \frac{-c \pm \sqrt{c^2 - 4b(a_0 - x_0)}}{2b}$, wegen $p > 0$ muss $a_0 < x_0$ erfüllt sein, damit sich ein Marktgleichgewicht einstellt.

2.25 (a) $x_1 = -1$, $x_2 = -2$, $x_3 = -3$, b) $x_1 = 2$, $x_2 = x_3 = -5$, $x_4 = 3$.

2.26 (a) 2, (b) -2, (c) 2

Kapitel 3

3.1 $\lim_{x \to 1} \dfrac{e^x - 1}{\sqrt{x - 1}} = \infty$ (de L'Hospital nicht anwendbar), $\lim_{x \to 1} \dfrac{\ln x}{x - 1} = 1$.

3.2

(a) $f'(x) = -3$, anwenden des Grenzwertverfahrens:

$$f'(x) = \lim_{\Delta x \to 0} \frac{-3(x + \Delta x) + 8 + 3x - 8}{\Delta x} = -3.$$

(b) $f'(x) = 2x$, anwenden des Grenzwertverfahrens:

$$f'(x) = \lim_{\Delta x \to 0} \frac{(x + \Delta x)^2 + a^2 - (x^2 + a^2)}{\Delta x} = 2x.$$

(c) $f'(x) = 2a(ax + b)$, anwenden des Grenzwertverfahrens:

$$f'(x) = \lim_{\Delta x \to 0} \frac{(a(x + \Delta x) + b)^2 - (ax + b)^2}{\Delta x}$$

$$= \lim_{\Delta x \to 0} (2a(ax + b) + a^2 \Delta x)$$

$$= 2a(ax + b).$$

3.3 (a) $f'(x) = \dfrac{e^x(x-1)}{x^2}$, (b) $f'(x) = \dfrac{4x+3}{2x^2+3x+5}$, (c) $f'(x) = \frac{1}{5}x^{-4/5}$,

(d) $f'(x) = 1 + \ln x$.

3.4

$$f'(x) = \lim_{\Delta x \to 0} \frac{\ln(x + \Delta x) - \ln x}{\Delta x}$$

$$= \lim_{\Delta x \to 0} \frac{1}{\Delta x} \ln \frac{x + \Delta x}{x}$$

$$= \lim_{\Delta x \to 0} \ln\left(1 + \frac{\Delta x}{x}\right)^{1/\Delta x}$$

$$= \lim_{\Delta x \to 0} \frac{1}{x} \ln\left(1 + \frac{\Delta x}{x}\right)^{x/\Delta x}.$$

Mit $h = \Delta x/x$ ist ($\Delta x \to 0$ bedeutet auch $h \to 0$):

$$f'(x) = \lim_{h \to 0} \frac{1}{x} \ln(1 + h)^{1/h} = \frac{1}{x} \lim_{h \to 0} \ln(1 + h)^{1/h}$$

$$= \frac{1}{x} \ln e = \frac{1}{x}.$$

3.5 (a) stetig und differenzierbar, (b) stetig, nicht differenzierbar.

3.6 Die Startlösung $x_1 = 1$ liefert:

$$x_2 = x_1 - \frac{h(x_1)}{h'(x_1)} = 1 - \frac{e^{-1} - 1}{-e^{-1} - 1} \approx 0,538.$$

3.7 $t_1(x) = \dfrac{1}{20}(x + 7)$, $t_2(x) = \dfrac{1}{5}(x + 7)$.

3.8 Mit K_l Verlegekosten pro km an Land, K_w Verlegekosten pro km im Wasser, ergibt sich die streckenabhängige Kostenfunktion für die Verlegung zu

$$K = K_w \cdot s_w + K_l \cdot s_l.$$

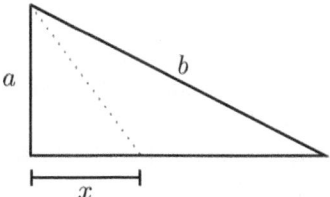

Die an Land verlegte Strecke ist $s_l = \sqrt{b^2 - a^2} - x$, die im Wasser ist $s_w = \sqrt{a^2 + x^2}$.
Erste Ableitung nach x:

$$K'(x) = \frac{K_w \cdot x}{\sqrt{a^2 + x^2}} - K_l \stackrel{!}{=} 0, \quad x_{min} = \frac{a}{\sqrt{\left(\frac{K_w}{K_l}\right)^2 - 1}}.$$

3.9

(a) $f(x) = x^3 - \frac{x^2}{2} + x - 1$, $f'(x) = 3x^2 - x + 1$, $f''(x) = 6x - 1$.

(b) $f(x) = e^{-x^2}$, $f'(x) = -2xe^{-x^2} = -2x \cdot f(x)$, $f''(x) = (4x^2 - 2)f(x)$.

(c) $f(x) = 2\sin x + 5\cos x$, $f'(x) = 2\cos x - 5\sin x$,
$f''(x) = -2\sin x - 5\cos x = -f(x)$.

3.10 $a = \frac{1}{2}, b = 1, c = 3/2$.

3.11 $b^2 < 3ac$.

3.12

(a) Nullstellen: $x_1 = 0$, $x_{2/3} = t^2 \pm \sqrt{t^4 + t}$.

(b) Punkte mit waagrechter Tangente: $x_{4/5} = \frac{2t^2 \pm \sqrt{4t^4 + 3t}}{3}$, also 2 Lösungen für $t > 0,1$
Lösung für $t = 0$.

Der Charakter der Punkte mit waagrechter Tangente ergibt sich aus der Untersuchung der konvexen und konkaven Bereichen und dem Verhalten der Funktion für $|x| \to \infty$.

(c) Symmetrie: $f_0(-x) = -f_0(x)$, d. h. für $t = 0$ Symmetrie zum Ursprung. Für $t \neq 0$ keine Symmetrie erkennbar.

(d) Konvexe und konkave Bereiche:

$$\text{Für } x > \frac{2}{3}t^2 : \quad f_t''(x) < 0 \quad \text{konkav von oben}$$

$$\text{Für } x < \frac{2}{3}t^2 : \quad f_t''(x) > 0 \quad \text{konvex von oben}$$

(e) Asymptotik: $\lim_{x \to \infty} f_t(x) = -\infty$ $\lim_{x \to -\infty} f_t(x) = +\infty$.

3.13 Stetigkeit von $f(x)$ in $x_0 = 2$ führt auf: $4a - 4 = 2b + 1$.

Differenzierbarkeit von $f(x)$ in $x_0 = 2$ führt auf: $4a - 2 = b$.

Damit ist die Funktion $f(x)$ stetig differenzierbar, wenn $b = -3$ und $a = -\frac{1}{4}$.

3.14 $f(x) = ax^4 + bx^3 + cx^2 + dx + e$ mit $a = 1/8$, $b = d = 0$, $c = 3/4$, $e = 5/8$. Diese Funktion hat vier reelle Nullstellen: $x_1 = 1$, $x_2 = +\sqrt{5}$, $x_3 = -1$, $x_4 = -\sqrt{5}$, und $f(x)$ hat in $P_1 = (0, 5/8)$ ein lokales Maximum und in $P_{2/3} = (\pm\sqrt{3}, -1/2)$ zwei lokale Minima.

3.15 Die Maclaurin-Reihe von $f(x) = \dfrac{1}{1-x}$ ist identisch mit der geometrischen Reihe

$$f(x) = \frac{1}{1-x} = 1 + x + x^2 + x^3 + \cdots = \sum_{n=0}^{\infty} x^n.$$

3.16 $\ln x = (x-1) - \dfrac{(x-1)^2}{2} + \dfrac{(x-1)^3}{3} \mp$.

3.17 In beiden Fällen ergibt sich:

$$f(x) = x + x^2 + \frac{x^3}{3} - \frac{x^5}{30} - \frac{x^6}{90} \mp \cdots$$

3.18 $x_1 = -2$, $x_2 = 1$.

3.19 Preiselastizität: $\epsilon_{x,p}(p) = -\frac{p}{10}$, die Nachfrage steigt um 50 %, $p = 100$.

3.20 Produkte mit elastischer Preiselastizität: ersetzbare Güter, Genussmittel, Produkte mit unelastischer Preiselastizität: Lebensmittel, Energie.

3.21 Stückkosten: $k(x) = \dfrac{K(x)}{x}$, mit $k'(x) = 0$, ergibt sich $K'(x) = \dfrac{K(x)}{x}$. Mit $K(x) = 10 + 2x^2$ sind die Grenzkosten $K'(x) = 4x$. Schnittpunkt bei $x = \sqrt{5}$.

3.22 $K_F = 625$.

3.23 Mit $E(p) = x_0 \cdot p - c \cdot p^2$ und $E'(p_{max}) = 0, E(p_{max}) = 100.000$ ergibt sich $E(p) = 2000p - 10p^2$.

3.24 (a) $[2, \dfrac{3}{2} + \sqrt{105}/2]$, (b) $G(10/6 + \sqrt{79/9}) \approx 43, 28$, (c) $p = 14$ €.

3.25 $k = \dfrac{1}{2}$, $a = e^{1/2}$.

3.26 $p_v = \dfrac{6}{e^{7/6}}$.

Kapitel 4

4.1 (a) $F(x)=x^3+c$, b) $F(x) = \frac{2}{3}x\sqrt{2x} + c$ (c) $F(x) = \frac{1}{6}(2x - 1)^3 + c$, (d) $F(x) = -\frac{1}{a}e^{-ax} + c$, (e) $F(x) = -2\sqrt{1-x} + c$, (f) $F(x) = -\cos x + c$.

4.2

$$\int \ln x\, dx = \int 1 \cdot \ln x\, dx = x \cdot \ln x - \int x \cdot \frac{1}{x}dx = x \cdot \ln x - x.$$

$$\int_{1/e}^{e} \ln x\, dx = \frac{2}{e}.$$

4.3 $c = \frac{1}{b-a}$,

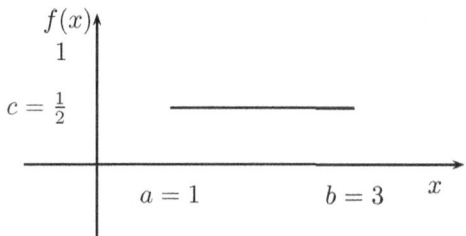

$$F(x) = \begin{cases} 0 & \text{für } x \leq a \\ \int_a^x c\, dx = c(x - a) & \text{für } a \leq x \leq b, \\ c \cdot (b - a) & \text{für } x > b \end{cases}$$

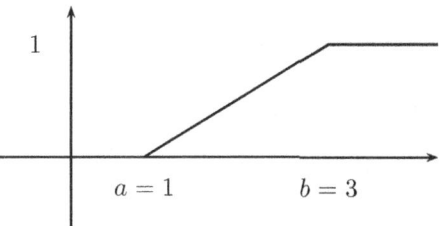

$$\int_{-\infty}^{+\infty} x \cdot f(x)dx = \frac{a + b}{2}. \quad \text{für } c = 1/(b - a).$$

4.4 $A = 11/6$.

4.5 $I = e^2 - 2$.

4.6 $\lim_{b \to \infty} \int_0^b e^{-ax} dx = \frac{1}{a}$.

4.7 $A = \frac{1}{2}$.

4.8 $x_0 = 3$, $K = 18$, $P = 9$.

4.9 Zweimalige partielle Integration liefert: $I = -\dfrac{e^{-x}}{2}(\cos x + \sin x)$.

4.10 $I_1 = -\frac{1}{2}e^{-x^2}$, $I_2 = \frac{1}{2}$.

4.11 $I = \frac{1}{4}\ln\left(x^4 - 5\right) + c$.

4.12

(a) $t_m = 2\sqrt{3}$ ist der Zeitpunkt, an dem der Kapitalfluss maximal wird. Kapitalfluss: $f(t_m) = 48 \cdot \sqrt{3}$.

(b) $f(t) = 0 \iff -t^3 + 36t = 0 \Rightarrow t_1 = 0$, $t_2 = +6$, die Lösung $t = -6$ ist nicht sinnvoll. Maximales Kapital:

$$\int_0^6 f(t)\, dt = -\frac{1}{4}t^4 + 18t^2 \Big|_0^6 = 324.$$

Damit ist das Gesamtkapital $K = K_0 + \Delta K = 900$. (Ausgaben in Tausend Euro)

(c) $\bar{t} = \sqrt{96} \approx 9{,}8$.

4.13 Maximum: $A = A_0 + \text{Zugänge} - \text{Abgänge} = 10 + 1{,}115 - 0{,}783 = 10{,}331$ (in Hunderttausend).

4.14 $I_1 = \dfrac{1}{4}$, $I_2 = -\dfrac{16}{3}$, $I_3 = \dfrac{65}{27}$, $I_4 = \dfrac{11}{3}$.

4.15 $\int_0^a \dfrac{2x}{1 - x^2} dx = -\ln(1 - a^2)$. existiert für $a < 1$.

Kapitel 5

5.1 r : Rohstoffe, **z :** Zwischenprodukte, **e :** Endprodukte.

$$A = \begin{pmatrix} 1 & 2 & 2 \\ 1 & 2 & 1 \end{pmatrix} \qquad B = \begin{pmatrix} 2 & 2 \\ 1 & 1 \\ 1 & 2 \end{pmatrix}.$$

Rohstoffverbrauch:

$$r = A \cdot B \cdot e$$

Mit $r_1 = 124$, $r_2 = 98$ folgt $e_1 = 10$, $e_2 = 8$.

5.2 (a) $A \cdot B$ existiert nicht, (b) $B \cdot A = \begin{pmatrix} -2 & 11 & 4 \\ -17 & 2 & -3 \end{pmatrix}$,

(c) $A^\top \cdot B$ existiert nicht, (d) $A \cdot B^\top = \begin{pmatrix} 9 & 11 \\ 5 & -4 \\ -6 & 4 \end{pmatrix}$,

(e) $A^2 = \begin{pmatrix} -11 & 11 & 1 \\ 4 & 8 & -3 \\ -4 & -5 & -13 \end{pmatrix}$, (f) B^2 existiert nicht, (g) $(B^\top)^2$ existiert nicht.

5.3 (a) $A \cdot B = \begin{pmatrix} 4 & 45 \\ -2 & 1 \\ -2 & 34 \end{pmatrix}$, (b) $A \cdot B$ existiert nicht, (c) $A \cdot B = \begin{pmatrix} -4 & 2 \\ 0 & -1 \end{pmatrix}$,

(d) $A \cdot B = \begin{pmatrix} 88 & -4 \\ 2 & 5 \end{pmatrix}$.

5.4 (a) $B^\top (A \cdot B^\top)^{-1} = B^\top ((B^\top)^{-1} \cdot A^{-1}) = (B^\top (B^\top)^{-1}) \cdot A^{-1} = A^{-1}$. (b)

$$A^\top (A \cdot B)^\top (A^{-1})^\top = A^\top (B^\top \cdot A^\top)(A^{-1})^\top = A^\top (B^\top \cdot A^\top)(A^\top)^{-1}$$

$$= A^\top B^\top = (BA)^\top.$$

5.5

(a) Setze $(A^{-1})^{-1} = M$. Damit folgt:

$$(A^{-1})^{-1} = M$$
$$\Longleftrightarrow \quad (A^{-1})(A^{-1})^{-1} = A^{-1}M$$
$$\Longleftrightarrow \quad E = A^{-1}M$$
$$\Longleftrightarrow \quad A = M.$$

(b)

$$(\mathbf{A}^{-1})^{\top} = (\mathbf{A}^{\top})^{-1}$$
$$\Longleftrightarrow \quad (\mathbf{A}^{\top})(\mathbf{A}^{-1})^{\top} = \mathbf{A}^{\top}(\mathbf{A}^{\top})^{-1}$$
$$\Longleftrightarrow \quad (\mathbf{A}^{\top})(\mathbf{A}^{-1})^{\top} = \mathbf{E}$$
$$\Longleftrightarrow \quad (\mathbf{A}^{-1}\mathbf{A})^{\top} = \mathbf{E}$$
$$\Longleftrightarrow \quad (\mathbf{E})^{\top} = \mathbf{E}$$
$$\Longleftrightarrow \quad \mathbf{E} = \mathbf{E}.$$

(c)

$$(\mathbf{A} \cdot \mathbf{B})^{-1} = \mathbf{B}^{-1} \cdot \mathbf{A}^{-1}$$
$$\Longleftrightarrow \quad (\mathbf{AB})(\mathbf{A} \cdot \mathbf{B})^{-1} = (\mathbf{A} \cdot \mathbf{B})(\mathbf{B}^{-1} \cdot \mathbf{A}^{-1})$$
$$\Longleftrightarrow \quad \mathbf{E} = \mathbf{A} \cdot (\mathbf{BB}^{-1}) \cdot \mathbf{A}^{-1}$$
$$\Longleftrightarrow \quad \mathbf{E} = \mathbf{A} \cdot \mathbf{A}^{-1}$$
$$\Longleftrightarrow \quad \mathbf{E} = \mathbf{E}.$$

5.6

$$\mathbf{A}^{-1} = \frac{1}{ad - bc} \cdot \begin{pmatrix} d & -b \\ -c & a \end{pmatrix}$$

$\mathbf{A}^{-1}$ existiert genau dann, wenn $\det \mathbf{A} \neq 0$, also $ad \neq bc$.

5.7 Das Pivot-Verfahren führt im zweiten Schritt auf

x_1	x_2	x_3	x_4	
1	0	−3	4	−2
0	1	4	−5	5
0	0	0	0	−4

also ist das LGS nicht lösbar.

5.8 Mit dem Pivot Verfahren ergibt sich nach zwei Schritten:

x_1	x_2	x_3	
1	0	2	$3a - b$
0	1	$-\frac{5}{2}$	$\frac{b-2a}{2}$
0	0	0	$c - 5a + 2b$

LGS lösbar, wenn $c - 5a + 2b = 0$, eine eindeutige Lösung existiert in keinem Fall. Die allgemeine Lösung lautet: $x_1 = 3a - b - 2x_3$, $x_2 = \frac{b-2a}{2} + \frac{5}{2}x_3$, $x_3 = x_3$ mit $x_3 \in \mathbb{R}$.

5.9 (a)

$$A^{-1} = \begin{pmatrix} \frac{1}{2} & -\frac{3}{4} & 2 \\ 0 & \frac{1}{2} & -1 \\ -\frac{1}{2} & \frac{1}{4} & 0 \end{pmatrix}$$

(b) A^{-1} existiert nicht.

5.10 $\lambda_{1/2} = -2$, $\lambda_3 = 7$.

5.11 Betrachte die beiden 2×2-Matrizen

$$A = \begin{pmatrix} a_1 & a_2 \\ a_3 & a_4 \end{pmatrix}, \qquad B = \begin{pmatrix} b_1 & b_2 \\ b_3 & b_4 \end{pmatrix}.$$

Dann ist:

$$\det A = a_1 a_4 - a_2 a_3, \quad \det B = b_1 b_4 - b_2 b_3.$$

Damit:

$$\det A \cdot \det B = a_1 a_4 b_1 b_4 - a_1 a_4 b_2 b_3 - a_2 a_3 b_1 b_4 + a_2 a_3 b_2 b_3.$$

Andererseits ist:

$$AB = \begin{pmatrix} a_1 b_1 + a_2 b_3 & a_1 b_2 + a_2 b_4 \\ a_3 b_1 + a_4 b_3 & a_3 b_2 + a_4 b_4 \end{pmatrix}$$

und damit

$$\det(A \cdot B) = (a_1 b_1 + a_2 b_3)(a_3 b_2 + a_4 b_4) - (a_1 b_2 + a_2 b_4)(a_3 b_1 + a_4 b_3)$$
$$= a_1 a_4 b_1 b_4 - a_1 a_4 b_2 b_3 - a_2 a_3 b_1 b_4 + a_2 a_3 b_2 b_3$$
$$= \det A \cdot \det B.$$

5.12 Setze: x die Anzahl der Äpfel, y die Anzahl der Bananen, z die Anzahl der Ananas. Um festzustellen, ob die ME $A = 16$, $B = 20$, $C = 18$ durch eine Mischung aus Obst erhalten werden kann, muss das folgende Gleichungssystem gelöst werden:

$$2x + 3y + z = 16$$

$$2x + 2y + 4z = 20$$

$$2x + y + 3z = 18$$

Die Lösung dieses Gleichungssystems ist:

$$x = 6,5, \quad y = 0,5, \quad z = 1,5.$$

5.13

$$\mathbf{K} = \mathbf{P} \cdot \mathbf{B} = \begin{pmatrix} 1150 \ 650 \ 420 \ 1800 \\ 1080 \ 580 \ 400 \ 1800 \\ 1050 \ 710 \ 420 \ 1500 \end{pmatrix}.$$

K_{ij}: Kosten bei der Lieferung der drei Produkte von Lieferant i an das Werk j.

5.14 Die Produktionseinheiten erfüllen das LGS:

$$\mathbf{x} = \mathbf{A} \cdot \mathbf{x} + \mathbf{b}.$$

Der Vektor $\mathbf{b}$ beschreibt die auslieferbaren Mengen. Für $\mathbf{b}$ ergibt sich:

$$\mathbf{b} = (\mathbf{E} - \mathbf{A}) \cdot \mathbf{x}.$$

Mit den gegebenen Werten erhält man:

$$\mathbf{b} = \begin{pmatrix} 0 \\ 80 \\ 210 \end{pmatrix}.$$

5.15 (a) Die Leontief-Inverse $(\mathbf{E} - \mathbf{A})^{-1}$ muss existieren und deren Elemente müssen positiv oder Null sein. Für $a < \frac{4}{5}$ sind diese Eigenschaften erfüllt. (b) Für die vorgegebenen Werte erhält man:

$$\mathbf{x} = (\mathbf{E} - \mathbf{A})^{-1} \cdot \mathbf{b} = \begin{pmatrix} 125 \\ 90 \end{pmatrix}.$$

5.16 Das LGS lautet:

$$x_5 = 5$$

$$x_4 = 3x_5 + 6$$

$$x_3 = 2x_5$$

$$x_2 = 3x_3 + 3x_4 + 7x_5$$

$$x_1 = 2x_3 + x_5$$

mit der Lösung:

$$x_5 = 5; \ x_4 = 21; \ x_3 = 10; \ x_2 = 128; \ x_1 = 25.$$

5.17 Es existieren die Produkte $\mathbf{A} \cdot \mathbf{B}, \ \mathbf{A}^\top \cdot \mathbf{B}, \ \mathbf{B}^\top \cdot \mathbf{A}, \ \mathbf{B}^\top \cdot \mathbf{B}^\top$

Kapitel 6

6.1 (a) $\frac{\partial f}{\partial x_1} = 3x_1^2 + e^{x_2}, \frac{\partial f}{\partial x_2} = x_1 e^{x_2} + 2x_2 x_3, \frac{\partial f}{\partial x_3} = x_2^2,$
(b) $\frac{\partial f}{\partial x_1} = \ln(x_2 x_3) - \frac{1}{x_1 + x_2}, \frac{\partial f}{\partial x_2} = \frac{x_1 \cdot x_3}{x_2} - \frac{1}{x_1 + x_2}, \frac{\partial f}{\partial x_3} = \frac{x_1 \cdot x_2}{x_3}.$

6.2

$$\mathbf{grad}\, f(x, y) = \begin{pmatrix} -2(x - 1) \\ -2(y - \frac{1}{2}) \end{pmatrix}$$

Das Höhenlinienbild konstruiert man aus der Forderung $f(x, y) = c$, oder $(x - 1)^2 + (y - \frac{1}{2})^2 = 16 - c (c \leq 16)$. Die Höhenlinien sind konzentrische Kreise um den Punkt $(x, y) = (1, \frac{1}{2})$ mit dem Radius $\sqrt{16 - c}$.

$$\mathbf{grad}\, f(0, 0) = \begin{pmatrix} 2 \\ 1 \end{pmatrix}, \quad \mathbf{grad}\, f(1, 0) = \begin{pmatrix} 0 \\ 1 \end{pmatrix}.$$

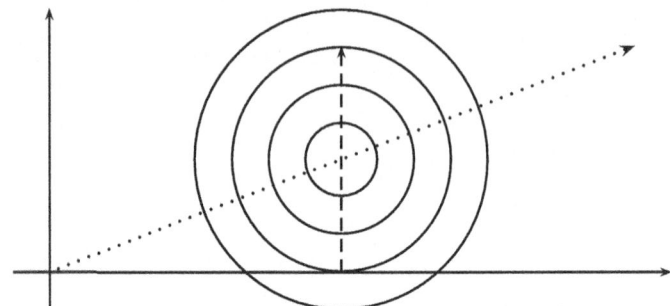

6.3 Die Outputfunktion ist: $x(r_1, r_2, r_3) = 3r_1^2 \cdot \sqrt{r_2} + 5r_1 r_2 r_3^{\frac{1}{3}}$. Das totale Differential ist:

$$dx = \frac{\partial x}{\partial r_1} dr_1 + \frac{\partial x}{\partial r_2} dr_2 + \frac{\partial x}{\partial r_3} dr_3$$

$$= (6r_1\sqrt{r_2} + 5r_2 r_3^{1/3})dr_1 + (\frac{3}{2}\frac{r_1^2}{\sqrt{r_2}} + 5r_1 r_3^{1/3})dr_2 + (\frac{5}{3}r_1 r_2 r_3^{-2/3})dr_3.$$

An der Stelle $r_1 = r_2 = r_3 = 1$ ergibt sich:

$$dx\Big|_{(1,1,1)} = 11 dr_1 + \frac{13}{2}dr_2 + \frac{5}{3}dr_3$$

Für die angegebene Veränderung ergibt sich der Wert: $dx \approx 2{,}08$.

6.4 (a) Die Bedingung an die Produktionsfunktion lautet:

$$x(r_1, r_2) = 2\sqrt{r_1} \cdot \sqrt[3]{r_2} \overset{!}{=} 216.$$

Mit $r_2 = 27$ ergibt sich der Wert $r_1 = 1296$.
(b) Mit $dx(r_1, r_2) = 0$ ergibt sich:

$$\frac{dr_2}{dr_1} = -\frac{\frac{\partial x}{\partial r_1}}{\frac{\partial x}{\partial r_2}} = -\frac{3}{2}\frac{r_2}{r_1}.$$

oder $dr_2 = -\frac{3}{2}\frac{r_2}{r_1}dr_1$. Mit $r_1 = 1296$, $r_2 = 27$ ergibt sich eine Erhöhung von 0,031 Einheiten des 2. Faktors, um die Reduktion des 1. Faktors um eine Einheit zu kompensieren.

6.5 Die Hesse-Matrix für Funktionen zweier Variablen, $f(x, y)$, lautet:

$$\mathbf{H} = \begin{pmatrix} \dfrac{\partial^2 f}{\partial x^2} & \dfrac{\partial^2 f}{\partial x \partial y} \\ \dfrac{\partial^2 f}{\partial x \partial y} & \dfrac{\partial^2 f}{\partial y^2} \end{pmatrix} = \begin{pmatrix} a & c \\ c & b \end{pmatrix}.$$

Die Eigenwerte der Hesse-Matrix, $\lambda_{1/2}$ berechnen sich aus der Bedingung:

$$\det \begin{pmatrix} a - \lambda & c \\ c & b - \lambda \end{pmatrix} = 0$$

Dies liefert eine quadratische Gleichung in λ mit den beiden Lösungen

$$\lambda_{1/2} = \frac{a + b \pm \sqrt{(a - b)^2 + 4c^2}}{2}.$$

Die Bedingung, dass beide Eigenwerte das gleiche Vorzeichen haben ($\lambda_1 \cdot \lambda_2 > 0$) führt auf $ab - c^2 > 0$ oder

$$\frac{\partial^2 f}{\partial x^2} \cdot \frac{\partial^2 f}{\partial y^2} - \left(\frac{\partial^2 f}{\partial x \partial y} \right) > 0.$$

Für $a < 0$ und $b < 0$ ist:

$$\lambda_1 = \frac{a + b - \sqrt{(a - b)^2 + 4c^2}}{2} < 0$$

mit $ab - c^2 > 0$ gilt dann auch $\lambda_2 < 0$, wie oben gezeigt wurde.

Für $a > 0$ und $b > 0$ ist:

$$\lambda_1 = \frac{a + b + \sqrt{(a - b)^2 + 4c^2}}{2} > 0$$

mit $ab - c^2 > 0$ gilt dann auch $\lambda_2 > 0$, wie oben gezeigt wurde.

6.6

(a) Die Hesse-Matrix lautet:

$$H = \begin{pmatrix} -4 & 2 \\ 2 & -12 \end{pmatrix}$$

mit Eigenwerten

$$\lambda_{1/2} = \frac{-16 \pm \sqrt{88}}{2} < 0.$$

Daher ist $f(x, y)$ konkav von oben.

(b)

$$\mathbf{grad} f(x, y) = \begin{pmatrix} 4 - 4x + 2y \\ 2 - 12y + 2x \end{pmatrix}$$

Damit:

$$\mid \mathbf{grad} f(0,0) \mid = \left| \begin{pmatrix} 4 \\ 2 \end{pmatrix} \right| = \sqrt{20} > 0,5$$

1. Iterationsschritt:

$$f(\mathbf{x}^{(0)} + \mu^{(0)} \cdot \mathbf{grad} f(\mathbf{x}^{(0)})) = f \begin{pmatrix} 4\mu^{(0)} \\ 2\mu^{(0)} \end{pmatrix} = 20\mu^{(0)} - 40(\mu^{(0)})^2$$

$f(\mu^{(0)})$ wird maximal für $\mu^{(0)} = \frac{1}{4}$.
Damit

$$\mathbf{x}^{(1)} = \begin{pmatrix} 0 \\ 0 \end{pmatrix} + \frac{1}{4} \begin{pmatrix} 4 \\ 2 \end{pmatrix} = \begin{pmatrix} 1 \\ \frac{1}{2} \end{pmatrix}.$$

und

$$\mid \mathbf{grad} f \begin{pmatrix} 1 \\ \frac{1}{2} \end{pmatrix} \mid = \left| \begin{pmatrix} 1 \\ -2 \end{pmatrix} \right| = \sqrt{5} > 0,5$$

2. Iterationsschritt:

$$f(\mathbf{x}^{(1)} + \mu^{(1)} \cdot \mathbf{grad} f(\mathbf{x}^{(1)})) = f \begin{pmatrix} 1 + \mu^{(1)} \\ \frac{1}{2} - 2\mu^{(1)} \end{pmatrix} = \frac{5}{2} + 5\mu^{(0)} - 30(\mu^{(0)})^2$$

$f(\mu^{(1)})$ wird maximal für $\mu^{(1)} = \frac{1}{12}$. Damit

$$\mathbf{x}^{(2)} = \begin{pmatrix} 1 \\ \frac{1}{2} \end{pmatrix} + \frac{1}{12} \begin{pmatrix} 1 \\ -2 \end{pmatrix} = \begin{pmatrix} \frac{13}{12} \\ \frac{1}{3} \end{pmatrix}.$$

und

$$\mid \mathbf{grad} f \begin{pmatrix} \frac{13}{12} \\ \frac{1}{3} \end{pmatrix} \mid = 0,37 < 0,5$$

Damit bricht das Verfahren an dieser Stelle ab.

(c) Die exakte Lösung berechnet sich aus:

$$\mathbf{grad} \; f(x, y) = \begin{pmatrix} 0 \\ 0 \end{pmatrix}$$

Explizit:

$$4 - 4x + 2y = 0$$

$$2 + 2x - 12y = 0$$

Die Lösung lautet

$$x = \frac{13}{11}; \; y = \frac{4}{11}.$$

Dies ist zu vergleichen mit der Näherungslösung

$$x^{(2)} = \frac{13}{12}; \; y^{(2)} = \frac{1}{3} = \frac{4}{12}.$$

(d) Substitution der Variablen. Setze dazu $y = x + 3$ in $f(x, y)$ ein. Diese Ersetzung führt auf:

$$f(x) = -6x^2 - 24x - 48.$$

Das Maximum dieser Funktion ist bei $x_M = -2$, Resubstitution liefert $y_M = 1$.
Die Lagrange-Funktion lautet:

$$\mathcal{L} = 4x - 2x^2 + 2y - 6y^2 + 2xy - \lambda(x + 3 - y)$$

Die drei Bedingungen

$$\frac{\partial \mathcal{L}}{\partial x} = 0; \ \frac{\partial \mathcal{L}}{\partial y} = 0; \ \frac{\partial \mathcal{L}}{\partial \lambda} = 0$$

liefern ein LGS für die drei Variablen x, y, λ mit der Lösung

$$x = -2, \ y = 1, \ \lambda = 14.$$

6.7 $f(x, y) = x^{-2}e^{-y} + x^2 y^3 = 0$, dann ist

$$\frac{d\,y}{d\,x} = -\frac{\dfrac{\partial f}{\partial x}}{\dfrac{\partial f}{\partial y}} = -\frac{-2x^{-3}e^{-y} + 2xy^3}{-x^{-2}e^{-y} + 3x^2 y^2}.$$

6.8 Der Abstand d eines beliebigen Punktes $P = (x, y)$ vom Ursprung der $x - y$-Ebene ist: $d(x, y) = \sqrt{x^2 + y^2}$. Nebenbedingung:

$$g(x, y) = x^2 - 3x + 3 - y$$

Lagrange Funktion:

$$\mathcal{L} = \sqrt{x^2 + y^2} - \lambda\left(x^2 - 3x + 3 - y\right).$$

Notwendige Bedingung für das Vorliegen eines Extremas ist:

$$\frac{\partial \mathcal{L}}{\partial z_i} = 0, \quad z_i = x, y, \lambda$$

Aus der ersten Gleichung erhalten wir

$$\frac{x}{\sqrt{x^2 + y^2}} = \lambda(2x - 3) \ \text{oder} \ \lambda = \frac{x}{(2x - 3)\sqrt{x^2 + y^2}}.$$

Einsetzen in die zweite Gleichung ergibt:

$$\frac{y}{\sqrt{x^2 + y^2}} + \frac{x}{(2x - 3)\sqrt{x^2 + y^2}} = 0 \ \text{oder} \ y = -\frac{x}{2x - 3}.$$

Einsetzen in die dritte Gleichung liefert:

$$x^2 - 3x + 3 + \frac{x}{2x - 3} = 0 \ \text{oder} \ 2x^3 - 9x^2 + 16x - 9 = 0.$$

Diese Gleichung hat die einzige reelle Lösung $x = 1$. Damit: $P = (1, 1)$ ist derjenige Punkt der Parabel $y = x^2 - 3x + 3$, der den geringsten Abstand vom Ursprung des Koordinatensystems hat.

6.9

1. Die Auflösung der Nebenbedingung

$$g(x, y) = -\frac{3}{2}x + 3y + 6 = 0.$$

nach $y(x)$ liefert

$$y = -2 + \frac{x}{2}.$$

Einsetzen in die Funktion $f(x, y)$ führt auf die Elimination der Variablen y, wir erhalten eine Funktion $\overline{f(x)}$ mit

$$\overline{f(x)} = x^2 + 2x\left(2 + \frac{x}{2}\right) = 2x^2 - 4x.$$

Differentiation nach x ergibt:

$$\frac{d\,\overline{f(x)}}{dx} = 4x - 4 \stackrel{!}{=} 0 \quad \Longrightarrow \quad x = 1.$$

Da

$$\frac{d^2\,\overline{f(x)}}{dx^2} = 4 > 0$$

handelt es sich dabei um ein Minimum. Also, der Punkt $x = 1$ ist ein Minimum der Funktion $\overline{f(x)}$, da

$$y = -2 + \frac{x}{2}\Big|_{x=1} = -\frac{3}{2}$$

erhalten wir, dass die Funktion

$$f(x, y) = x^2 + 2xy$$

im Punkt $P = (1, -3/2)$ ein Minimum hat.

2. Die Lagrange Funktion lautet:

$$\mathcal{L}(x, y, \lambda) = f(x, y) + \lambda \cdot g(x, y) = x^2 + 2xy + \lambda \cdot \left(-\frac{3}{2}x + 3y + 6\right).$$

Die notwendige Bedingung für das Auftreten eines Extremums ist

$$\frac{\partial \mathcal{L}}{\partial x} = \frac{\partial \mathcal{L}}{\partial y} = \frac{\partial \mathcal{L}}{\partial \lambda} = 0.$$

Wir erhalten die folgenden partiellen Ableitungen:

$$\frac{\partial \mathcal{L}}{\partial x} = 2x + 2y - \frac{3}{2}\lambda$$

$$\frac{\partial \mathcal{L}}{\partial y} = 2x + 3\lambda$$

$$\frac{\partial \mathcal{L}}{\partial \lambda} = -\frac{3}{2}x + 3y + 6.$$

Die Lösung dieses lineraen Gleichungssystems ist

$$x = 1, y = -3/2, \lambda = -2/3.$$

6.10 Lagrangefunktion:

$$\mathcal{L}(r_1, r_2, \lambda) = a r_1^{\alpha} r_2^{\beta} + \lambda(b - k_1 r_1 + k_2 r_2).$$

Partielle Ableitungen:

$$\frac{\partial \mathcal{L}}{\partial r_1} = \alpha \cdot a \cdot r_1^{\alpha-1} r_2^{\beta} - \lambda \cdot k_1 \overset{!}{=} 0$$

$$\frac{\partial \mathcal{L}}{\partial r_2} = \beta \cdot a \cdot r_1^{\alpha} r_2^{\beta-1} - \lambda \cdot k_2 \overset{!}{=} 0$$

$$\frac{\partial \mathcal{L}}{\partial \lambda} = b - k_1 r_1 + k_2 r_2 \overset{!}{=} 0.$$

Aus der ersten Gleichung erhalten wir durch Auflösen nach λ:

$$\lambda = \frac{a \cdot \alpha}{k_1} \cdot r_1^{\alpha-1} \cdot r_2^{\beta},$$

aus der zweiten Bedingung:

$$\lambda = \frac{a \cdot \beta}{k_2} \cdot r_1^\alpha \cdot r_2^{\beta-1}.$$

Gleichsetzen dieser beiden Gleichungen eliminiert den Lagrange Multiplikator λ, wir erhalten:

$$\frac{a \cdot \alpha}{k_1} \cdot r_1^{\alpha-1} \cdot r_2^\beta = \frac{a \cdot \beta}{k_2} \cdot r_1^\alpha \cdot r_2^{\beta-1}$$

oder

$$r_2 = \frac{\beta}{\alpha} \cdot \frac{k_1}{k_2} \cdot r_1.$$

Einsetzen dieser Beziehung in die dritte Bedingung ergibt:

$$b - k_1 \cdot r_1 - k_2 \cdot r_2 = 0$$

oder

$$b - k_1 \cdot r_1 - \frac{\beta}{\alpha} k_1 \cdot r_1 = 0.$$

Auflösen nach r_1 ergibt:

$$r_1 = \frac{\alpha \cdot b}{k_1(\alpha + \beta)}.$$

Einsetzen in die obige Beziehung zwischen r_1 und r_2 liefert:

$$r_2 = \frac{\beta \cdot b}{k_2(\alpha + \beta)}.$$

6.11

(a) Das Volumen eines Zylinders ist:

$$V(r, h) = r^2 \pi \cdot h.$$

Die Oberfläche des Zylinders ist:

$$O = 2 \cdot r^2 \pi + 2\pi \cdot r \cdot h.$$

Zu maximieren ist das Volumen unter der Nebenbedingung, dass die Oberfläche 2m^2 beträgt. Daher

$$O = 2 \cdot r^2 \pi + 2\pi \cdot r \cdot h \overset{!}{=} 2$$

Diese Nebenbedingung lösen wir nach $h(r)$ auf und erhalten:

$$h(r) = \frac{1 - r^2 \pi}{\pi \cdot r}.$$

Damit:

$$V(r) = r^2 \cdot \pi \cdot h(r) = r - r^3 \cdot \pi.$$

Die Bedingung dafür, dass das Volumen maximal wird ist

$$\frac{dV(r)}{dr} = 0 \quad \Longleftrightarrow \quad 1 - 3r^2\pi = 0 \quad \Longrightarrow \quad r_m = \frac{1}{\sqrt{3\pi}}.$$

Die negative Lösung ist nicht sinnvoll und es bleibt damit die eindeutige Lösung r_m.
(b) Damit ist

$$V(r_m) = r_m - r_m^3 \cdot \pi = \frac{2}{3} \cdot \frac{1}{\sqrt{3\pi}}.$$

Die Höhe des Zylinders mit maximalem Inhalt ist dann

$$h(r_m) = \frac{1 - r_m^2 \cdot \pi}{\pi \cdot r_m} = 2 \cdot \frac{1}{\sqrt{\pi}}.$$

(c) In diesem Fall muß die Oberfläche minimiert werden unter der Nebenbedingung, dass das Volumen konstant ist, respektive den Wert 1 m^3 hat.

$$V = 1 \text{ m}^3 \quad \Longrightarrow \quad r^2 \cdot \pi \cdot h = 1,$$

also

$$h(r) = \frac{1}{r^2 \pi}.$$

Setzt man diesen Wert in die Formel für die Oberfläche des Zylinders ein, erhält man:

$$O(r) = 2r^2 \cdot \pi + \frac{2}{r}.$$

Dies wird minimal, wenn

$$O'(r) = 4\pi \cdot r - \frac{2}{r^2} \overset{!}{=} 0.$$

Die Lösung ist

$$r_{min} = \frac{1}{(2\pi)^{1/3}}.$$

Dann ist

$$h(r_{min}) = \frac{(2\pi)^{2/3}}{\pi},$$

und

$$O(r_{min}) = 3 \cdot (2\pi)^{1/3}$$

(d) Der Körper mit dem ‚günstigeren' Verhältnis ist die Kugel. Es gilt

$$V_k = \frac{4}{3}\pi \cdot r^3$$

und

$$O_k = 4\pi \cdot r^2$$

Eine Kugel mit Volumen von $1\,\mathrm{m}^3$ hat den Radius:

$$\frac{4}{3}\pi r^3 = 1 \quad \Longrightarrow \quad r = \left(\frac{3}{4\pi}\right)^{1/3} \approx 0{,}62\ \mathrm{m}.$$

Die Oberfläche der Kugel mit diesem Radius ist:

$$O_k = 4\pi \cdot \left(\frac{3}{4\pi}\right)^{2/3} \approx 4{,}83\ \mathrm{m}^2.$$

Die Oberfläche des Zylinders mit dem Volmen von einem Kubikmeter ist

$$O_z = 3 \cdot (2\pi)^{1/3} \approx 5{,}536\ \mathrm{m}^2,$$

i.e. die Kugel benötigt nur 87,25 % des Blechs wie der Zylinder.

Kapitel 7

7.1 $K_{163} = 5067{,}92$ €.

7.2 $p = 17{,}59\,\%$.

7.3 $K_0 = 9737{,}10$ €.

7.4 Lineare Verzinsung $n = 5$ Jahre. Zinseszinsrechnung $n = 4{,}81$ Jahre.

7.5 Zinsfuß: $1{,}5\,\%$, Zinsfaktor: $q = 1015$, Aufzinsungsfaktor für 10 Jahre: $1{,}015^{10} = 1{,}1605$, Endkapital nach 10 Jahren: $K_{10} = 9284$ €.

7.6 $K_3 = 2091$ €, $K_7 = 2241$ €.

7.7 $n = 53.6$ Jahre

7.8 (a) $A = 20.386$ €, (b) $T_{20} = 20.084$ €, (c) $K_{10} = 188.003$ €, (d) Tilgungsplan:

Periode	Zins	Tilgung	Kosten	Restschuld
0	0	0	0	350.000,00
1	5250,00	15.136,00	20.386,00	334.864,00
2	5022,96	15.363,04	40.772,00	319.500,96
3	4792,51	15.593,49	61.158,00	303.907,47
4	4558,61	15.827,39	81.544,00	288.080,09
5	4321,20	16.064,80	101.930,00	272.015,29
6	4080,23	16.305,77	122.316,00	255.709,52
7	3835,64	16.550,36	142.702,00	239.159,16
8	3587,39	16.798,61	163.088,00	222.360,55
9	3335,41	17.050,59	183.474,00	205.309,96
10	3079,65	17.306,35	203.860,00	188.003,60
11	2820,05	17.565,95	224.246,00	170.437,66
12	2556,56	17.829,44	244.632,00	152.608,22
13	2289,12	18.096,88	265.018,00	134.511,35
14	2017,67	18.368,33	285.404,00	116.143,02
15	1742,15	18.643,85	305.790,00	97.499,16
16	1462,49	18.923,51	326.176,00	78.575,65
17	1178,63	19.207,37	346.562,00	59.368,28
18	890,52	19.495,48	366.948,00	39.872,81
19	598,09	19.787,91	387.334,00	20.084,90
20	301,27	20.084,73	407.720,00	0,17

(e) Für $A = 14.000$ € p. a.: $n = 31,56$ Jahre, für $A = 13.600$ € p. a.: $n = 26,7$ Jahre, für $A = 13.000$ € p. a.: $n = 25,16$ Jahre.

7.9 31,56 Jahre, 39,7 Jahre.

7.10 $i_{nom} = 0,0247$.

7.11 (a) $n = 31,74$ Jahre, Gesamtbetrag $= 476.000$ €, (b) Sondertilgung nach 10 Jahren $n = 26,81$ Jahre; Gesamtbetrag $= 452.150$ €.

Literaturverzeichnis

Alten H.-W., Djafari Naini A., Eick B., Folkerts M., Schlosser H., Schlote K.-H., Wesemüller-Kock H., Wußing H. (2014): 4000 Jahre Algebra, Geschichte Kulturen Menschen, 2. Auflage, Springer Verlag, Berlin, Heidelberg, New York.

Anderson I. (2001): A First Course in Discrete Mathematics, SUMS, Springer, London.

Apostol T. (1971): Mathematical Analysis, A Modern Approach to Advanced Calculus, Addison Wesley, Reading Massachusetts.

Arens T., Hettlich F., Karpfinger Ch., Kockelkorn U., Lichtenegger K., Stachel H. (2018): Mathematik, 4. Auflage, Spektrum Akademischer Verlag, Heidelberg.

Bardi J.S. (2006): The Calculus Wars, Newton, Leibniz and the greatest mathematical clash of all time, Thunder's Mouth Press, New York.

Basieux P. (2000): Die Architektur der Mathematik, Denken in Strukturen, Rowohlt, Hamburg.

Bosch K. (2010): Brückenkurs Mathematik, Eine Einführung mit Beispielen und Übungsaufgaben, 14. Auflage, Oldenbourg, München.

Bronstein I.N. *et al.* (2005): Taschenbuch der Mathematik, 6. Edition, Verlag Harri Deutsch.

Bröcker T. (1980): Analysis in mehreren Variablen, B.G. Teubner, Stuttgart.

Courant R. (1971a): Vorlesungen über Differential- und Integralrechnung, I. Funktionen einer Veränderlichen. Vierte Auflage, Springer Verlag, Berlin, Heidelberg, New York.

Courant R. (1971b): Vorlesungen über Differential- und Integralrechnung, II. Funktionen mehrerer Veränderlichen. Vierte Auflage, Springer Verlag, Berlin, Heidelberg, New York.

Courant R., Robbins H. (2000): Was ist Mathematik?, Fünfte, unveränderte Auflage, Springer, Berlin, Heidelberg, New York.

Dean N. (2003): Diskrete Mathematik, Pearson Education, München.

Deisenroth M.P., Faisal A.A., Ong C.S. (2020): Mathematics for Machine Learning, Cambridge University Press, Cambridge (UK).

Deiser O. (2010): Einführung in die Mengenlehre, 3. Edition, Springer, Berlin, Heidelberg.

Dieudonné J. (1985): Geschichte der Mathematik 1700–1900, Vieweg, Braunschweig.

Derbyshire J. (2006): Unknown Quantity, A Real and Imaginary History of Algebra, Penguin Books, New York.

Domschke W., Drexl A., Klein R., Scholl A. (2015): Einführung in Operations Research, 9. Auflage, Springer, Berlin.

Dunham W. (1990): Journey through Genius, The Great Theorems of Mathematics. Penguin Books, New York.

Dyke P. (2018): Two and Three Dimensional Calculus with Applications in Science and Engineering. Wiley, Hoboken, NJ.

Erwe F. (1962): Differential- und Integralrechnung I, II. Bibliographisches Institut, Mannheim.

© Springer-Verlag GmbH Deutschland, ein Teil von Springer Nature 2021
T. Holey, A. Wiedemann, *Analysis und Lineare Algebra*, BA KOMPAKT,
https://doi.org/10.1007/978-3-662-63681-7

Fischer G., Springborn B. (2020): Lineare Algebra, 19., vollst. überarb. u. erg. Auflage, Springer Spektrum.

Fuchs D., Tabachnikov S. (2011): Ein Schaubild der Mathematik, Springer Verlag, Berlin.

Führer C. (2006): Kompakt-Training Wirtschaftsmathematik, Kiehl, Ludwigshafen.

Garnier R., Taylor J. (2002): Discrete Mathematics for New Technology, Bristol, Philadelphia.

Goebbels S., Ritter S. (2018): Mathematik verstehen und anwenden, 3. Auflage, Spektrum Akademischer Verlag, Heidelberg.

Graham R.L., Knuth D.E., Patashnik O. (1994), Concrete Mathematics, Second Edition, Addison-Wesley, Boston.

Gregg J. R. (1998): Ones and Zeros, Understanding Boolean Algebra, Digital Circuits and the Logic of Sets, IEEE Press, New York.

Hall R. (2002): Philosophers at War: The Quarrel Between Newton and Leibniz, Cambridge University Press.

Hilgert I., Hilgert J. (2021): Mathematik - ein Reiseführer, 2. Edition, Springer Spektrum, Heidelberg.

Hillier F.S., Lieberman G.J. (2010): Introduction to Operations Research, Ninth Edition, MacGraw Hill, New York.

Katz V. J. (2009): A History of Mathematics, An Introduction, 3rd Edition, Addison-Wesley, Boston.

Kelly, J. (2003): Logik im Klartext, Pearson Studium, München.

Körner T.W. (2020): Where do numbers come from?, Cambridge University Press, Cambridge UK.

Koop A., Moock, H. (2018): Lineare Optimierung, Eine anwendungsorientierte Einführung in Operations Research, 2. Auflage, Spektrum Akademischer Verlag, Heidelberg.

Koshy T. (2001): Fibonacci and Lucas Numbers with Applications. John Wiley and Sons.

Koshy T. (2004): Discrete Mathematics with Applications, Elsevier, Amsterdam.

Kramer J., von Pippich A.-M. (2013): Von den natürlichen Zahlen zu den Quaternionen; Basiswissen Zahlbereiche und Algebra, Springer Spektrum, Wiesbaden.

Kreuzer M., Kühling S. (2006): Logik für Informatiker, Pearson Studium, München.

Lang S. (1986): A First Course in Calculus, Fifth Edition, Springer Verlag, New York.

Lang S. (1987): Linear Algebra, Third Edition, UTM, Springer Verlag, New York.

Lang S. (1988): Basic Mathematics, Springer Verlag, New York.

Maor E. (2017): To Infinity and Beyond, New Edition, Princeton University Press, Princeton, New Jersey.

Maor E. (2015): e: The Story of a Number, Princeton University Press, Princeton, New Jersey.

Maor E. (2019): The Pythagorean Theorem, A 4000-Year History, Princeton University Press, Princeton, New Jersey.

Maor E. (2020): Trigonometric Delights, 3. Edition, Princeton University Press, Princeton, New Jersey.

Marsden J., Weinstein A. (1985): Calculus I, Second Edition, Springer, New York.

Marsden J., Weinstein A. (1985): Calculus II, Second Edition, Springer, New York.

Marsden J., Weinstein A. (1985): Calculus III, Second Edition, Springer, New York.

Merzbach U.C., Boyer C.B. (2011): A History of Mathematics, Third Edition, John Wiley & Sons, Inc., Hoboken, New Jersey.

Papula L. (2018): Mathematik für Ingenieure und Naturwissenschaftler, Band 1, 15. Auflage, Springer Vieweg.

Papula L. (2015): Mathematik für Ingenieure und Naturwissenschaftler, Band 2, 14. Auflage, Springer Vieweg.

Pesic P. (2005): Abels Beweis, Springer Verlag, Berlin, Heidelberg.

Purkert W. (2014): Brückenkurs Mathematik für Wirtschaftswissenschaftler, 8. aktualisierte Auflage, Springer-Gabler.

Posamentier A. S., Lehmann I. (2007): The (Fabulous) Fibonacci Numbers, Prometheus Books, New York.

Range R.M. (2016): What is Calculus? From Simple Algebra to Deep Analysis, World Scientific Press, Singapore.

Rommelfanger H. (2010): Mathematik für Wirtschaftswissenschaftler, Band 1 und 2, 6. bzw. 5. Auflage, Spektrum Akademischer Verlag, Heidelberg.

Schäfer W., Georgi K., Otto Ch., Trippler G. (2006): Mathematik-Vorkurs, Übungs- und Arbeitsbuch für Studienanfänger, 6. Auflage, Vieweg Teubner, Stuttgart.

Spivak M. (2008): Calculus, Third Edition, Cambridge University Press, Cambridge.

Staab F. (2012): Logik und Algebra, 2. Auflage Oldenbourg.

Stillwell J. (2002): Mathematics and its History, Second Edition, Springer Verlag, New York.

Stöppler S. (1982): Mathematik für Wirtschaftswissenschaftler, 3. Auflage, Gabler.

Tietze J. (2015): Einführung in die Finanzmathematik, 12., erweiterte Auflage, Springer Spektrum.

Tietze J. (2019): Einführung in die angewandte Wirtschaftsmathematik, 18. Auflage, Springer Spektrum.

Toenniessen F. (2019): Das Geheimnis der transzendenten Zahlen, 2. Auflage, Spektrum Akademischer Verlag, Heidelberg.

Winter R. (2001): Grundlagen der formalen Logik, 2. überarbeitete Auflage, Verlag Harri Deutsch, Frankfurt.

Stichwortverzeichnis

© Springer-Verlag GmbH Deutschland, ein Teil von Springer Nature 2021
T. Holey, A. Wiedemann, *Analysis und Lineare Algebra*, BA KOMPAKT,
https://doi.org/10.1007/978-3-662-63681-7

The manufacturer's authorised representative in the EU is Springer
Nature Customer Service Centre GmbH, Europaplatz 3, 69115 Heidelberg,
Germany. If you have any concerns regarding our products, please
contact ProductSafety@springernature.com

Printed and bound by CPI Group (UK) Ltd, Croydon, CR0 4YY
28/04/2026
02098491-0017